国家级精品课程配套教材

浙江省重点建设教材

高职高专计算机项目/任务驱动模式教材

数据库技术与应用

◎黄崇本　谭恒松　主编

◎韦存存　徐　畅　严良达　副主编

電子工業出版社

Publishing House of Electronics Industry

北京·BEIJING

内容简介

本书按照“做中学”的思想，安排了“课堂教学项目＋课外练习项目”两条线，精心设计了26个任务进行教学实施。本书分为3篇（入门篇、操作篇及设计篇），9个项目。入门篇结合Access 2010 DBMS和学生选课数据库实例，介绍数据库的基础知识和基本应用技术。操作篇结合SQL Server 2008 DBMS和图书借阅数据库实例，介绍数据库管理和高级应用技术。设计篇结合学生公共服务平台数据库设计实例，介绍数据库设计基本知识和基本方法。本书是国家级精品课程《数据库技术与应用》（黄崇本）的配套教材，也是浙江省重点建设教材。

本书可作为高职高专计算机类专业数据库基础教材，也可作为应用型本科非计算机类专业数据库课程教材，还可供从事计算机信息处理工作的科技人员学习参考。

图书在版编目（CIP）数据

数据库技术与应用/黄崇本，谭恒松主编．—北京：电子工业出版社，2012.8
高职高专计算机项目、任务驱动模式教材
ISBN 978-7-121-18038-5

Ⅰ.①数…　Ⅱ.①黄…②谭…　Ⅲ.①数据库系统－高等职业教育－教材　Ⅳ.①TP311.13

中国版本图书馆CIP数据核字（2012）第198404号

策划编辑：束传政
责任编辑：贺志洪　　　　特约编辑：张晓雪
印　　刷：
装　　订：三河市鑫金马印装有限公司
出版发行：电子工业出版社
　　　　　北京市海淀区万寿路173信箱　邮编100036
开　　本：787×1092　1/16　印张：18.75　字数：468千字
印　　次：2012年8月第1次印刷
印　　数：4 000册　定价：33.00元

凡所购买电子工业出版社图书有缺损问题，请向购买书店调换。若书店售缺，请与本社发行部联系，联系及邮购电话：（010）88254888。
质量投诉请发邮件至zlts@phei.com.cn，盗版侵权举报请发邮件至dbqq@phei.com.cn。
服务热线：（010）88258888。

前言

数据库技术是信息处理的核心技术之一，它与网络技术构成了计算机应用的两个重要平台。

本书注重高职高专计算机类专业所需数据库基本知识和基本技能的培养，精选了“学生选课”、“图书借阅”及“学生公共服务平台”三个学生认知度较高的数据库教学项目，设计了26个任务进行教学实施，每个任务均由“任务描述”、“任务准备”、“任务实施”、“技术基础”等部分组成。

为了配合三个课堂教学使用数据库，设计了相应的“学生信息”、“图书信息”及“自选课程设计”三个课外数据库实训项目，并提供三个实训项目数据库的大作业资料。

任务教学实施过程设置了8个教学环节，每个环节教师与学生的主要角色为：任务分析（教师）、任务准备（教师）、任务演示（教师）、任务实施（学生）、问题分析（师生）、课堂实践（学生）、训练检查（师生）、问题讨论（师生）。

本书分为3篇（入门篇、操作篇和设计篇），9个项目。

入门篇结合 Access 2010 DBMS 和学生选课数据库实例，介绍数据库的基础知识和基本应用技术，包含3个项目，分别为：

项目1 建立学生选课数据库　主要介绍数据库的建立、数据库的设置及表间关联建立的相关技术，数据库系统的基本概念、关系模型、关系数据库等基本知识。

项目2 查询学生选课数据库　主要介绍向导查询、选择查询及操作查询的相关技术，关系数据库的集合运算、关系运算及关系数据库语言 SQL 等基本知识。

项目3 实现学生选课系统　主要介绍窗体、报表及系统集成等相关技术。

操作篇结合 SQL Server 2008 DBMS 和图书借阅数据库实例，介绍数据库管理和高级应用技术，包含4个项目，分别为：

项目4 建立图书借阅数据库　主要介绍 SQL Server 数据库及表的创建和管理。

项目5 查询图书借阅数据库　主要介绍简单查询、统计查询、连接查询、子查询、操作查询、视图技术及索引技术。

项目6 编程图书借阅数据库　主要介绍数据库编程、存储过程与解发器的创建及使用。

项目7 维护图书借阅数据库　主要介绍数据库安全管理、数据库备份和恢复技术。

设计篇结合学生公共服务平台数据库设计实例，介绍数据库设计的基本知识和基本方法，包含2个项目，分别为：

项目8 设计学生公共服务平台数据库　主要介绍数据库设计概念、数据库需求分析、数据库概念结构设计、数据库逻辑结构设计、关系的函数依赖、关系规范化等内容。

项目9 实现学生公共服务平台数据库　给出具体实现学生公共服务平台数据库的操作步骤和部分代码。

本课程参考的授课计划如下表：

项目	内　容	数据库		建议课时	课外课时
		课堂教学项目	课外实训项目		
1	建立学生选课数据库	学生选课	学生信息	6	10
2	查询学生选课数据库			6	
3	实现学生选课系统			4+2	
4	建立图书借阅数据库	图书借阅	图书信息	8	10
5	查询图书借阅数据库			12	
6	编程图书借阅数据库			4	
7	维护图书借阅数据库			4+2	
8	设计学生公共服务平台数据库	学生公共服务平台	自选课程设计	4	10
9	实现学生公共服务平台数据库			4+2	
合　计				58	30

注：3个+2课时用于三个大作业交流评价。

针对学校、专业、学生及课时的不同，本书可以采用不同内容组合进行授课。例如：

组合一：入门篇和操作篇，设计篇不作要求。

组合二：操作篇和设计篇，Access内容不作要求，但入门篇中的基础理论可以介绍一些。

组合三：图书借阅数据库编程不选，这部分内容比较难，可不作要求。

对每个任务授课实施需要2～4课时。若每个任务2课时，技术基础和基础理论主要以学生自学为主，教师提问和课堂交流为辅进行教学。参考授课安排是根据每个任务2课时制定的，不同的内容组合和不同的教学要求会有不同的授课安排。

本书由黄崇本、谭恒松任主编，韦存存、徐畅、严良达任副主编。项目1、项目2由黄崇本编写并对全书进行统编、定稿，项目3由严良达编写，项目4、项目5由谭恒松编写，项目6、项目7由徐畅编写，项目8、项目9由韦存存编写。

本书的大量教学资料可在《数据库技术与应用》国家级精品课程网站（http://jpkc.zjbti.net.cn/sjkjs/）下载和使用，该课程是国家级精品课程，该教材是浙江省重点建设教材。本书配有电子教案，可登录华信教育资源网（http://www.hxedu.com.cn）下载。

由于编者水平有限，加上时间仓促，书中不妥之处在所难免，希望读者批评指正。主编邮箱：nbhcb@163.com。

编者

2012年5月

目 录

入门篇

操 作 篇

设 计 篇

入门篇

rumenpian

数据库技术是计算机科学的重要分支，是信息时代的重要技术。由于数据库具有数据结构化、较低的冗余度、较高的程序与数据独立性、易于扩充和易于编制应用程序等优点，绝大多数信息处理系统都采用了数据库技术。数据库技术已成为目前最活跃、应用最广泛的信息技术之一，几乎所有的应用系统都涉及数据库，以数据库方式存储数据。

从 20 世纪 80 年代至今，人们一直在探索数据库系统的理论、技术和方法。本篇结合当今最常用的 Access 2010 DBMS，介绍数据库系统的基础知识及数据应用技术，包括数据库的建立、数据库的查询、数据库系统的实现、Access 2010 数据库应用技术及数据库系统的基础知识等内容。

教学目标

- 学会使用 Access DBMS 建立和查询数据库的基本方法；
- 通过课外大作业学会使用 Access DBMS 开发小型数据库应用系统；
- 了解数据库系统和关系数据库的基础知识。

教学任务

- 建立学生选课数据库；
- 设置学生选课数据库；
- 建立学生数据表间关联；
- 向导查询学生选课数据库；
- 选择查询学生选课数据库；
- 操作查询学生选课数据库；
- 编辑学生选课信息；
- 输出学生选课信息及系统集成。

教学平台

- 技术平台：Access 2010 DBMS。
- 教学项目：学生选课数据库系统（课堂教学使用）。
- 教学项目：学生信息数据库系统（课外练习使用）。
- 教学模块：建立学生选课数据库、查询学生选课数据库、实现学生选课系统。

项目 1　建立学生选课数据库

教学目标

- 学会建立 Access 数据库及表的基本方法；
- 学会设置 Access 数据库及表属性的基本方法；
- 学会建立 Access 数据库表间关联的基本方法；
- 知道数据库、数据库管理系统、数据模型等基本概念；
- 知道关系、关系模型、关系数据库等基本概念；
- 了解数据库的安全性与完整性。

教学任务

【任务 1.1】建立学生选课数据库

【任务 1.2】设置学生选课数据库

【任务 1.3】建立学生数据表间关联

在入门篇中要使用的学生选课数据库中的表结构及内容如表 1-1～表 1-6 所示。

表 1-1　学生信息表结构

字段名	数据类型	长度	必需	默认值	说明
学号	文本	10	是		主键
姓名	文本	8	是		
性别	文本	2	是	男	
出生日期	日期/时间		否		
专业	文本	20	是		
备注	备注		否		

表 1-2　课程信息表结构

字段名	数据类型	长度	必需	默认值	说明
课程号	文本	8	是		主键
课程名	文本	16	是		
开课学期	数字	字节	是	1	只能为 1～6
学时	数字	字节	是		
学分	数字	字节	否		

表 1-3 选课信息表结构

字段名	数据类型	长度	必需	默认值	说明
学号	文本	10	是		主键
课程号	文本	8	是		主键
成绩	数字	字节	否		

表 1-4 学生信息表内容

学号	姓名	性别	出生日期	专业	备注
1101010101	王大林	男	1994-2-3	计算机应用技术	
1101010102	张小雨	女	1993-5-3	计算机应用技术	
1101010201	李一天	男	1992-9-5	计算机应用技术	
1101010202	吴可研	女	1993-11-6	计算机网络技术	
1101020101	罗小慧	女	1992-12-10	计算机网络技术	
1101020102	孙大伟	男	1994-9-6	计算机网络技术	
1101020103	马小伟	男	1994-5-7	软件技术	
1101030101	刘 奇	男	1993-12-7	软件技术	
1101030102	程 琳	女	1992-10-10	应用电子技术	
1101030103	赵小刚	男	1993-11-1	应用电子技术	

表 1-5 课程信息表内容

课程号	课程名	开课学期	学时	学分
01101001	办公信息处理	1	72	4
01101002	C 语言程序设计	1	90	5
01101003	网页设计与制作	2	70	4
01101004	数据库技术与应用	2	72	4
01101101	电子商务网站开发	3	68	4
01102101	网络组建与管理	3	68	4
01103101	Web 应用程序开发	4	72	4
01101201	IT 新技术讲座	5	32	2

表 1-6 选课信息表内容

学号	课程号	成绩	学号	课程号	成绩
1101010101	01101001	78	1101020101	01101001	81
1101010101	01101002	81	1101020101	01101002	82
1101010101	01101003	85	1101020102	01101003	76
1101010102	01101004	68	1101020102	01101004	75
1101010102	01101101	77	1101020103	01101101	69
1101010201	01102101	91	1101020103	01102101	92
1101010201	01103101	85	1101030101	01101201	87
1101010202	01103101	65	1101030102	01101201	85
1101010202	01101201	88	1101030103	01101201	65

提示：输入选课信息表内容时，先输入表格左边的学号、课程号及成绩，再输入表

格右边的学号、课程号及成绩。

任务 1.1 建立学生选课数据库

任务描述

建立学生选课数据库。数据库名称为“学生选课”，该数据库中有三个数据表，分别是学生信息表、课程信息表及选课信息表，表名分别为“学生信息”、“课程信息”、“选课信息”，三个数据表的结构和内容如表 1-1～表 1-6 所示。

任务准备

(1) 数据库与表：数据库（DB）是长期存储在计算机内、有组织的、可共享的数据集合。例如，学生的通迅录输入计算机就可以形成一个数据库。一个数据库可以是一个表格，也可以由多个表格组成，每一个表格由表头（表结构）和表的内容组成。表格在数据库中也称关系，由关系构成的数据库称为关系数据库。

(2) 字段与数据类型：Access 数据库由数据表组成，每个数据表由若干个列构成。数据表中的列在数据库中称为字段，每个字段都必须确定其数据类型，便于数据存储与管理，如文本型、数字型、日期型等。

(3) 数据库管理系统：每一个数据库都需要有一个数据库管理系统（DBMS）进行管理，也就是说，DBMS 是一个管理数据库的软件，管理关系数据库的软件称为关系数据库管理系统。Access 2010 是一个当今流行的关系数据库管理系统。

(4) 建立 Access 数据库的主要步骤：

- 启动 Access DBMS；
- 创建并命名数据库；
- 创建数据表，定义表的字段和数据类型；
- 输入、编辑数据表中的数据。

任务实施

1. Access 2010 DBMS 的启动

(1) 启动 Access 2010 DBMS 系统。单击菜单“开始”→“程序”→“Microsoft Office”→“Microsoft Access 2010”，就能启动 Access 2010 数据库管理系统，出现的窗口如图 1-1 所示。可以看出，Access 2010 的界面风格与 Access 2007 一致，但与 Access 2003 有很大区别。用户可以选择打开已有的文件或新建一个数据库文件。如果是新建，可以选择空白数据库、样本模板或 Office. com 模板进行新建，用户只要单击相应的项目即可进行相应的工作。

(2) 打开已有的文件。选择“文件”菜单中的“打开”命令打开已有数据库，也可以直接双击“文件”菜单中的数据库文件名来打开数据库。

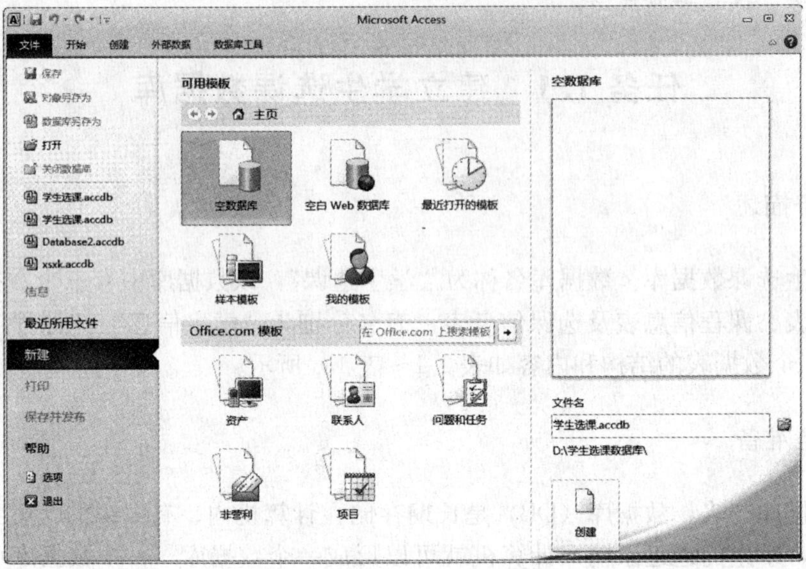

图 1-1　Access 2010 启动窗口

2. 新建学生选课数据库

在图 1-1 所示的启动窗口中，选择可用模板、空数据库或空白 Web 数据库等，然后选择数据库存放位置，输入数据库文件名称，如图 1-2 所示，单击“确定”按钮后，进入工作窗口，数据库文件的扩展名系统自动定为 accdb。

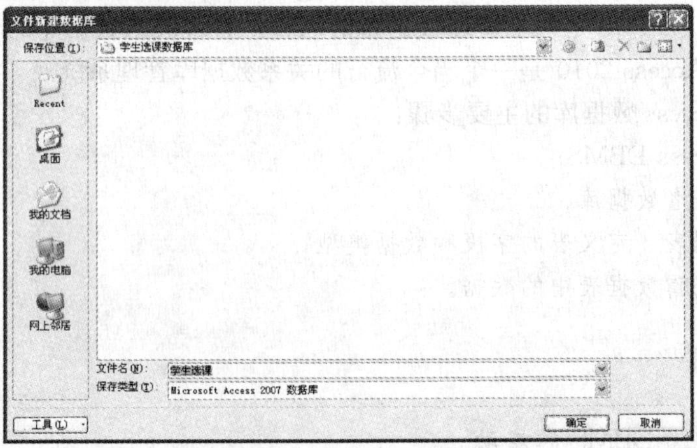

图 1-2　确定数据库位置与名称

3. 新建学生信息表结构

在图 1-1 所示窗口中，单击“创建”按钮，进入表结构建立界面，单击“保存”按钮，出现“另存为”窗口，输入表名称“学生信息”，单击“确定”按钮，创建学生信息表。再右击“学生信息”，选择“设计视图”，进入学生信息表结构编辑窗口，按表 1-1 所示逐一输入字段名和数据类型，结果如图 1-3 所示。

提示：及时保存数据库。

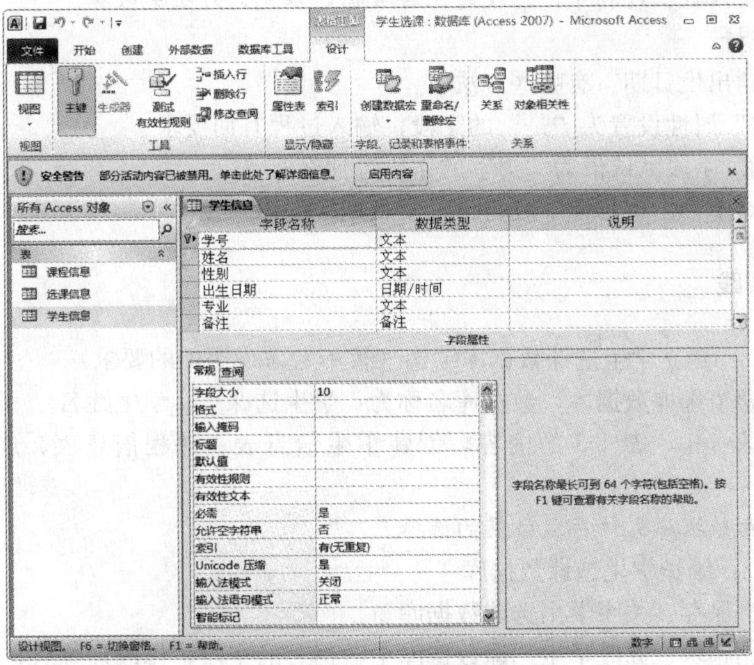

图 1-3　建立学生信息表结构

输入完学生信息表所有字段名称和数据类型后，或在输入每个字段名称和数据类型的过程中，应该对每个字段设置必要的常规字段属性，如字段大小、必需、允许空字符串、索引等，其中字段大小必须进行修改。如图 1-3 所示，选择“学号”字段，就可以对学号字段的常规属性进行修改，如将其字段大小改为 10。

4. 输入、编辑学生信息表数据

在图 1-3 所示的 Access 对象列表中，右击“学生信息”，选择“打开”命令，进入数据编辑窗口，逐个输入学生信息，如图 1-4 所示。

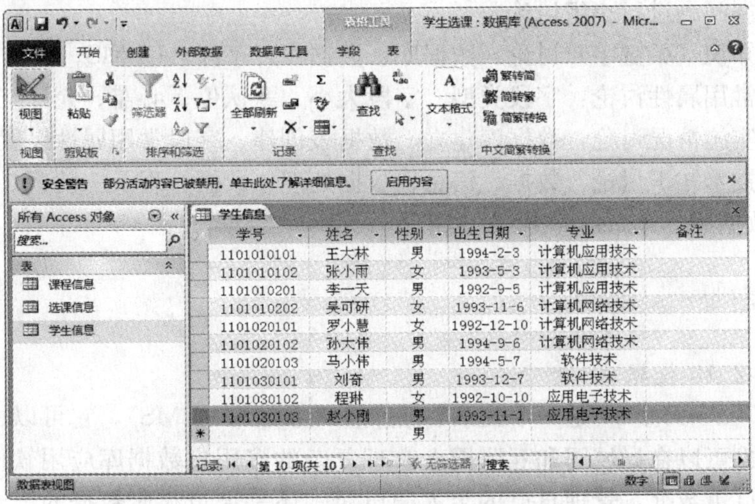

图 1-4　输入学生信息表数据

提示： 在输入数据过程中，应及时保存数据，以免意外丢失数据。

5. 问题分析

（1）输入“出生日期”有哪些方法？

（2）“必需”属性设置为“是”的字段，输入过程有何要求？

（3）“性别”字段默认值为“男”的作用是什么？

（4）谈谈对于“出生日期”改为“入学日期”的思考。

课堂实践

课堂实践 1：建立学生选课数据库结构（暂不考虑说明中的要求）

（1）建立学生选课数据库，数据库名称为：学生选课____学生姓名。

（2）按照表 1-1～表 1-3 的内容，创建学生信息表、课程信息表、选课信息表的结构。

提示： 注意数据库文件存放位置的选择。

课堂实践 2：维护学生选课数据库

（1）打开、保存、关闭学生选课数据库。

（2）增加、删除、修改学生选课数据库中数据表的字段，修改训练后，请改回原样。

课堂实践 3：编辑学生选课数据库数据

（1）编辑学生信息表数据，数据参照表 1-4 所示内容，并加入自己与自己学号最近的两位同学。

（2）参照表 1-5、表 1-6 所示的内容，编辑课程信息表、选课信息表的数据，并进行相应变化。

检查与问题讨论

（1）检查与评价任务实施情况。根据任务描述与要求，小组成员相互检查，提出存在的问题，根据问题进行小组讨论。

（2）基本知识（关键字）讨论：数据库、数据表、字段、DBMS。

（3）字段常用属性讨论：字段类型、字段大小、默认值、必需、允许空字符串。

（4）任务实施情况讨论：数据库建立、数据表创建、字段常用属性设置。

（5）自选技术知识讨论：数据、信息、数据处理、数据管理及三阶段、数据库系统、Access 2010 数据库、Access 字段类型等。

技术基础

1. Access 2010 数据库

Microsoft Access 2010 是一个关系数据库管理系统（DBMS），它可以用来管理企业的简单列表，也可以在局域网和互联网上管理复杂的多用户数据库应用软件。不管是处理公司的客户订单数据，管理自己的个人通讯录，还是大量科研数据的记录和处理，人们都可以利用它来解决大量数据的管理工作。它可以管理从简单的文本、数字字符，到复杂的图片、动画或声音等各种类型的数据。在Access 2010中，可以构造应用程序来存储和归档数据，并可以使用多种方式进行数据的筛选、分类和查询，还可以通过显示在屏幕上的窗体来查询数据，或生成报表将数据按一定的格式打印出来。Access 2010的主要功能介绍如下。

（1）组织数据。DBMS最主要的作用就是组织、管理各种各样的数据。Access 2010的表对象是用于组织数据的基本模块。组织数据就是按预先的设计建立各个表的结构，把各种类型的数据分别存放在不同的表中，并建立各表之间的联系，从而把相关数据有机地组织在一起。

（2）建立查询。查询是建立数据库的主要目的之一。查询对象是用于建立查询的基本模块，通过创建查询来查找指定条件的数据，更新或删除记录，或对数据执行各种计算。

（3）设计窗体。窗体是用户和数据库应用程序之间的接口之一，在数据库系统中应用窗体可提供数据操作的安全性，并可丰富用户操作界面。通过它可以直接或简接调用宏或模块，并执行查询、打印、预览、计算等功能，或者对数据库进行修改。

（4）输出报表。Access 2010中的报表对象是用于生成报表和打印报表的基本模块。报表可以用来分析数据或以特定方式打印数据。

（5）建立数据共享机制。Access 2010提供了与其他应用程序的接口，即数据的导入和导出。通过这些功能，可将其他系统的数据导入Access 2010的数据库，也可将Access 2010的数据导出到其他系统中。

（6）建立超链接。将一个字段的数据类型定义成超链接，并将Internet或局域网中的某个对象赋予这个超链接，当用户在数据表或窗体中双击该超链接字段时，就可以启动浏览器，并进入该超链接所指的对象。

（7）建立应用系统。Access 2010提供了宏和VBA，可将各种数据库及其对象连接在一起，从而形成一个数据库应用系统。

Access 2010中各个对象之间有着密切的关系。其中，表是数据库的核心与基础，它存放着数据库中的全部数据信息。查询、窗体和报表用来从数据表中获取数据信息，以实现用户某一特定的需求，例如查询、统计计算、打印、编辑、修改等。

2. Access 字段类型

一个表不可缺少的要素是表名、字段名、数据类型、字段大小、字段属性、表的主关键字，一个表其他的可选要素是字段说明、表的属性等。表名和字段名均可以由字母、汉字、数字的任何组合。

字段的数据类型指定了在字段中存储数据的类型，字段大小是字段中存储数据的字符个数或字节数。

（1）文本型。文本型字段可以存放字母、汉字、符号、数字等，如学号、姓名、单位、地址、电话、邮编等一般均应是文本型字段。文本型字段的主要字段属性为“字段大小”，字段大小可以从1到255，默认为255，一般必须按需要重新设置大小，否则会产生空间浪费。在Access数据库中，一个汉字、一个英文字母均为一个字符，均占一个位置大小，即定义大小为8，英文字母能存放8个，汉字也能存放8个。这是因为在Access数据库中采用了Unicode字符集。

（2）数字型。用于数学计算的数值数据。数字型字段属性是字段大小，Access数据库为了提高存储效率和运行速度，把数字型按大小细分为字节、整型、长整型、单精度型、双精度型、同步复制ID及小数等类型，默认大小为长整型。

（3）日期/时间型。用于日期和时间的处理。日期/时间型主要字段属性是“格式”和“输入掩码”，“格式”显示字段时的格式，“输入掩码”是输入时的日期/时间格式。日期/时间格式可分为常规日期、长日期、中日期、短日期、长时间、中时间、短时间等。

（4）备注型。文本型最多只能存放255个字符，如果实际数据超过255个字符，可用备注数据类型。如简历字段可以设定为备注型。

（5）OLE对象。对照片、图形等数据，Access数据库提供了OLE对象数据类型进行处理。其实，不仅仅是照片，其他对象也可以，如Excel电子表格、Word文档、图形、声音或其他二进制数据，都可以用OLE对象处理。

（6）超链接。该类型的字段存放数据的超链接地址，是以文本形式存储并用做超链接地址。超链接地址是指向对象、文档或Web页面等目标的一个路径，可以是一个网站地址，也可以是局域网中文件的地址（路径），还可以包含更具体的地址信息，如Word书签或地址所指的Excel单元格范围。在超链接字段中直接输入文本或数字，Access数据库会把输入的内容作为超链接地址。

（7）其他数据类型。如货币型、是/否型、自动编号型、附件型、计算型、查阅向导型等。

3. 建立Access数据库

在建立Access数据库之前，要涉及数据库设计问题，即要回答数据库中要有多少个数据表，表间的关系如何，每个表中要设置哪些字段，每个字段的属性如何等。在此，对数据库设计问题不做介绍，到设计篇中再进行详细介绍。

（1）创建新数据库

在Access 2010系统主界面中，选择菜单“文件”→“新建”命令，然后选择数据库模板，确定数据库文件存放位置，再单击“创建”按钮，输入表结构等信息，就可以建立数据库了。

（2）建立新数据表

Access 2010系统提供了多种创建新表的方法，如图1-5所示，其中最常用的是“表设计”（设计视图）。

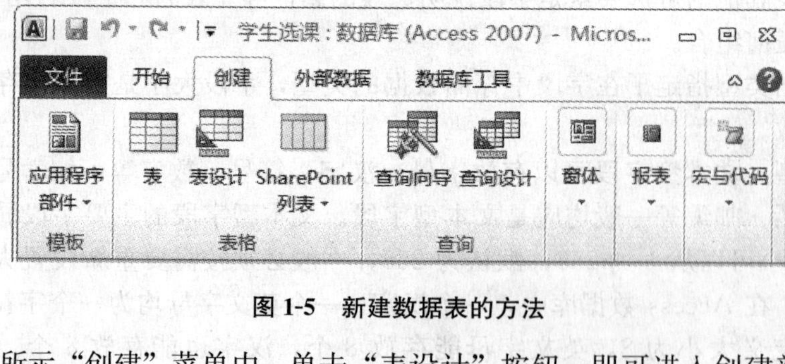

图1-5　新建数据表的方法

在图1-5所示“创建”菜单中，单击“表设计”按钮，即可进入创建新表设计视图，如图1-6所示，设计窗口分为上下两部分，上半部分是字段编辑区，下半部分是字段属性区。

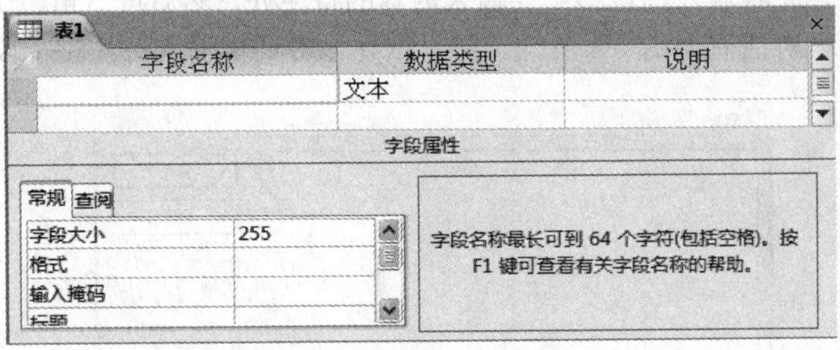

图 1-6　创建新表设计视图

① 定义字段。将设计好的表结构（字段名称、数据类型、字段属性等）内容逐项输入。

② 设置主键和索引。设置主键的方法是先选择要设置为主键的字段或字段组，然后，单击主键按钮（钥匙），主键就定义好了。如果要取消主键，再按一次主键定义按钮即可。

③ 设置有效性规则。先确定字段的有效性规则，然后确定违反此规则显示的提示文本（有效性文本），如果不输入提示文本，Access 会显示默认的提示文本。

④ 设置字段格式与掩码。格式属性只影响数据的显示格式，一般采用默认格式。如需要设置，可选择系统提供的格式，如时间格式有常规日期、长日期、中日期、短日期、长时间、中时间、短时间等；数字格式有常规数字、货币、固定、标准、百分比、科学记数等。输入掩码用于规定数据输入时的格式，一般采用默认输入掩码，有时需要设置。如输入用户密码时，就可以设置输入掩码，让输入的密码不显示。

输入完表字段结构后，需要保存。在保存表的过程中，还需要确定表名，如果没有设置主键，则系统会提示用户是否要设置主键。

(3) 编辑数据表中的数据

数据表是 Access 数据库中最重要的对象，它是存储数据的地方，是记录的集合。打开数据表进入数据表视图，如图 1-7 所示，可以在数据表视图中的末行输入数据来添加新记录。如果需要在数据表中编辑数据，单击相应的行和列，就可以对相应的记录和字段进行修改了。

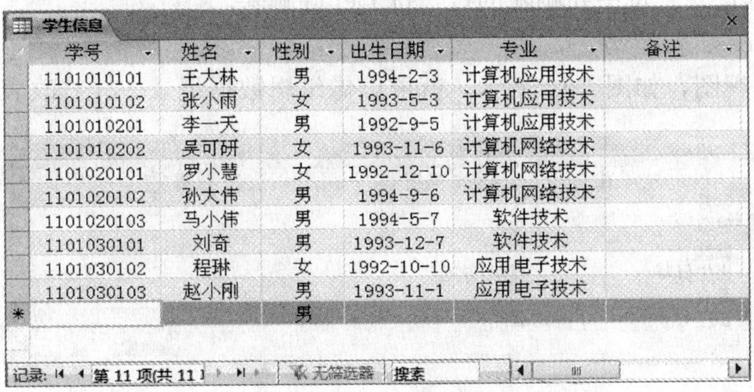

学生信息

学号	姓名	性别	出生日期	专业	备注
1101010101	王大林	男	1994-2-3	计算机应用技术	
1101010102	张小雨	女	1993-5-3	计算机应用技术	
1101010201	李一天	男	1992-9-5	计算机应用技术	
1101010202	吴可研	女	1993-11-6	计算机网络技术	
1101020101	罗小慧	女	1992-12-10	计算机网络技术	
1101020102	孙大伟	男	1994-9-6	计算机网络技术	
1101020103	马小伟	男	1994-5-7	软件技术	
1101030101	刘奇	男	1993-12-7	软件技术	
1101030102	程琳	女	1992-10-10	应用电子技术	
1101030103	赵小刚	男	1993-11-1	应用电子技术	
*		男			

图 1-7　数据表视图

① 备注型字段内容的输入。内容较少时，可以在备注处直接输入；内容较多时，可采用对话框输入，先将输入焦点移到要输入内容的备注处，然后按 Shift＋F2 快捷键，系统会显示备注输入对话框如图 1-8 所示，就可以在该对话框输入备注型字段的内容。

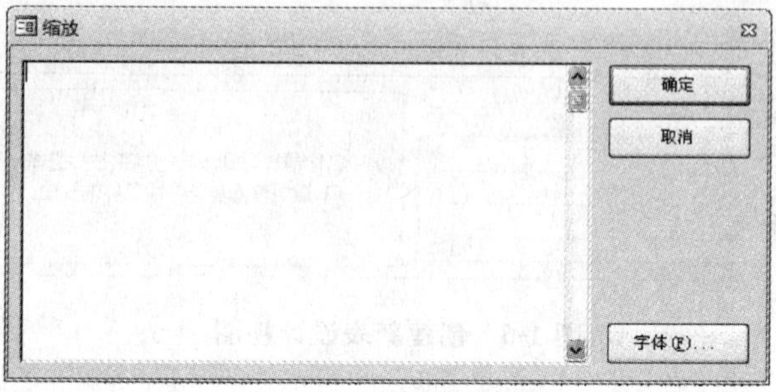

图 1-8　备注输入对话框

② 超链接字段内容的输入。在相应字段处直接输入网址文本即可。

③ 插入 OLE 对象。在相应 OLE 类型的字段处，右击选择相应对象。

④ 附件字段内容添加。在相应字段处双击附件字段，出现“附件”对话框，如图 1-9 所示，单击“添加”按钮，出现“选择文件”对话框，选择要添加的附件（可以添加多个附件）。

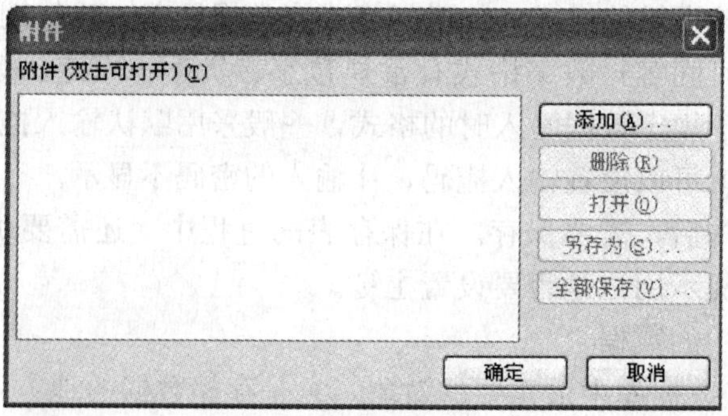

图 1-9　“附件”对话框

⑤ 修改数据记录。选中要修改的行，直接进行修改。

⑥ 删除数据记录。选中要删除的行，按 Del 键删除。

4. 修改 Access 表结构

进入表设计视图，如图 1-10 所示，就可以像编辑数据记录一样修改表结构。

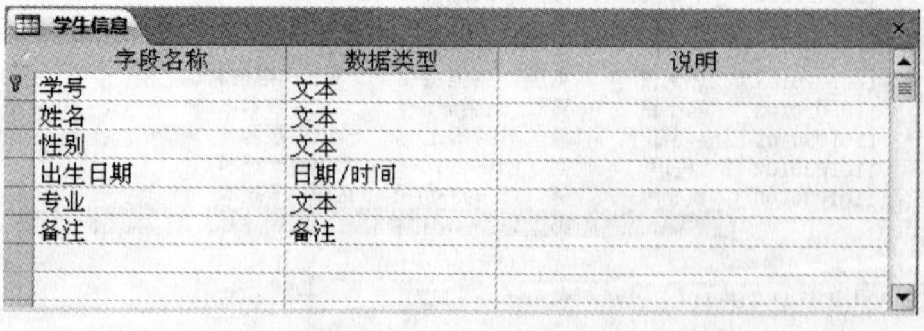

图 1-10　修改表结构

① 增加新字段。如果在“备注”字段后增加一个字段，直接输入即可。如果在“备注”字段前增加一个字段，选中“备注”字段行，右击选择“插入行”命令，再输入字段信息。

② 删除字段。选择要删除的字段行，按 Del 键删除。

③ 修改字段。选择要修改的字段行，进行修改。

理论基础：数据库基本概念

1. 数据管理概念

(1) 数据与信息

人类的一切活动都离不开数据，离不开信息。数据和信息既有区别也有联系，也是相对的。数据是符号的集合，是事物特性的描述。这里的“符号”不仅仅指数字、字母、文字和其他特殊符号，而且还包括图形、图像、声音等多媒体的表示。信息是关于现实世界中事物的存在方式或运动形态的反映，是人们进行各种活动所需的知识，它是以数据的形式表示的，即数据是信息的载体。但不是所有的数据都能表示信息，信息是人们消化了的数据。信息是抽象的，不随数据设备所决定的数据形式而改变，而数据的表示方式具有可选择性。

(2) 数据处理与数据管理

数据处理是指将数据转换成信息的过程。广义地讲，它包括对数据的收集、存储、传播、检索、分类、加工或计算、打印各类报表或输出各种需要的图形等一系列活动。狭义地讲，它是指对所输入的数据进行加工整理。在数据处理的一系列活动中，数据收集、存储、传播、检索、分类等操作是基本环节，这些基本环节统称为数据管理。

数据与信息之间的关系可以表示为：

信息 = 数据 + 数据处理

数据是原料，是输入；而信息是产出，是输出结果。当两个或两个以上的数据处理过程前后相继时，前一过程称为预处理。预处理的输出作为二次数据，成为后面处理过程的输入，即数据与信息的概念具有相对性，如图 1-11 所示。

图 1-11 数据与信息的关系

2. 数据管理三阶段

计算机数据管理随着计算机硬件（主要是外存储器）、软件技术和计算机应用范围的发展而不断发展，大致经历了如下三个阶段。

(1) 人工管理阶段

20 世纪 50 年代中期以前，计算机主要用于科学计算。当时在硬件方面，外存储器只有卡片、纸带、磁带，没有像磁盘这样的可以随机访问、直接存取的外部存储设备。软件方面，没有专门管理数据的软件，数据由计算机或处理它的程序自行携带。数据处理方式基本是批处理。数据与应用程序之间的关系如图 1-12 所示。

人工管理阶段的主要问题：

① 数据和程序不具有独立性。一组数据对应一组程序，这就使得程序依赖于数据，如果数据的类型、格式或者数据量、存取方法、输入/输出方式等改变了，程序必须做相应的修改。

② 数据不能长期保存。由于数据是面向应用程序的，在一个程序中定义的数据，无法被其他程序利用，因此，程序与程序之间存在大量的重复数据。

③ 系统中没有对数据进行管理的软件。数据管理任务，包括存储结构、存取方法、输入/输出方式等完全由程序设计人员自负其责，这就给应用程序设计人员增加了很大的负担。

（2）文件管理阶段

20 世纪 50 年代后期至 60 年代中后期，计算机开始大量地用于管理中的数据处理工作。大量的数据存储、检索和维护成为紧迫的需求。在硬件方面，可以直接存取的磁鼓、磁盘成为联机的主要外存。在软件方面，出现了高级语言和操作系统。操作系统中的文件系统是专门管理外存的数据管理软件。数据处理方式有批处理，也有联机实时处理。

文件管理阶段，程序与数据有了一定的独立性，程序与数据分开存储，有了程序文件和数据文件的区别。数据文件可以长期保存在外存储器上多次存取，如进行查询、修改、插入、删除等操作。数据的存取以记录为基本单位，并进行了多种文件组织形式，如顺序文件、索引文件、随机文件等。

在文件系统的支持下，数据的逻辑结构与物理结构之间可以有一定的差别，逻辑结构与物理结构之间的转换由文件系统的存取方法来实现。数据与程序之间有设备独立性，程序只需要用文件名访问数据，不必关心数据的物理位置。这样，程序员可以集中精力在数据处理的算法上，而不必考虑数据存储的具体细节。数据的逻辑结构是指呈现在用户面前的数据结构，数据的物理结构是指数据在物理设备上的实际存储结构。例如，用户看到的记录是按照记录号顺序排列的，而实际上这些记录是分散存储在磁盘的不同扇区，用链接方式组织在一起的。用户不必关心记录在存储器上的地址和内、外存交换数据的过程。该阶段数据与程序的关系如图 1-13 所示。

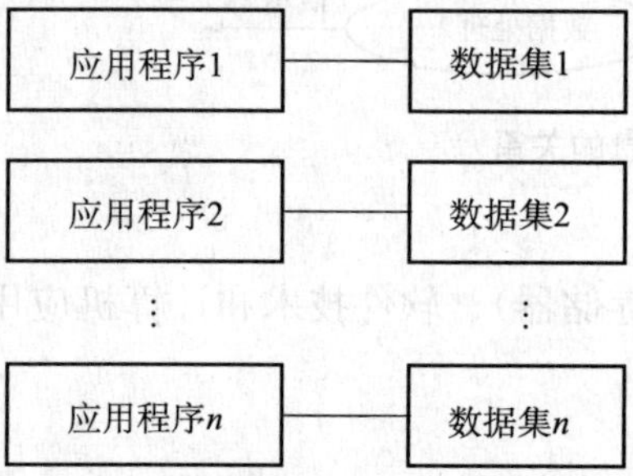

图 1-12　人工管理方式中程序与数据的关系

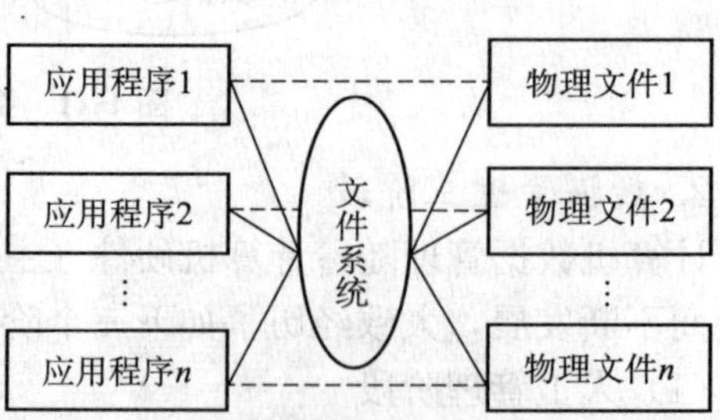

图 1-13　文件管理方式中程序与数据的关系

文件系统阶段的主要问题：

① 数据冗余大。数据冗余是指不必要的重复存储，同一数据项重复出现在多个文件中。在文件系统中，数据文件基本上与各自的应用程序相对应，数据不能以记录和数据

项共享。这样不仅浪费存储空间，而且，更加严重的是会造成数据库的不一致性。

② 缺乏数据独立性。文件系统中的数据文件是为某一特定的应用而设计的，数据与程序相互依赖，如果改变数据的逻辑结构或文件的组织方法，必须修改相应的应用程序，反之也是。

③ 数据无集中管理。数据文件均由相应的应用程序管理和维护，没有统一的管理机制。造成数据文件之间无法进行联系，不能反映现实世界事物之间的联系。

(3) 数据库管理阶段

从 20 世纪 60 年代后期开始，计算机应用于管理的规模更加庞大，需要计算机管理的数据量急剧增长，并且对数据共享的需求日益增强。文件系统的数据管理方法已无法适应应用系统的需要。再加上大容量磁盘的出现，使计算机随机存取数据成为可能。为了解决数据的独立性问题，实现数据的统一管理，达到数据共享的目的，出现了数据库技术。

数据库（Database，DB）是共享数据的集合，它不仅包括数据本身，而且包括数据之间的联系。数据库中的数据不是面向某一特定的应用，而是面向多种应用，可以被多个用户、多个应用程序共享。其数据结构独立于使用数据的程序，对于数据的增加、删除、修改及检索等由系统统一进行控制。

为数据库的建立、使用和维护而配置的软件称为数据库管理系统（DBMS）。它是在操作系统支持下运行的。在数据库管理系统支持下的数据与程序关系如图 1-14 所示。目前较为流行的数据库管理系统有 Oracle、SQL Server 及 Access 等。

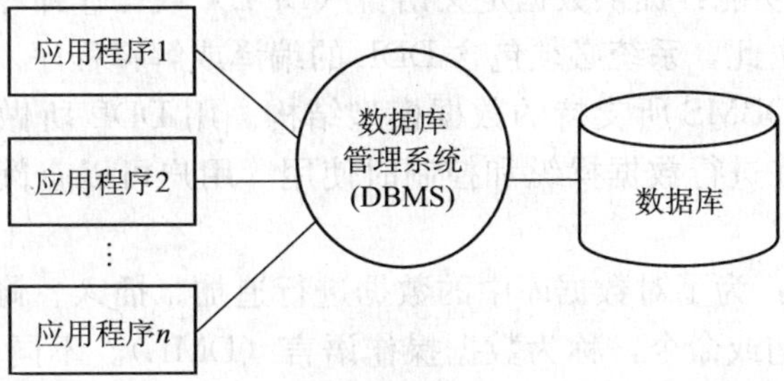

图 1-14 数据库系统数据与程序的关系

数据库系统的主要特点有：

① 实现数据共享，减少数据冗余。数据库中存放通用化的综合数据，某一应用通常仅使用总体数据的子集。

② 数据高度结构化。数据库中的数据是有结构的，它是用某种数据模型表示出来的，这种结构既反映文件内数据之间的联系，也反映文件之间的联系。

③ 具有较高的数据独立性。在数据库系统中，DBMS 提供映象功能，确保应用程序对数据结构和存取方法有较高的独立性。数据的物理存储结构与用户看到的逻辑结构可以有很大的差别。用户只是用简单的逻辑结构来操作数据，无须考虑数据在存储器上的物理位置与结构。

④ 有统一的数据控制功能。数据库作为用户与应用程序的共享资源，对数据的存取往往是并发的，即多个用户同时使用同一个数据库。数据库管理系统必须提供并发控制

功能、数据的安全性控制功能和数据完整性控制功能。

3. 数据库管理系统

（1）数据库系统的组成

数据库（DB）是长期存储在计算机内、有组织的、可共享的数据集合。数据库本身不是独立存在的，它是组成数据库系统的一部分，在实际应用中，人们面对的是数据库系统（DBS），也称数据库应用系统（DBAS）。数据库系统是指具有管理和控制数据库功能的计算机应用系统。例如，一个以数据库为基础的管理信息系统。数据库系统由 5 部分组成：硬件系统、数据库集合、数据库管理系统及相关软件、数据库管理员（DBA）和用户。

硬件系统是整个数据库系统的基础，需要有足够大的内存、足够大容量的磁盘等联机直接存取设备等。数据库集合是若干个设计合理、满足应用需求的数据库。数据管理系统是为数据库的建立、使用和维护而配置的软件，是数据库系统的核心组成部分；相关软件是支持软件，如操作系统等。数据库管理员是全面负责建立、维护和管理数据库系统的人员。用户是最终系统的使用和操作人员。

（2）数据库管理系统

数据库管理系统（DBMS）作为数据库系统的核心软件，其主要目标是数据成为方便用户使用的资源，易于为各种用户所共享，并增加数据的安全性、完整性和可用性。

在数据库系统中，数据是多个用户和应用程序的共享资源，已经从应用程序中完全独立出来，由 DBMS 来统一管理。DBMS 具有下列功能。

① 数据库的定义功能：提供数据定义语言（DDL）或操作命令，以便对各级数据模式进行精确的描述。由此，系统必须包含 DDL 的编译或解释程序。这些数据模式并不是数据本身，而是具体 DBMS 所支持的数据模型结构。用 DDL 所做的定义将被系统保留在数据字典中，以便在进行数据操纵和控制时使用。用户可以查阅数据定义，以便共享数据库中的数据。

② 数据操纵功能：为了对数据库中的数据进行追加、插入、修改、删除、检索等操作，DBMS 提供了语句或命令，称为数据操作语言（DML）。不同的 DBMS 语言的语法格式也不同，以其实现方法而言，可以分为两类：一类是 DML 可以独立交互式使用，不依赖于任何程序设计语言，称为自含或自主型语言。另一类是宿主型 DML，嵌入宿主语言中使用。如嵌入 C 程序设计语言中，在使用高级语言编写的应用程序中，需要调用数据库中的数据时，则要用宿主型 DML 语句来操纵数据。

③ 数据库运行控制功能：数据库中的数据是提供给多个用户共享的，用户对数据的存取可能是并发的，即多个用户同时使用一个数据库。DBMS 必须提供以下 3 方面的数据控制功能：a. 并发控制功能。对多个用户并发操作加以控制和协调，避免产生一个用户要写某数据时，另一个用户要读该数据而产生的错误，或两个用户同时要对某数据进行写操作而出现错误等。b. 数据的安全性控制。数据安全性控制是对数据库采用的一种保护措施，防止非授权用户存取造成数据泄密或破坏。例如，设置口令、确定用户访问权限等。c. 数据的完整性控制。数据完整性是指数据的正确性和一致性，系统应采取一定的措施确保数据有效、与数据库的定义一致。

④ 数据字典：数据字典中存放数据库系统中有关数据的数据，称为元数据。它提供

对数据库数据描述的集中管理手段，对数据库的使用和操作都通过查阅数据字典来进行。内容包括对各级模式的描述，数据库的使用人员等信息。数据字典可以看成数据库系统自身的小数据库。它既可以供数据库系统人员使用，又可以提供给一般用户使用。因此，数据字典有两方面的作用：a. 有利于数据库管理员掌握整个系统结构和系统运行情况。DBA 可以通过查阅数据字典来监视系统，如已经建立多少个数据库，各个数据库的结构如何，多少个用户在使用系统等，并协助用户完成其应用。b. 方便用户使用系统。用户可以从数据字典中查询某个属性出现在哪个关系中等信息。

任务 1.2　设置学生选课数据库

任务描述

（1）设置主键。设置学生选课数据库中学生信息表、课程信息表、选课信息表的主键，并验证其作用。

（2）设置索引。设置学生信息表“姓名”字段索引，要求为“有（有重复）”。

（3）设置字段有效性规则。设置选课信息表“成绩”字段有效性规则，要求只能输入 0～100 之间的数字；如果输入小于 0 或者大于 100 时，系统显示“输入成绩有误，请重新输入”，并进行验证。

（4）设置字段查阅输入功能。设置学生信息表“专业”字段查阅输入功能，输入时可供选择的内容为：计算机应用技术、计算机网络技术、软件技术、应用电子技术。

任务准备

（1）主键：如果表中的一个或多个字段的组合可以唯一标识表中的每一个记录，那么该字段或字段组合就称为表的主键。如学生选课数据库中，学生信息表中的学号、课程信息表中的课程号、选课信息表的学号和课程号组合，分别是各自表的主键。

设置主键的主要步骤：

- 进入数据表“设计视图”；
- 选择字段或字段组；
- 设置主键。

（2）索引：索引相当于目录，供查找排序时使用。在记录数量比较大时，利用索引进行查找或排序数据时可提高处理速度。如果经常需要在某个字段进行查找、排序，建议对该字段设置索引。设置一个表的主键后，Access 会自动在该主键字段创建索引，索引类型为无重复的唯一索引，也称主索引。因此，对主键不应重复设置索引。

设置索引的主要步骤：

- 进入数据表“设计视图”；
- 选择字段；
- 选择设置索引类型。

（3）字段有效性规则：字段有效性规则是用于限定输入字段中的数据必须满足一定

的条件，以保证数据的正确性。

设置字段有效性规则的主要步骤：

- 进入数据表“设计视图”；
- 选择字段、“有效性规则”属性；
- 输入有效性规则表达式。

（4）字段查阅输入功能：实现可选择性地输入字段内容，如专业名称输入，就可以采用查阅输入功能实现。

设置字段查阅输入功能的主要步骤：

- 进入数据表“设计视图”；
- 选择字段、“查阅”卡；
- 选择设置“显示控件”、“行来源类型”；
- 在“行来源”处，设置输入选择项内容，内容之间用分号分隔。

（5）数据库完整性：指数据库中数据的正确性和相容性，数据库完整性主要依靠完整性约束条件实现，分为实体完整性、参照完整性和用户定义完整性三种。实体完整性是指记录的唯一性，参照完整性是指表间数据约束，用户定义完整性主要是指对值域的约束。

任务实施

1. 设置数据表主键

学生选课信息表的主键为学号、课程号的组合。进入选课信息表“设计视图”，按住Shift键，选中学号和课程号两项，单击“主键”按钮，如图1-15所示，完成选课信息表的主键设置任务。

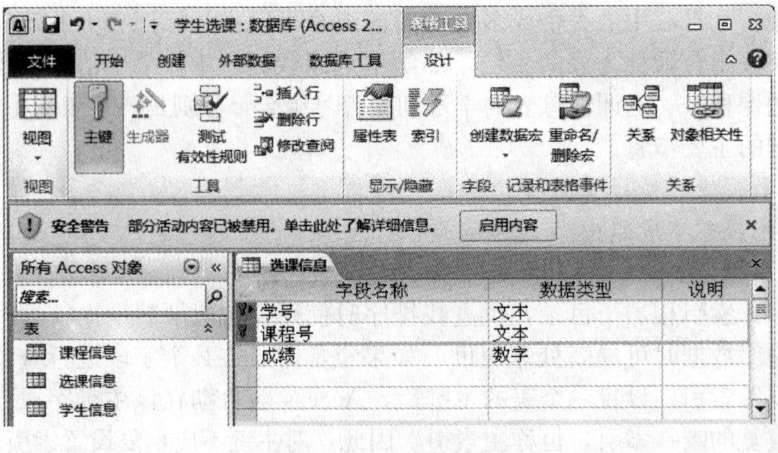

图 1-15　设置主键

2. 设置数据表索引

设置学生信息表“姓名”字段索引为“有（有重复）”。进入学生信息表“设计视图”，选中“姓名”字段，在“常规”卡中设置“索引”属性为“有（有重复）”，如图1-16所示，完成设置索引任务。

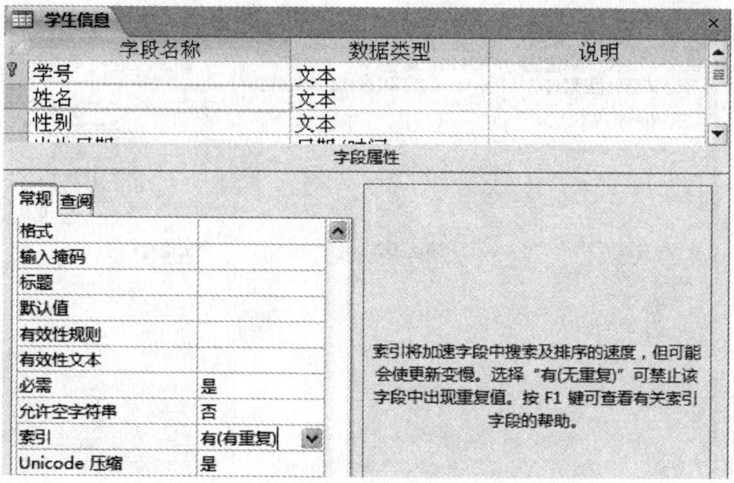

图 1-16　设置索引

3. 设置字段有效性规则

设置选课信息表“成绩”字段内容输入 0～100 之间的数字，如果输入小于 0 或者大于 100 时，系统显示“输入成绩有误，请重新输入”。进入选课信息表“设计视图”，选中“成绩”字段，在其“常规”选项卡中选中“有效性规则”属性，如图 1-17 所示，单击[...]按钮，出现“表达式生成器”对话框，输入有效性规则“>=0 And <=100”，如图 1-18 所示。单击“确定”按钮完成有效性规则设置任务。

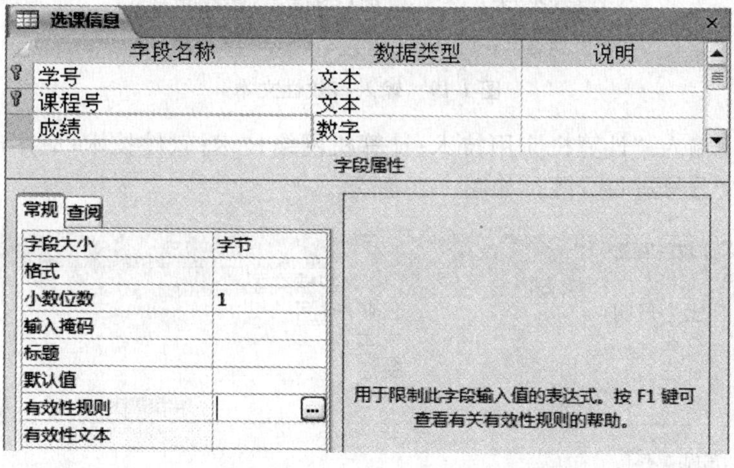

图 1-17　设置有效性规则

再在下一行“有效性文本”属性中输入文字“输入成绩有误，请重新输入”，如图 1-19所示。

4. 设置字段查阅输入功能

设置学生信息表“专业”字段查阅内容为：计算机应用技术、计算机网络技术、软件技术、应用电子技术。在学生信息表“设计视图”中，选择“专业”字段，在“查阅”选项卡中，将“显示控件”值设置为“列表框”，“行来源类型”值设置为“值列表”，并

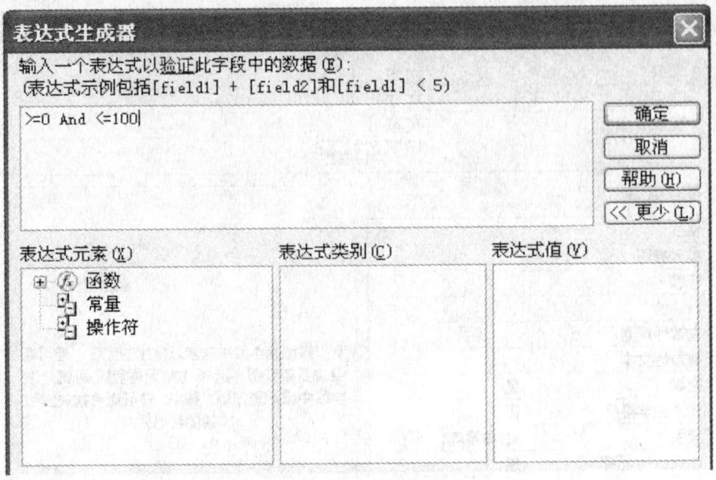

图 1-18　输入有效性规则

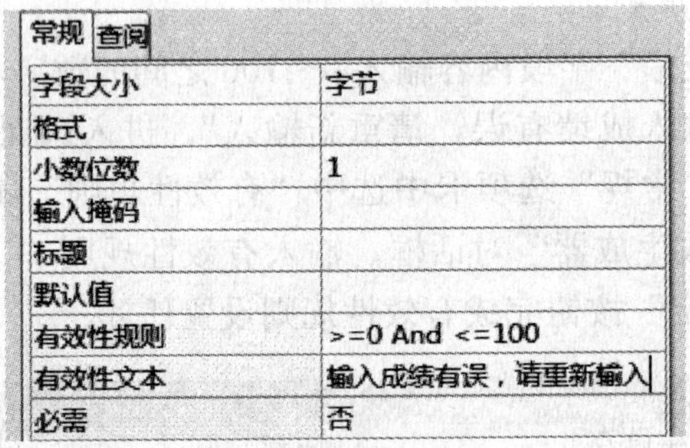

图 1-19　输入有效性文本

在“行来源”中输入“计算机应用技术;计算机网络技术;软件技术;应用电子技术”，专业名之间用英文分号进行分隔，如图 1-20 所示。

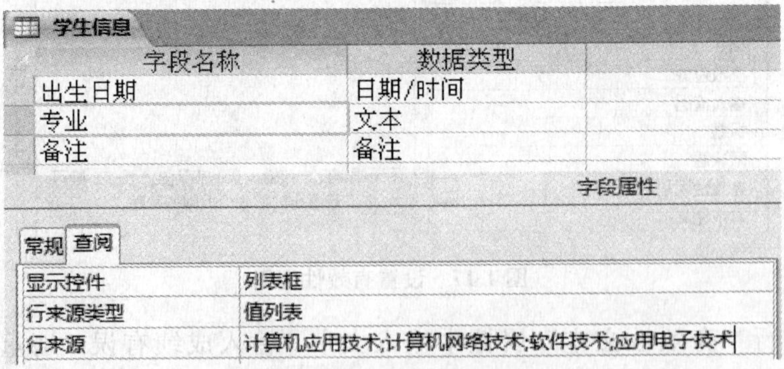

图 1-20　设置字段查阅功能

5. 问题分析

(1) 为什么要设置主键?

(2) 如何验证主键字段的索引情况?

(3) 设置有效性规则的两种方法有什么区别?

课堂实践

(1) 完成前面的 4 项子任务。

(2) 设置学生选课数据库中学生信息表、课程信息表、选课信息表的主键，并验证其作用。

(3) 查阅并思考学生选课数据库三个数据表主键的索引情况，并进行其他字段索引设置。

(4) 在学生选课数据库中，选择三个字段设置有效性规则，要求自拟，并进行验证。

(5) 在学生选课数据库中，设置某个字段查阅输入功能，如专业、性别等。

检查与问题讨论

(1) 检查与评价任务实施情况。根据任务描述与要求，小组成员相互检查，提出存在问题，根据问题进行小组讨论。

(2) 基本知识（关键字）讨论：主键、索引、有效性规则。

(3) 任务实施情况讨论：主键、索引、有效性规则、查阅向导功能等项目设置。

(4) 自选技术知识讨论：表与关系、关系的性质、关系模型、关系操作等。

技术基础

1. 设置主键

主键是表中的一个字段或字段集，为每条记录提供一个唯一的标识符。外键是另一个表的主键。在数据库中，将信息划分到基于主题的不同表中，然后，DBMS 使用表关系和主键将信息再次组合起来，并以一种有意义的方式将这些数据组合在一起。

(1) 一个好主键的特征。它唯一标识每一行；它从不为空或为 Null，即它始终包含一个值；它几乎不（理想情况下永不）改变。

(2) 设置主键。选中相应字段或字段组合后，单击钥匙按钮即可定义主键。

(3) 删除主键。选中主键字段或字段组合后，单击钥匙按钮即可删除主键。但对已建立联系的主键不能删除。

(4) 添加“自动编号”主键。在数据表设计视图中创建新表时，Access 会自动创建主键并指定该字段名为 ID，数据类型为“自动编号”。保存未设置主键的新表时，Access 会提示创建一个主键。如果在弹出的对话框中，单击“是”按钮，则系统创建一个 ID 字段，数据类型为“自动编号”。

2. 设置索引

Access 索引类型有无、有（有重复）、有（无重复）三种，默认值为“无”，表示不建索引；“有（有重复）”表示有索引，但允许字段值重复；“有（无重复）”表示有索引，而且不允许字段值重复。如果经常依据特定的字段搜索表或对表的记录进行排序，则可以通过创建该字段的索引来加快执行这些操作的速度。Access 在表中使用索引就如同在书中使用目录一样，查找数据过程中，Access在索引中查找数据的位置。

（1）确定索引字段。可以根据一个字段或多个字段来创建索引。对于经常搜索、排序的字段，以及在查询中连接到其他表的字段，应考虑创建索引，但无法为数据类型为“OLE对象”、“附件”或“计算”的字段创建索引。索引可提高查询的速度，但在添加或更新数据时，索引也会降低性能。如果在包含一个或多个索引字段的表中输入数据，则每次添加或更改记录时，Access都必须更新索引。依据多字段索引对表进行排序时，Access会先依据为索引定义的第一个字段来进行排序。如果在第一个字段中的记录具有重复值，则Access会接着依据为索引定义的第二个字段来进行排序，依次类推。在一个多字段索引中最多可以包含10个字段。

（2）自动创建索引。设置一个表的主键后，Access会自动在该主键字段创建索引，索引类型为无重复的唯一索引，也称主索引。因此，对主键不能设置“有重复”索引。

（3）创建单字段索引。通过设置“索引”属性可创建单字段索引。“索引”属性的选择项为无、有（有重复）、有（无重复）三项。如果创建唯一索引，则该字段中不能出现重复值，Access会自动为主键创建唯一索引。创建方法参见本任务的“任务实施”环节。

（4）创建多字段索引。一个索引中包含两个或两个以上的字段。

① 进入相应表的“设计视图”。

② 在“设计”选项卡上的“显示/隐藏”组中，单击“索引”，出现“索引”窗口，如图1-21所示。

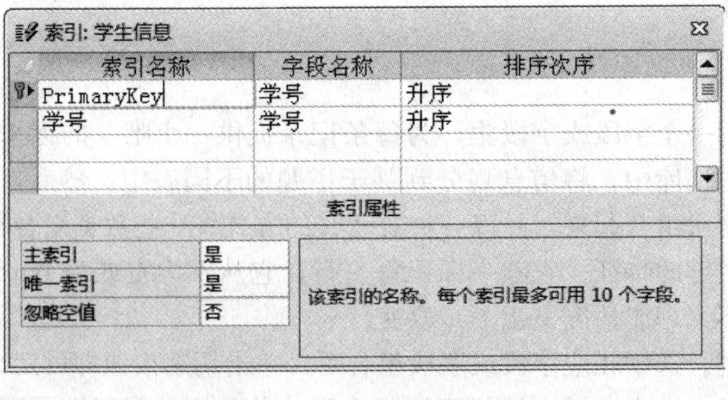

图1-21 “索引”窗口

在“索引”窗口中为索引中的每个字段准备一行，并且仅在第一行中包含索引名称。Access将所有行视为同一索引的一部分，直至它遇到包含另一个索引名称的行为止。要插入一行，可右击想插入一行的位置，然后在快捷菜单上选择“插入行”命令。

③ 在“索引名称”列中，在第一个空白行内输入索引的名称。可以按照某一个索引字段的名称来命名索引，也可以使用其他名称。

④ 在“字段名称”列中，单击箭头，然后单击想用于索引的第一个字段。

⑤ 在下一行中，将“索引名称”列留空，然后，在“字段名称”列中单击索引的第二个字段。重复此步，直至选择了要包含在索引中的所有字段为止。

⑥ 要更改字段值的排序次序，可在“索引”窗口的“排序次序”列中单击“升序”

或“降序”按钮。

⑦ 在“索引”窗口中的“索引属性”下，为“索引名称”列中包含索引名称的行指定索引属性：主索引、唯一索引、忽略空值。

⑧ 保存索引更改，可按 Ctrl＋S 快捷键关闭“索引”窗口。

（5）删除索引。如果某个索引已变得多余或对性能的影响太大，则可以删除它。删除索引时，只会删除索引而不会删除建立索引时所依据的字段。

① 进入相应表的“设计视图”。

② 在“设计”选项卡上的“显示/隐藏”组中，单击“索引”，出现“索引”窗口。

③ 在“索引”窗口中，选择包含想删除的索引的整个行，然后按 Del 键。

④ 要保存更改，可以按 Ctrl＋S 快捷键关闭“索引”窗口。

（6）查看和编辑索引。可能想查看表的索引，以衡量它们对性能的影响，或者确保为特定的字段创建了索引。

① 进入相应表的“设计视图”。

② 在“设计”选项卡上的“显示/隐藏”组中，单击“索引”，出现“索引”窗口。

③ 按照要求查看或编辑索引及索引属性。

④ 保存索引更改，可以按 Ctrl＋S 快捷键关闭“索引”窗口。

3. 设置字段属性

每个字段都可以有自己的一组属性，这些属性进一步说明了该字段在数据库中的性质。在 Access 数据库中，每种数据类型的字段所提供的属性都有所不同，但也有不少共有的常用属性。下面对几个常用的属性进行说明。

（1）格式与输入掩码。设置数据输出与输入格式。

（2）标题。确定当字段在数据表视图中列标头上显示的字符串。默认情况下，不用另外设字段标题，字段标题为空白，显示的标题就等于字段名。

（3）默认值。当向表中插入新记录时，该字段的默认取值。设置默认值的目的是减少数据的输入量。

（4）有效性规则和有效性文本。有效性规则用于限定输入到当前字段中的数据必须满足一定的条件，以保证数据的正确性。有效性文本是当输入的数据不满足有效性规则时系统提示的信息。表也有有效性规则属性，表的有效性规则可以对多个字段间的关系进行规则检验。

（5）必需。有的字段必须输入一个取值，不能为空白，用必需字段属性达到此要求。

（6）输入法模式。对文本型和备注型字段应指明输入法模式，启动还是关闭输入法。

理论基础：关系模型

1. 关系定义

（1）二维表与关系

二维表（简称表）表示了客观现实中的实体，如学生实体，如图 1-22 所示。二维表在关系数据库中称为关系，“学生信息表”是表名（关系名）。表头（表结构）由一些反映实体属性的属性名组成，属性名必须唯一，不允许重名。每个属性名各对应一列，定义了实体属性的类型，也就是说规定了实体属性的值域。表体（表内容）由一些行（元组或称记录）组成，对应于一个学生实体，它是数据库的内容及数据库操作对象。

关系名（表名）：学生信息表

学号	姓名	性别	出生日期
1101010101	王大林	男	1994-2-3
1101010102	张小雨	女	1993-5-3
1101010201	李一天	男	1992-9-5
1101010202	吴可研	女	1993-11-6

表头　表体　元组（行、记录）

属性（列、字段）

图 1-22　二维表及相关术语

（2）关系的定义

定义 1.1　域（Domain）是值（Value）的集合。

例如：整数、实数、{0，1，2，3}、{真、假} 等都可以是域，对于是什么值，根本没有限定。值可以有结构，如 {(杭州，0571)、(宁波，0574)} 是一个域，其值为（杭州，0571）和（宁波，0574），其值是有结构的。

域若是一个有限集，其元数的个数叫做域的基数。例如 {1，2，3，4，5} 的基数为 5。

定义 1.2　给定一组域 D_1，D_2，…，D_n，这些域中有些域可以是相同的。D_1，D_2，…，D_n 的笛卡儿乘积为 $D_1 \times D_2 \times \cdots \times D_n = \{d_1, d_2, \cdots, d_n\} \mid d_i \in D_i, i=1, 2, \cdots, n\}$，其中每一个元素（$d_1$，$d_2$，…，$d_n$）叫做一个 n 元组，或简称元组，元组（d_1，d_2，…，d_n）中的值 d_i 叫做该元组的第 i 个分量。

若 D_i 为有限集且 D_i 的基数为 m_i（$i=1, 2, \cdots, n$），则 $D_1 \times D_2 \times \cdots \times D_n$ 的基数为 $m = m_1 \times m_2 \times \cdots \times m_n$。

定义 1.3　$D_1 \times D_2 \times \cdots \times D_n$ 的子集叫作域 D_1，D_2，…，D_n 上的关系，用 $R(D_1, D_2, \cdots, D_n)$ 表示，这里的 R 表示关系的名字，n 是关系的度（或叫元数）。

一个 n 元关系 $R(D_1, D_2, \cdots, D_n)$ 很容易表示成一个二维表。表名为 R，属性 D_1，D_2，…，D_n 作为表头，R 中的元数，即 $D_1 \times D_2 \times \cdots \times D_n$ 的子集作为表体。例如，D_1＝{A，B，C}，D_2＝{1，2}，D_3＝{True，False}，$R(D_1, D_2, D_3)$＝{(A，1，True)，(B，2，False)，(C，2，True)} 可表示为表格，如图 1-23 所示。

根据关系的数学定义，关系是笛卡儿乘积的子集。但在关系数据库中，关系一般是指笛卡儿乘积的有意义子集。例如，父亲＝{王刚，李铁}，母亲＝{黄花，吕柳}，子女＝{王小刚，王大刚，李小英}，则家庭关系（父亲，母亲，子女）＝{(王刚，黄花，王大刚)，(王刚，黄花，王小刚)，(李铁，吕柳，李小英)} 可表示为表格，如图 1-24 所示。

（3）关系的性质

在关系数据库中，要求关系中的每一个分量是不可再分的数据项，如图 1-25 所示的家庭情况表就不能成为关系数据库中的关系。关系数据库中的关系应具有以下性质：

R

D_1	D_2	D_3
A	1	True
B	2	False
C	2	True

图 1-23 关系的表格表示

家庭关系

父亲	母亲	子女
王刚	黄花	王小刚
王刚	黄花	王大刚
李铁	吕柳	李小英

图 1-24 家庭关系的表格表示

家庭情况表

父亲	母亲	子女	
		长子女	次子女
王刚	黄花	王大刚	王小刚
李铁	吕柳	李小英	

图 1-25 不是关系的表格

① 列是同质的，即每一列中的分量均是同类型的数据，即均来自同一个域。

② 不同的列可以出自同一个域，每一列称为一个属性，不同列属性名不同。

③ 每一分量必须是不可再分的数据项。

④ 任意两个元组不能完全相同。

⑤ 列的顺序是无所谓的，即列的次序可以变换。

⑥ 行的顺序是无所谓的，即行的次序可以变换。

2. 关系模型

关系模型由三部分组成：关系（即数据结构）、关系操作、关系完整性。

（1）关系：单一的数据结构

在关系模型中，无论是实体还是实体之间的联系均由关系（单一的类型结构）来表示。关系中涉及关键字、关系模式、关系数据库等基本概念。

① 关键字。关系中的某一组属性，若其值可以唯一地标识一个元组，则称该属性组为一个候选关键字。若一个关系中有多个候选关键字，则可以任选一个作为主关键字。主关键字中的属性称为主属性。

② 关系模式。关系模式是指关系的描述，即对关系名、组成关系的各属性名、属性到域的映射、属性间的数据依赖关系等。关系模式通常简记为 R（A_1，A_2，…，A_n），其中 R 是关系名，A_1，A_2，…，A_n 为属性名。属性到域的映射一般通过指定的类型和长度来说明。

③ 关系数据库。关系数据库是指数据库结构的描述，它包括关系数据库名，若干属性的定义，以及这些属性上的若干关系模式。

（2）关系操作

关系操作主要有并、交、差、选择、投影、连接等，其中选择、投影及连接是最基本的关系操作。这些操作均是对关系的内容或表体实施操作的，得到的结果仍为关系。关系模型规定了关系操作的功能和特点，但不对 DBMS 语言的语法做出具体的规定。关系数据库语言的主要优点是其高度的非过程化，用户只要知道语句可以做什么，而不必知道怎么做。用户一般也不必求助于循环、分支等程序设计语句来完成数据操作。

关系操作的特点是集合操作，即操作对象和结果都是集合。关系操作可以分为关系代数与关系演算两大类，关系演算又可以分为元组演算和域关系演算。

（3）关系模型的完整性

关系模型的三类完整性：实体完整性、参照完整性及用户定义的完整性。其中，实体完整性和参照完整性是任何关系模型都必须满足的完整性约束，应该由关系数据库管理系统（RDBMS）自动支持。而用户定义的完整性的支持是由 DBMS 提供完整性定义功能实施，可以随 DBMS 商品软件不同而有所变化。

① 实体完整性。若属性 A 是基本关系 R 的主属性中的属性，则属性 A 不能取空值。一个基本关系通常是对应于现实世界中的一个实体集，而实体是可以区分的，如果主属性可以取空，则实体就无法进行区分，所以主属性不能为空。

② 参照完整性。若基本关系 R 中含有另一个基本关系 S 的主关键字 K_s 所对应的属性组 F（F 称为 R 的外部关键字），则在关系 R 中的每个元组中的 F 上的值必须满足：a. 或是取空值（即 F 中的每个属性值均为空值）；b. 或等于 S 中某个元组的主关键字的值。

③ 用户定义的完整性。它涉及某一具体应用中的数据所必须满足的要求，由用户根据需要进行定义，关系模型的 DBMS 提供定义和检验这类完整性的机制。

任务 1.3　建立学生数据表间关联

任务描述

（1）建立表间关联。建立学生选课数据库中学生信息表、课程信息表、选课信息表之间的关联，如图 1-26 所示，并进行验证。

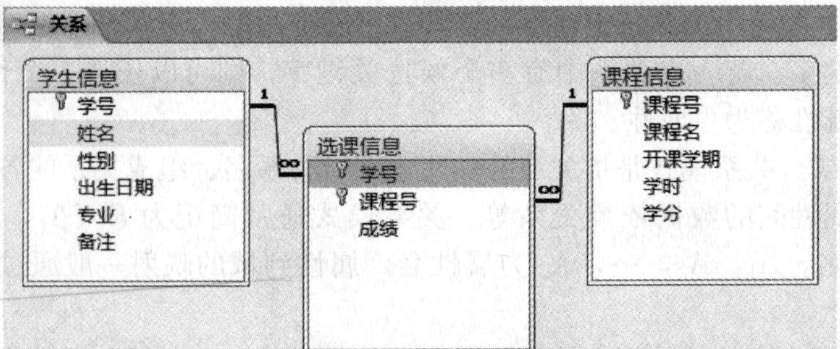

图 1-26　建立表间关联

（2）编辑表间关联。编辑学生信息表与选课信息表之间的关联，将“联接类型”设置为“左外部联接”：包括“学生信息”中的所有记录和“选课信息”中联接字段相等的那些记录。

（3）设置参照完整性。设置学生信息表与选课信息表之间的参照完整性，要求选课信息表中的学号随学生信息表中学号改变而改变，并进行验证。

任务准备

（1）关联：表与表之间通过主键建立起来的相应联系称为关联，不同表中字段之间可以建立 3 种类型的关联：一对一、一对多和多对多，而多对多关联可以转化为一对一和一对多关联。

① 一对一联系。如果对于实体集 A 中的每一个实例，实体集 B 中至多只有一个（也可

以没有）实体与之联系，反之亦然，则称实体 A 与实体 B 具有一对一联系，记为 1∶1。

② 一对多联系。如果对于实体集 A 中的每一个实例，实体集 B 中有 n 个实例（$n \geq 0$）与之联系；反之，对于实体集 B 中的每一个实体，实体集 A 中至多只有一个实例与之联系，则称实体 A 与实体 B 具有一对多联系，记为 $1:n$。

③ 多对多联系。如果对于实体集 A 中的每一个实例，实体集 B 中有 n 个实例（$n \geq 0$）与之联系；反之，对于实体集 B 中的每一个实例，实体集 A 中也有 m 个实例（$m \geq 0$）与之联系，则称实体 A 与实体 B 具有多对多联系，记为 $m:n$。

（2）参照完整性：表与表之间相互依赖和约束，使一个表中数据的取值受到另一个表数据值制约，保证表间数据的一致性。

（3）建立表间关联的主要步骤：

- 建立必要的主键；
- 进入建立关系界面，添加数据表；
- 拖动关键字建立表间关联；
- 选择关联，编辑关联；
- 保存关联。

（4）设置参照完整性的主要步骤：

- 进入“关系”界面；
- 选择关系，进入“编辑关系”界面；
- 选择“实施参照完整性”；
- 根据需要选择“级联更新”、“级联删除”；
- 保存关联。

任务实施

1. 建立表间关联

建立学生选课数据库中学生信息表、课程信息表、选课信息表之间的关联。建立关联之前必须设置相关主键，学生信息表中“学号”为主键、课程信息表中“课程号”为主键、选课程信息表中“学号、课程号”为主键。

（1）添加数据表。在学生选课数据库主界面中，选择“数据库工具”选项卡，如图 1-27 所示。双击“关系”按钮，出现如图 1-28 所示关系创建界面。双击“显示表”按钮，出现如图 1-29 所示对话框，逐一选择数据表，将学生信息表、课程信息表、选课信息表添加到关系中，如图 1-30 所示。

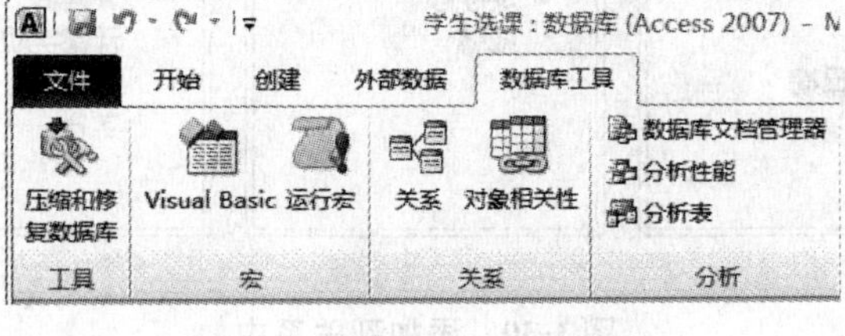

图 1-27 “数据库工具”选项卡

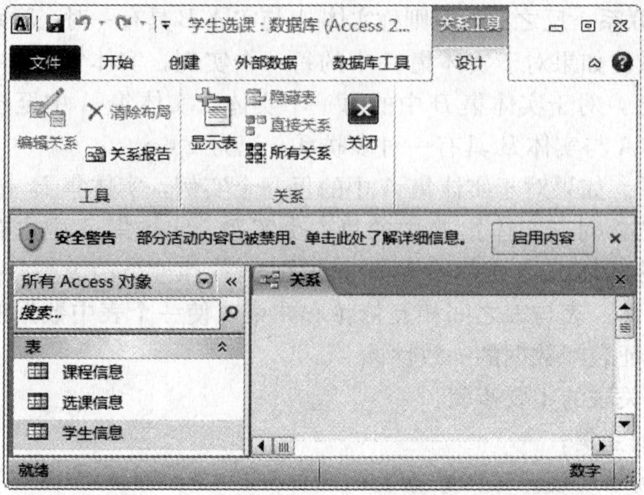

图 1-28 关系创建界面

图 1-29 “显示表”对话框

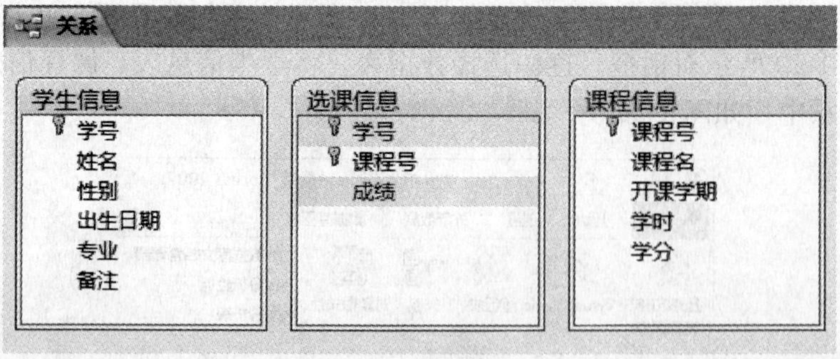

图 1-30 添加到关系中

（2）建立学生信息表与选课信息表之间的关联。在图 1-30 中，拖动学生信息表的“学号”字段到选课信息表中的“学号”字段上，出现“编辑关系”对话框，选中“实施参照完整性”复选框，如图 1-31 所示，单击“创建”按钮，就建立了学生信息表与选课信息表之间的“一对多”关系，如图 1-32 所示。

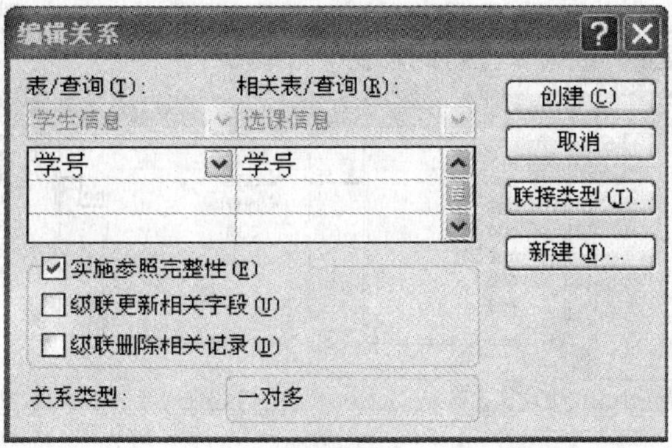

图 1-31 “编辑关系”对话框

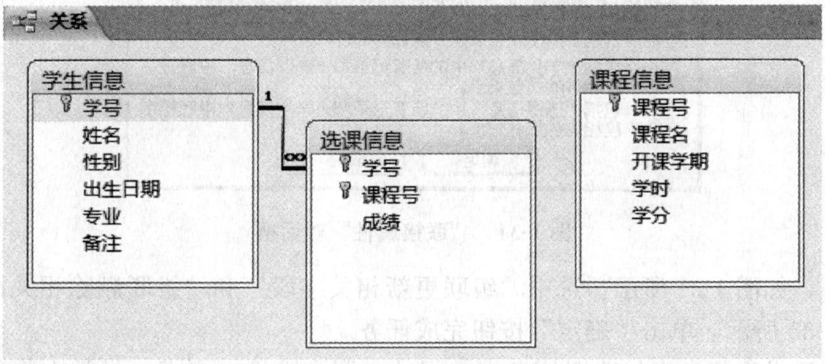

图 1-32 建立关系

2. 编辑表间关联

编辑学生信息表与选课信息表之间的关联，将“联接类型”设置为“左外部联接”，包括“学生信息”中的所有记录和“选课信息”中联接字段相等的那些记录。在学生选课数据库主界面中，选择“数据库工具”选项卡，单击“关系”按钮，系统出现关系编辑界面，如图 1-33 所示。单击“编辑关系”按钮或右击学生信息表与选课信息表之间的关联线并选择“编辑关系”项，出现“编辑关系”对话框，如图 1-31 所示。单击“联接类型”按钮，出现“联接属性”对话框，如图 1-34 所示，选择选项 2，单击“确定”按钮完成任务。

3. 设置参照完整性

（1）设置学生信息表与选课信息表之间的参照完整性。要求选课信息表中的学号随学生信息表中学号改变而改变。在学生选课数据库主界面中，选择“数据库工具”选项卡，单击“关系”按钮，系统出现关系编辑界面，如图 1-33 所示。单击“编辑关系”按钮或右击学生信息表与选课信息表之间的关联线并选择“编辑关系”项，出现“编辑关

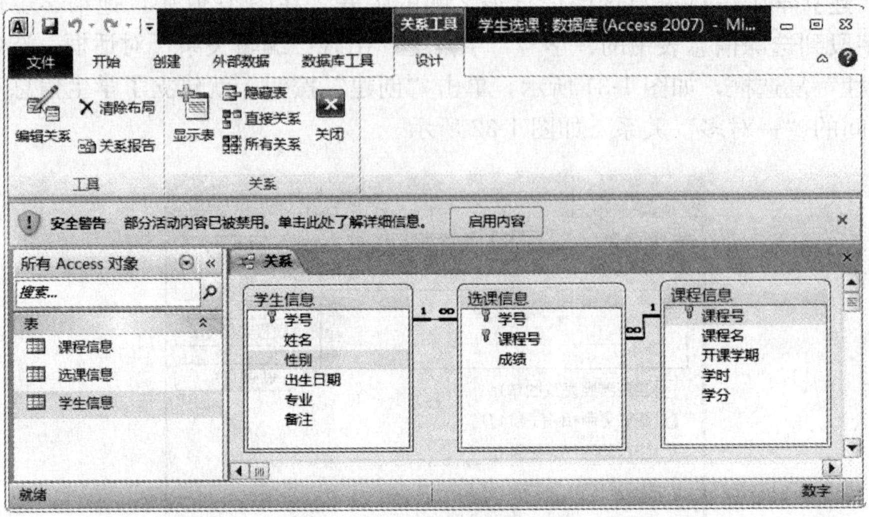

图 1-33 关系编辑界面

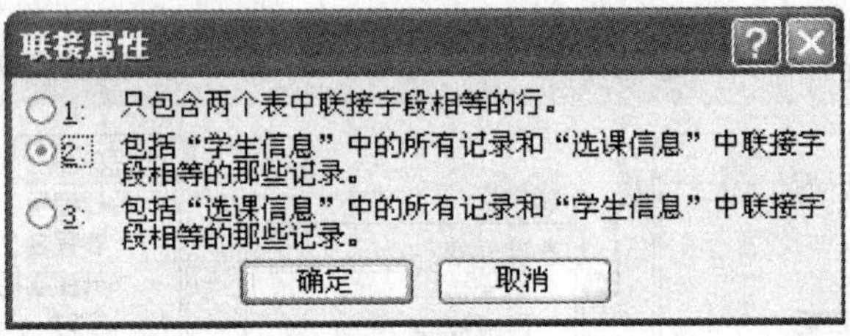

图 1-34 “联接属性”对话框

系”对话框，如图 1-31 所示。选中“级联更新相关字段”和“级联删除相关记录”复选框，如图 1-35 所示，单击“确定”按钮完成任务。

（2）验证学生信息表与选课信息表之间的参照完整性。要求：将学生信息表中学号“1101010101”改为“1101010111”，保存修改信息，选课信息表中学号“1101010101”都已自动改成了“1101010111”，如图 1-36 所示。将学生信息表中的学号改回，则选课信息表的相关学号也自动改回。

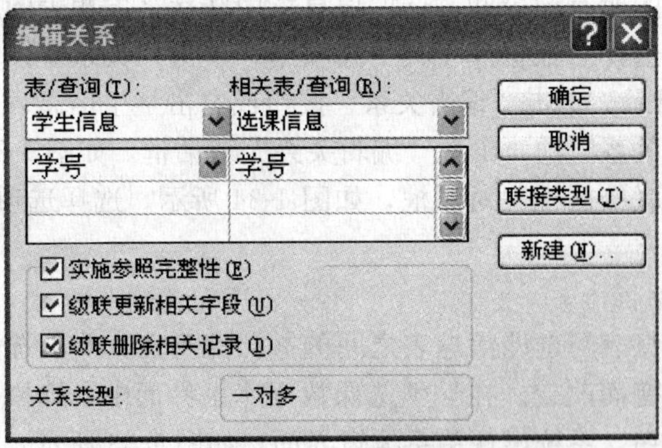

图 1-35 实施参照完整性

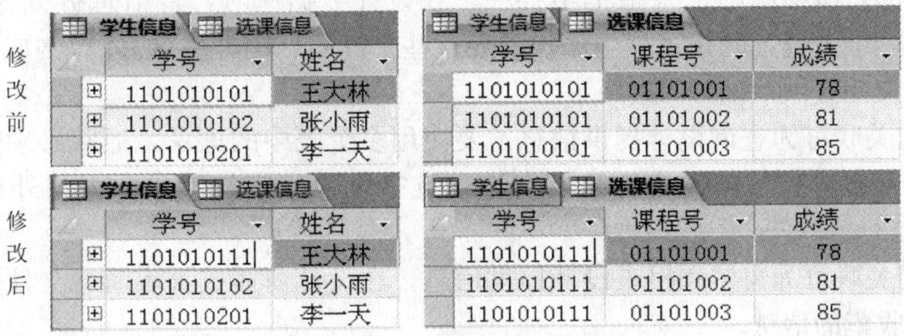

图 1-36 验证参照完整性

4. 问题分析

（1）建立表间关联需要什么前提？

（2）如何建立或修改表间关联？

（3）不允许设置表间参照完整性的原因有哪些？

课堂实践

（1）完成前面的 3 项子任务。

（2）建立学生选课数据库中学生信息表、课程信息表、选课信息表之间的关联，并思考所建立的关联类型及作用。

（3）编辑学生信息表与选课信息表之间的关联，将“联接类型”设置为“右外部联接”，包括“选课信息”中的所有记录和“学生信息”中联接字段相等的那些记录。

（4）设置学生信息表与选课信息表之间的参照完整性。要求选课信息表中的课程号随课程信息表中课程号改变而改变，并进行验证。

检查与问题讨论

（1）检查与评价任务实施情况。根据任务描述与要求，小组成员相互检查，提出存在问题，根据问题进行小组讨论。

（2）基本知识（关键字）讨论：关联及作用、参照完整性。

（3）任务实施情况讨论：建立表间关联、编辑表间关联、实施参照完整性。演示说明：一个学生选了哪些课程，一门课程有哪些学生选了。

（4）自选技术知识讨论：关系数据描述、关系数据操纵、关系数据库保护等。

技术基础

1. 关联的作用

在数据库中为每个主题创建表后，必须为 Access 提供在需要时将这些信息重新组合到一起的方法。具体方法是在相关的表中放置公共字段，并在表之间建立关联，关联一般在创建数据库对象（如窗体、查询和报表）之前建立，表间关联具有如下作用。

① 表间关联可作为基础来实施参照完整性。这样有助于防止数据库出现孤立记录。

孤立记录指的是所参照的记录根本不存在。在设计数据库时，将信息拆分为若干个表，每个表都有一个主键，向相关表中添加参照这些主键的外键，主键-外键构成表关联，为实施参照完整性提供基础。

② 表间关联可为查询设计提供信息。要使用多个表中的记录，通常必须创建连接这些表的查询。查询的工作方式将第一个表主键字段中的值与第二个表的外键字段进行匹配。

③ 表间关联可为窗体和报表设计提供信息。在设计窗体或报表时，会使用从已定义的表关联中收集的信息。

2. 建立表间关联

可以使用“关系”对话框（见图 1-32）或从“字段列表”窗格中拖动字段来显示创建表间关联（也称关系）。在创建表之间的关系时，公共字段不一定具有相同的名称，但实际它们往往是相同的，这些字段必须具有相同的数据类型。下面仅介绍使用“关系”窗口创建表关系的方法。

① 在“文件”选项卡上，单击“打开”按钮。

② 在“打开”对话框中，选择并打开数据库。

③ 在“数据库工具”选项卡上的“关系”组中，单击“关系”按钮。

④ 如果先前尚未定义过任何关系，则会自动显示“显示表”对话框。如果未出现该对话框，可在“设计”选项卡上的“关系”组中，单击“显示表”按钮。“显示表”对话框会显示数据库中的所有表和查询，可根据需要选择“表”、“查询”或“两者都有”选项卡，系统显示表或查询。

⑤ 选择一个或多个表或查询，然后单击“添加”按钮。将表和查询添加到“关系”窗口之后，单击“关闭”按钮。

⑥ 在关系“窗口”中，将字段（通常为主键）从一个表拖至另一个表中的公共字段（外键）上。若要拖动多个字段，可按住 Ctrl 键，单击每个字段，然后拖动这些字段。将显示“编辑关系”对话框。

⑦ 在“编辑关系”对话框中，验证显示的字段名称是否为关系的公共字段。如果字段名称不正确，可单击该字段名称并从列表中选择新字段。若要对此关系实施参照完整性，可选中“实施参照完整性”复选框。

⑧ 单击“创建”按钮，完成创建关系任务。

说明： 关系线是在两个表之间绘制的。如果已选中“实施参照完整性”复选框，则该线两端都较粗。此外，仅当再次选中“实施参照完整性”复选框后，在关系一侧线条较粗部分上会显示数字“1”，而在另一侧线条较粗部分上会显示无限大符号（∞）。

a. 创建一对一关系。两个公共字段（通常为主键字段和外键字段）都必须具有唯一索引。应将这些字段的“索引”属性设置为“有（无重复）”。如果两个字段都具有唯一索引，Access 将创建一对一关系。

b. 创建一对多关系。在关系“一方”的字段（通常为主键）必须具有唯一索引。应将此字段的“索引”属性设置为“有（无重复）”。“多方”的字段不应具有唯一索引。它可以有索引，但必须允许重复。应将此字段的“索引”属性设置为“无”或“有（有重复）”。当一个字段具有唯一索引，而其他字段不具有唯一索引时，Access 将创建一对多关系。

3. 编辑表间关联

更改关系的方法是在“关系”窗口中选择表间关系，然后对其进行编辑。鼠标指针指向关系线，然后单击该线将其选中。选中关系线时，它会显示得较粗。选中关系线后，双击该线。也可以在“设计”选项卡上的“工具”组中，单击“编辑关系”，将显示“编辑关系”对话框。

（1）打开“编辑关系”对话框

① 在“数据库工具”选项卡上的“关系”组中，单击“关系”按钮，将显示“关系”窗口（见图 1-28）。

② 在“设计”选项卡上的“关系”组中，单击“所有关系”按钮。将显示具有关系的所有表，同时显示关系线。除非在“导航选项”对话框中选中“显示隐藏对象”，否则不会显示隐藏的表（在表的“属性”对话框中选中“隐藏”复选框的表）及其关系。

③ 单击要更改关系的关系线。选中关系线时，它会显示得较粗。

④ 双击该关系线。也可以在“设计”选项卡上的“工具”组中，单击“编辑关系”按钮，将显示“编辑关系”对话框。

（2）设置联接类型

表间关系可以为查询设计提供信息，执行表间记录匹配和组合的操作称为联接。联接可以分为“内部联接”、“左外部联接”、“右外部联接”三种类型，如表 1-7 所示。联接类型通知 Access 要在查询结果中包括哪些记录。

表 1-7　表间联接类型

选择联接属性	关系联接	左表	右表
只包括两个表中的联接字段相同的行	内部联接	匹配行	匹配行
包括左表中的所有记录以及右表中联接字段相同的记录	左外部联接	所有行	匹配行
包括右表中的所有记录以及左表中联接字段相同的记录	右外部联接	匹配行	所有行

说明：“左”和“右”指的是表在“编辑关系”对话框中而不是在“关系”窗口中的位置。

① 在“编辑关系”对话框中，单击“联接类型”按钮，显示“联接属性”对话框。

② 选择联接选项，然后单击“确定”按钮。当选择选项 2 或选项 3 时，系统会在关系线上显示一个箭头，箭头指向只显示匹配行的关系一侧。

（3）删除表间关系

① 在“数据库工具”选项卡上的“关系”组中，单击“关系”按钮，将显示“关系”窗口。

② 在“设计”选项卡上的“关系”组中，单击“所有关系”按钮。将显示具有关系的所有表，同时显示关系线。

③ 单击要删除的关系的关系线。选中关系线时，它会显示得较粗。

④ 按 Del 键。也可以单击右键，然后单击“删除”。

⑤ Access 可能会显示消息“确实要从数据库中永久删除选中的关系吗?”如果出现此确认消息，单击“是”。

提示： 如果表关系中涉及的任何一个表正被其他人或进程使用，或处于打开的窗体等数据库对象中，将无法删除关系。必须首先将使用这些表的所有已打开对象全部关闭，才能删除关系。删除关系时，如果启用了参照完整性支持，则同时会删除对该关系的参照完整性支持。

4. 实施参照完整性

实施参照完整性的方法是为表关系启用参照完整性。实施后，Access 将拒绝违反表关系参照完整性的任何操作。即 Access 既拒绝更改参照目标的更新，也拒绝删除参照目标的删除。要让 Access 传播参照更新和删除，以便所有相关行都进行相应更改，必须设置级联选项内容。

① 在“编辑关系”对话框中，选中或清除“实施参照完整性”。

② 对关系进行相应更改，然后单击“确定”按钮。

实施参照完整性，适用规则：

① 如果值在主表的主键字段中不存在，则不能在相关表的外键字段中输入该值，否则会创建孤立记录。

② 如果某记录在相关表中有匹配记录，则不能从主表中删除它。但通过选中“级联删除相关记录”复选框可以选择在一次操作中删除主记录及所有相关记录。

③ 如果更改主表中的主键值会创建孤立记录，则不能执行此操作。但通过选中“级联更新相关字段”复选框可以选择在一次操作中更新主记录及所有相关记录。

提示： 如果在启用参照完整性时遇到困难，请注意在实施参照完整性时需要满足以下条件：

(1) 来自主表的公共字段必须为主键或具有唯一索引。

(2) 公共字段必须具有相同的数据类型。例外情况是自动编号字段可与“字段大小”属性设置为“长整型”的数字字段相关。

(3) 两个表必须存在于同一个 Access 数据库中。

理论基础：关系数据库

1. 关系数据库

(1) 关系数据库描述

关系数据库描述是指定义数据库的模式，数据库模式由若干关系框架集合构成，根据关系模型的要求必须逐个对关系框架进行描述。

因关系从域出发定义，所以描述关系，首先对域进行描述，然后在域上定义各个关系模式。不同 RDBMS 的数据描述语言（DDL）不尽相同，采用的方式也不一样；一种采取问答式建立关系框架；另一种用专门的 DDL 语言写成关系模式，非问答式生成关系框架。

① 问答式。问答式是通过人机对话，由系统提问关系名、各个属性名及其类型和长度，对话完毕，关系框架随之建成，每个关系框架均通过问答，脱离应用程序单独建立，

最终各个关系框架构成数据库模式，并被系统存储及管理，以备后用。

问答式使用简单，但人工干预多，速度较慢。

Access 数据库管理系统提供了问答式的关系数据库描述方式。

② 语言描述式。语言描述式是用 DBMS 提供的 DDL 定义数据库模式。DDL 中主要有域描述语句和关系描述语句。

域描述语句一般格式为：

```
DOMAIN domain_name DATATYPE(len) [CHECK]
```

其中，DATATYPE 为数据类型，CHECK 为约束。

关系描述语句格式如下：

```
RELATION relation_name (domain_name1,domain_name2, …)
KEY = (domain_namei,domain_namej, …)
```

其中，KEY 子句定义关键字。

(2) 关系数据库操纵

关系数据语言可分为三类：数据描述语言（DDL）、数据操纵语言（DML）和数据控制语言（DCL）。其中，DDL 负责数据库的描述，提供一种数据描述机制，用来描述数据库的特征或数据的逻辑结构。DML 负责数据库的操作，提供一种数据处理操作的机制。DCL 负责控制数据库的完整性和安全性，提供一种检验完整性和保证安全的机制。

DML 包括数据查询和数据的增、删、改等功能。数据查询是 DML 的主要内容，关系数据库的 DML 按照查询方式可以分为两大类：

① 用关系的集合运算来表示查询方式，称为关系代数。

② 用谓词演算来表达查询方式，称为关系演算，关系演算按谓词演算的基本对象是元组变量还是域变量又可分为元组关系演算和域关系演算两种。

关系代数和关系演算均是抽象的查询语言，是实际 DBMS 软件产品中实现的具体查询语言的理论基础。关系代数、元组关系演算及域关系演算三种语言在表达能力上是相互等价的。在实际的 DBMS 软件产品中查询语言可能是它们的综合。在关系数据库领域中广泛流行的结构化查询语言 SQL，就是介于关系代数和关系演算之间的一种语言，它不仅具有丰富的查询功能，而且还具有数据库定义和数据库控制功能。SQL 是集 DDL、DML、DCL 为一体的标准的关系数据库语言。

关系代数是以关系为运算对象的一组运算集合。它的运算可以分为两类：一类是传统的集合运算，包含并、交、差运算和笛卡儿积。这类运算将关系看成元组的集合，其运算是从关系的“水平”方向即行的角度进行的；另一类是针对数据库环境专门设计的关系运算，包括投影、选择、联接、除法等，这类运算不仅涉及行而且涉及列。

2. 数据库保护

(1) 数据库的安全性

数据库的安全性是指对已建立数据库实施保护措施，相当于在数据库外围加一道防护墙，防止不合法用户的进入造成数据的泄漏、非法更改和破坏。数据库中存储了大量重要信息，不合法用户如果查看和修改了内部信息，可能会造成巨大的数据损失。因此，DBMS通过建立登录账户，只允许指定人员与其产生连接，在进入系统后又通过权限设置限定用户可以做什么，不可以做什么。通过身份认证管理和权限管理这两种机制，只允许合法用户执行所允许的操作，使数据处于一种受保护的安全状态。

(2) 数据库的完整性

数据库的完整性是指数据库中数据的一致性和正确性，数据库系统提供一种功能来保证输入数据库中的数据是正确的和可用的，尽量避免不符合意义的数据出现。通过限制、约束，把某一列数据的值设为默认值、指定其取值范围或指定数据值不能重复等，使数据值正确、合理，避免了矛盾和歧义数据的产生。

(3) 数据库的其他保护措施

在对数据库实施安全性保护措施后，可以避免一些人为的有意破坏，但数据的安全性还会受到其他方面的威胁。为此，还应该进一步采取有效措施，比如提前做好备份工作，在数据操作发生意外时，可及时把数据恢复到受损或丢失前的状态。

多用户共享资源是数据库的一大特点，但这种并发性控制往往会破坏数据的正确性和完整性，为保护数据在并发控制中采用了事务和锁机制。

实训1 建立学生信息数据库

实训目的与要求

(1) 掌握建立 Access 数据库的基本方法；

(2) 掌握设置 Access 数据库的基本方法；

(3) 掌握建立 Access 数据库表间关联的基本方法；

(4) 通过小组学习讨论，培养团队合作精神和交流能力。

实训内容与过程

(1) 小组学习讨论 Access 大作业（学生信息管理系统）的实训任务和要求（见附录 A）；

(2) 建立学生信息数据库及数据表结构；

(3) 设置学生信息数据库的数据完整性；

(4) 建立学生信息数据库表间关联；

(5) 输入学生信息数据库的数据内容；

(6) 验证学生信息数据库的数据库完整性；

(7) 小组讨论学生信息数据库的相关问题。

项目总结

1. 基本技能

(1) 建立学生选课数据库：建立学生信息表、课程信息表、选课信息表。

(2) 设置学生选课数据库：设置主键、索引、字段有效性规则、字段输入查阅功能。

（3）建立学生数据表间关联：建立学生信息表与选课信息表、课程信息表与选课信息表之间的两个一对多的关系，建立并验证学生选课数据库的参照完整性。

2. 基本知识

数据库与表、字段与字段类型、数据库管理系统（DBMS）、主键、索引、有效性规则、数据库完整性、关联、参照完整性。

3. 相关技术知识

Access 2010 数据库、Access 字段类型、建立 Access 数据库、设置 Access 数据库、建立 Access 数据表间关联。

4. 理论基础知识

数据管理、数据管理三阶段、数据库系统、关系定义、关系模型、关系数据库、数据库保护。

思考练习 1

一、单选题

1. 应用数据库技术的主要目的是为了（　　）。

A. 解决保密问题　　B. 解决数据完整性问题

C. 共享数据问题　　D. 解决数据量大的问题

2. 数据库管理系统（DBMS）是（　　）。

A. 教学软件　　B. 应用软件

C. 辅助设计软件　　D. 系统软件

3. 在数据库中存储的是（　　）。

A. 数据　　B. 数据模型

C. 数据以及数据之间的关系　　D. 信息

4. 数据库系统的核心是（　　）。

A. 数据库　　B. 数据模型　　C. 软件工具　　D. 数据库应用程序

5. 数据库具有（1）（　　）、最小的（2）（　　）和较高的（3）（　　）。

（1）A. 程序结构化　B. 数据结构化　C. 程序标准化　D. 数据模块化

（2）A. 冗余度　B. 存储量　C. 完整性　D. 有效性

（3）A. 程序与数据可靠性　　B. 程序与数据完整性

C. 程序与数据独立性　　D. 程序与数据一致性

6. 在数据管理技术的发展过程中，经历了人工、文件系统及数据库系统管理阶段。在这几个阶段中，数据独立性最高的是（　　）阶段。

A. 数据库系统　　B. 文件系统　　C. 人工管理　　D. 数据项管理

7. 在数据库中，产生数据不一致的根本原因是（　　）。

A. 数据存储量太大　　B. 没有严格保护数据

C. 未对数据进行完整性控制　　D. 数据冗余

8. 按照传统的数据模型分类，数据库系统可以分为（　　）三种类型。

A. 大型、中型和小型　　B. 层次、网状和关系

C. 数据、图形和多媒体　　D. 西文、中文和兼容

9. 数据库技术的奠基人之一 E. F. Codd 从 1970 年起发表多篇论文，主要论述的是（　）。

A. 层次数据模型　　B. 网状数据模型

C. 关系数据模型　　D. 面向对象数据模型

10. 每个字段必须确定并设置的内容是（　）。

A. 字段名称、数据类型、格式　　B. 字段名称、数据类型、字段大小

C. 标题、数据类型、字段大小　　D. 字段名称、有效性规则、字段大小

二、填空题

1. 数据库是长期存储在计算机内、有（　）的、可（　）的数据集合。

2. DBMS 是指（　），具有（　）、（　）、（　）、数据字典等功能，Access 2010 属于（　）数据库管理系统。

3. 数据库系统一般是由（　）、（　）、（　）、（　）及（　）五大部分组成。

4. 数据处理是指将（　）的过程，而数据管理包含数据处理过程中的数据（　）、（　）、（　）、（　）、传播等基本环节。

5. 关系模型由（　）、（　）、（　）三个部分组成。

三、简答题

1. 什么是数据库、数据库管理系统、数据库系统？

2. 计算机数据管理经历了哪几个阶段？

3. 试述数据库系统的特点。

4. 数据模型有哪三大要素？有哪些类型？

项目 2　查询学生选课数据库

教学目标

- 学会 Access 数据库向导查询的基本方法；
- 学会 Access 数据库选择查询的基本方法；
- 学会 Access 数据库操作查询的基本方法；
- 知道并、交、差、笛卡儿积等集合运算；
- 掌握选择、投影、联接三种关系基本运算；
- 知道关系数据库语言 SQL 的基本内容。

教学任务

【任务 2.1】向导查询学生选课数据库
【任务 2.2】选择查询学生选课数据库
【任务 2.3】操作查询学生选课数据库

任务 2.1　向导查询学生选课数据库

任务描述

（1）简单查询。利用简单查询向导，查找学生选课成绩，要求输出学号、姓名、课程名、成绩。

（2）交叉表查询。利用交叉表查询向导，查找学生选课成绩，要求以学生姓名为行、课程为列、内容为成绩，并以平均成绩从高到低的形式输出。

（3）查找重复项查询。利用查找重复项查询向导，查找出选修两门或两门以上课程的学生号和选修门数。

（4）查找不匹配项查询。利用查找不匹配项查询向导，查找出没有被选修的课程的课程号和课程名。

任务准备

（1）查询：查询是指向数据库提出关于表中所包含数据的问题并求其答案的过程。

Access 查询可以使用 Access 查询工具建立查询，然后将其作为一个新对象保存在 Access 数据库中。查询可以是单表查询，也可以是多表查询，提交问题后，Access 只返回请求的信息。

（2）向导查询：使用 Access 提供的查询向导建立 Access 查询，即采用问答方式建立查询。

任务实施

1. 简单查询

使用简单查询向导能对一个或者多个表中指定的字段进行检索数据，可以对记录进行分组或者对全部记录进行总计、计数及计算平均值，还可以计算字段中的最大值和最小值。

（1）启动查询向导。在学生选课数据库主界面中，选择“创建”选项卡，单击“查询向导”按钮，如图 2-1 所示。

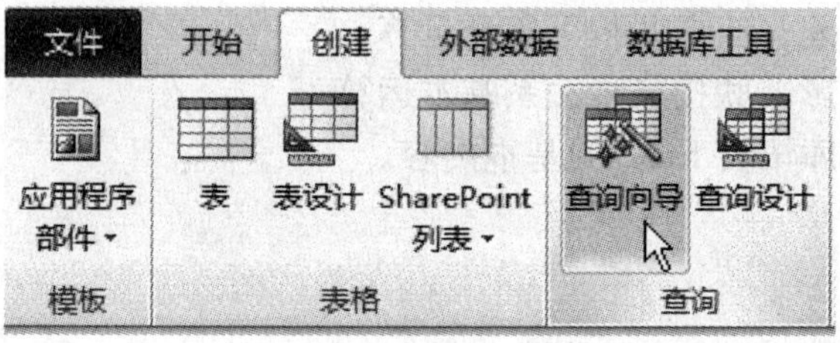

图 2-1　查询向导

（2）选择简单查询向导。在弹出的“新建查询”对话框中选择“简单查询向导”选项，然后单击“确定”按钮，如图 2-2 所示。

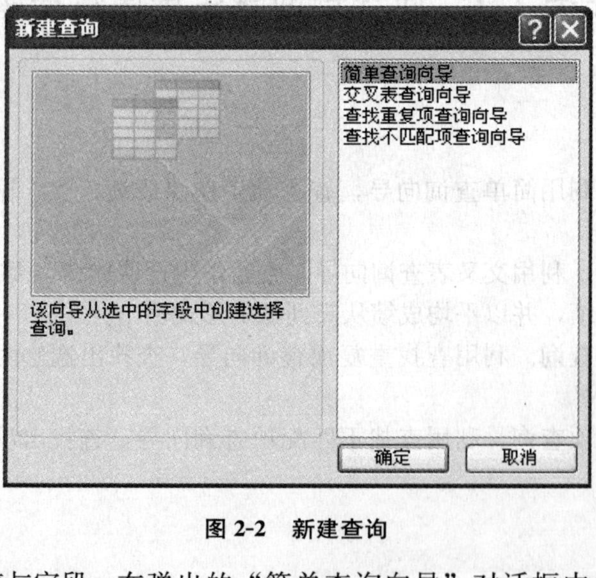

图 2-2　新建查询

（3）选择数据表与字段。在弹出的“简单查询向导”对话框中分别从“学生信息”表中选择“学号”和“姓名”字段，从“课程信息”表中选择“课程名”字段，从“选课信息”表中选择“成绩”字段，如图 2-3 所示。

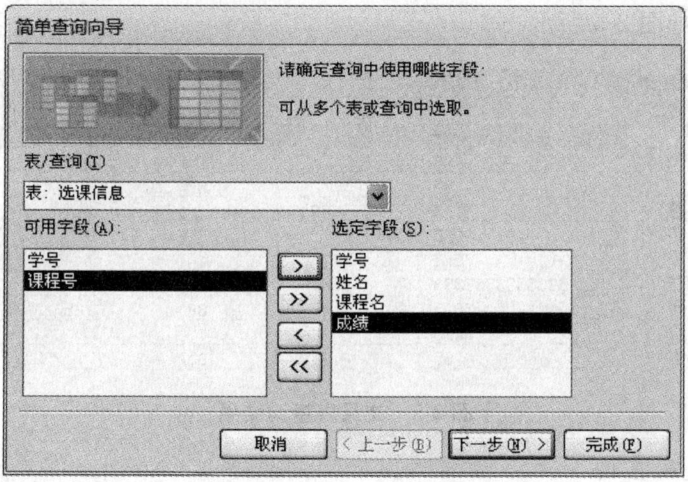

图 2-3　简单查询向导

（4）命名查询并完成。连续单击“下一步”，设置查询的标题为“简单查询”，最后单击“完成”按钮，完成简单查询。

2. 交叉表查询

交叉表查询将用于查询的字段分成两组，一组以行标题的形式显示在表格的左边，一组以列标题的形式显示在表格的顶端，在行和列交叉的地方对数据进行总合、平均、计数等，并将信息显示在交叉点上。

（1）选择交叉表查询向导。在“新建查询”对话框中选择“交叉表查询向导”，进入“交叉表查询向导”。

（2）设置数据表/查询、行字段、列字段及内容字段。选择前面创建的简单查询，以“姓名”字段作为行，以“课程名”为列，“成绩”作为内容，函数选择“Avg”，如图 2-4所示。

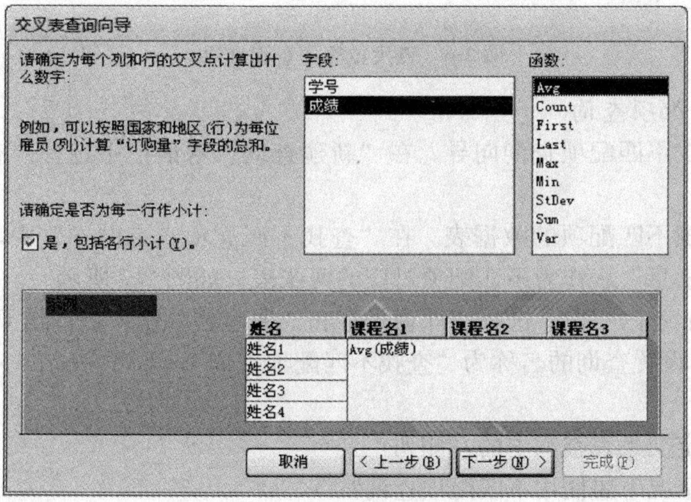

图 2-4　交叉表查询向导

（3）命名查询并完成。单击“下一步”按钮，设置标题为“交叉表查询”，单击“完成”按钮，结果如图 2-5 所示。

交叉表查询

姓名	总计 成绩	C语言程序i	IT新技术讲	WEB应用程	办公信息处
程琳	85		85		
李一天	88			85	
刘奇	87		87		
罗小慧	81.5	82			81
马小伟	80.5				
孙大伟	75.5				
王大林	81.3333333333333	81			78
吴可研	76.5		88	65	
张小雨	72.5				
赵小刚	65		65		

图 2-5　交叉表查询结果

3. 查找重复项查询

（1）选择查找重复项查询向导。在“新建查询”对话框中选择“查找重复项查询向导”。

（2）确定查找重复项的表与字段。在“查找重复项查询向导”中，选择“选课信息”表，将“学号”设置为重复值字段，单击“下一步”设置查询的名称为“查找重复项查询”，结果如图 2-6 所示。

查找重复项查询

学号 字段	NumberOfD
1101010101	3
1101010102	2
1101010201	2
1101010202	2
1101020101	2
1101020102	2
1101020103	2

图 2-6　查找重复项查询结果

4. 查找不匹配项查询

（1）选择查找不匹配项查询向导。在“新建查询”对话框中选择“查找不匹配项查询向导”。

（2）确定查找不匹配项的数据表。在“查找不匹配项查询向导”中，选择“课程信息”表和“选课信息”表作为不匹配项对应的两张表，如图 2-7 所示。

（3）确定要显示的字段。选择“课程号”和“课程名”作为查询结果中所需的字段，单击“下一步”，设置查询的名称为“查找不匹配项查询”，即可完成。

5. 问题分析

（1）如何确定交叉表查询中的左侧列？

（2）在何种情况下要使用不匹配项查询？

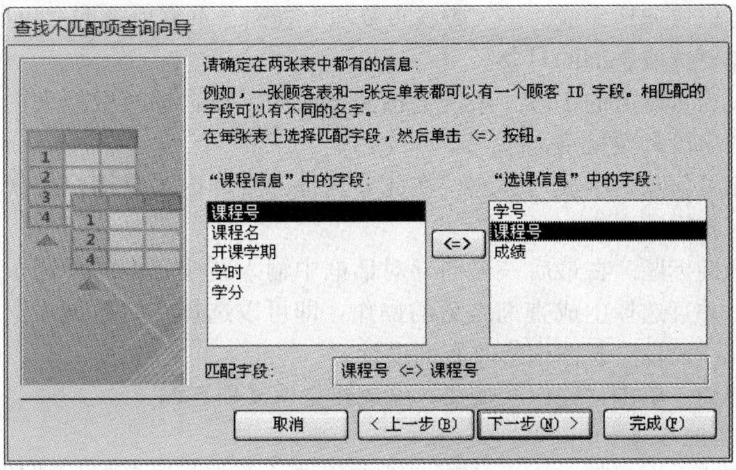

图 2-7 查找不匹配项查询向导

课堂实践

（1）完成上面的四个子任务。

（2）利用查找重复项查询向导，查找出被两个以上学生选修的课程的课程号和选修人数。

（3）利用查找不匹配项查询向导，查找出没有选修课程的学生的学号和姓名。

检查与问题讨论

（1）检查与评价任务实施情况。根据任务描述与要求，小组成员相互检查，提出存在问题，根据问题进行小组讨论。

（2）基本知识（关键字）讨论：简单查询、交叉表查询。

（3）任务实施情况讨论：重复项查询、查找不匹配项查询的应用举例。

（4）自选技术知识讨论：并运算、交运算、差运算、笛卡儿积运算等。

技术基础

1. 交叉表查询

交叉表查询显示来源于表中某个字段的总结值（合计、计算以及平均），并将它们分组，一组列在数据表的左侧，另一组列在数据表的上部。例如，在学生选课数据库的“学生信息”、“课程信息”、“选课信息”表中，如果希望得到每个学生的各门课程成绩和平均成绩，就需要用交叉表查询来实现。

可以看出，交叉表查询运行的显示形式是数据源表转置后形成的显示数据表。即将数据源表中的某一字段作为交叉表查询的行字段，某一个字段作为交叉表查询的列字段，某一个字段数据作为分类汇总的依据，并形成交叉表查询的值。

2. 重复项查询

重复项查询能对数据表中某些具有相同的值的记录进行检索、分类。利用“查找重复查询向导”可以快速地完成一个“查找重复项”查询。重复项查询过程如下。

(1) 根据需要选取查询的对象。

(2) 选取设为重复值的字段。系统会按照选取的字段自动对数据表中的记录进行检索，按照设定的字段分类检索。

(3) 选择相关信息的字段。其实，在此处选择的查询内容是用户想了解的信息，即有哪些记录具有相同的内容。

(4) 输入查询标题。在最后一个向导对话框中输入新建查询的标题，或者接受系统提供的默认值，并且选择生成查询之后的操作，即可以选择在“数据表”视图中打开查询查看信息或在“设计”视图中修改查询设计。

(5) 完成查询。单击“完成”按钮，完成建立重复项查询。

3. 查找不匹配项查询

查找不匹配项查询对数据表中的记录进行检索，查看它们是否与其他记录相关，是否真正具有实际意义。查找不匹配项查询过程如下。

(1) 用户选取查询的两个对象，即记录相关内容的两个数据表。

(2) 选择两个数据表间匹配的字段。系统会自动根据匹配的字段进行检索，查看不匹配的记录。

(3) 选取能够代表查询记录的字段。可以从对话框左侧的可用字段列表向右侧窗口中选取用户需要的字段。

(4) 输入查询标题。在最后一个向导对话框中输入新建查询的标题，或者接受系统提供的默认值，并且选择生成查询之后的操作。

(5) 完成查询。单击“完成”按钮，完成建立查找不匹配项查询。

理论基础：集合运算

传统的集合运算是二目运算。设关系 R 和关系 S 具有相同的度，且相应的属性值取自同一个域，则它们之间能进行并、交及差运算：

1. 并、交、差运算

(1) 并运算

两个关系 R 与 S 的并记为 $R\cup S$，它是一个新的关系，由属于 R 或属于 S 的元组组成，可形式地定义为

$$R\cup S=\{t \mid t\in R \vee t\in S\}$$

其中 t 是元组变量，表示关系中的元组。

(2) 交运算

两个关系 R 与 S 的交记为 $R\cap S$，它由属于 R 且属于 S 的元组组成，可形式地定义为

$$R\cap S=\{t \mid t\in R \wedge t\in S\}$$

(3) 差运算

两个关系 R 与 S 的差记为 $R-S$，它由属于 R 但不属于 S 的元组组成，可形式地定义为

$$R-S=\{t \mid t\in R \wedge t\notin S\}$$

图 2-8 给出了上述并、交与差运算的一个实例。

R

A	*B*	*C*
a	c	e
a	d	f
b	d	e

S

A	*B*	*C*
a	d	f
a	g	f
b	d	e

R∪*S*

A	*B*	*C*
a	c	e
a	d	f
b	d	e
a	g	f

R∩*S*

A	*B*	*C*
a	d	f
b	d	e

R−*S*

A	*B*	*C*
a	c	e

图 2-8 并、交、差运算实例

2. 笛卡儿积

设R为m元关系，S为n元关系，它们的笛卡儿积表示为$R\times S$，这个新关系具有$m+n$元，元组的前m个分量是R中的一个元组，后n个分量是S中的一个元组，它可以用下列形式表示：

$$R\times S=\{(a_1, a_2, \cdots, a_m; b_1, b_2, \cdots, b_n) \mid (a_1, a_2, \cdots, a_m)\in R \wedge (b_1, b_2, \cdots, b_n)\in S\}$$

笛卡儿积实例如图 2-9 所示。

R

A	*B*	*C*
1	2	3
4	5	6
7	8	9

S

B	*D*
1	2
3	4

R × *S*

A	*R.B*	*C*	*S.B*	*D*
1	2	3	1	2
1	2	3	3	4
4	5	6	1	2
4	5	6	3	4
7	8	9	1	2
7	8	9	3	4

图 2-9 笛卡儿积实例

任务 2.2 选择查询学生选课数据库

任务描述

（1）查找学生选课成绩。要求输出男学生的学号、姓名、课程名、成绩，并按照成绩从高到低排序。

（2）查找计算学生平均成绩。要求输出平均成绩大于等于 81.5 分或小于 75 分学生的学号、姓名、平均成绩，并按照成绩从高到低排序。

（3）查找 1993 年出生的女生生日。要求利用表达式生成器生成查询条件，显示输出学生的学号、姓名及出生日期。

（4）输入某学生的学号，查找该学生的选课情况，输出学生的学号、姓名、课程名、成绩。运行该查询，输入学号“1101010101”进行验证。

任务准备

（1）查询类型：Access 2010 中，查询主要包括选择查询、参数查询、操作查询、交叉表查询和 SQL 查询。选择查询是根据查询条件选择记录的查询；参数查询是指在执行查询过程中显示对话框提示用户输入信息的查询；操作查询是指对数据表进行更新、删除、追加等操作，即在查询的基础上，还要对记录进行操作；交叉表查询是指对表数据进行计算和重构的查询；SQL 查询是指通过 SQL 语句访问的查询。

（2）查询条件：选择查询数据记录时需要满足的要求，用来标识要包含在查询结果中的记录，即称为条件（也可称为准则），条件必须以一定形式表示，类似于公式，它是由字段引用、运算符号和常量组成的字符串。

任务实施

1. 查找学生选课成绩

（1）启动查询设计。在学生选课数据库主界面中，选择“创建”选项卡，单击“查询设计”按钮，如图 2-10 所示。

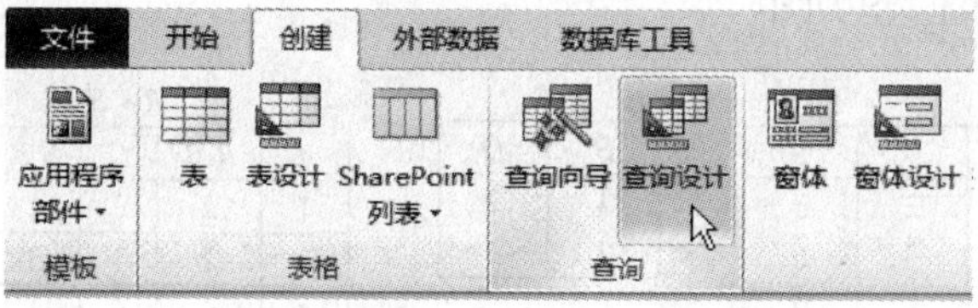

图 2-10 查询设计

（2）添加表和字段。添加三张数据表，选择“学生信息”表的“学号”、“姓名”、“性别”三个字段，选择“课程信息”表的“课程名”字段，选择“选课信息”表的“成绩”字段。

（3）设置条件。设置“性别”字段不显示、条件为“男”，并设置“成绩”字段降序排序，如图 2-11 所示。

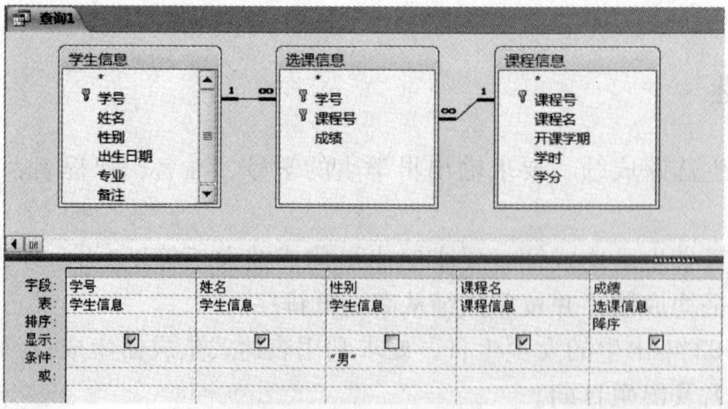

图 2-11 设置查询

(4) 保存查询。查询名称为“查找学生选课成绩”。

2. 查找计算学生平均成绩

(1) 添加表和字段。类似查找学生选课成绩，将“学生信息”表和“选课信息”表添加进查询窗口。选择“学生信息”表的“学号”和“姓名”字段，选择“选课信息”表的“成绩”字段。

(2) 选择汇总方式。单击工具栏上的汇总按钮，如图 2-12 所示。

(3) 选择汇总字段并设置查询要求。将“成绩”字段的总计设置为“平均值”，条件设置为“>=81.5”或“<75”，排序设置为“降序”，如图 2-13 所示。

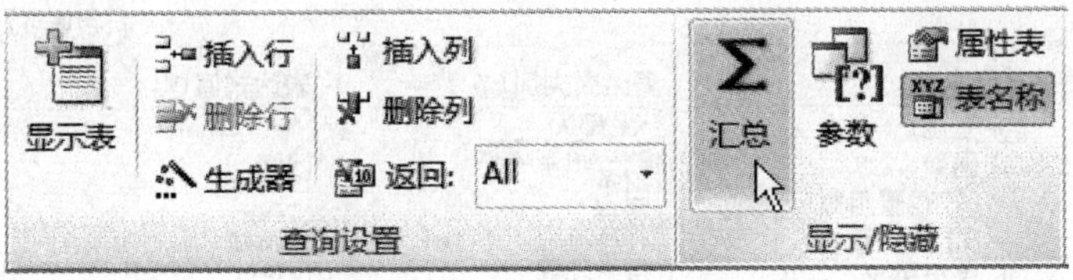

图 2-12 汇总

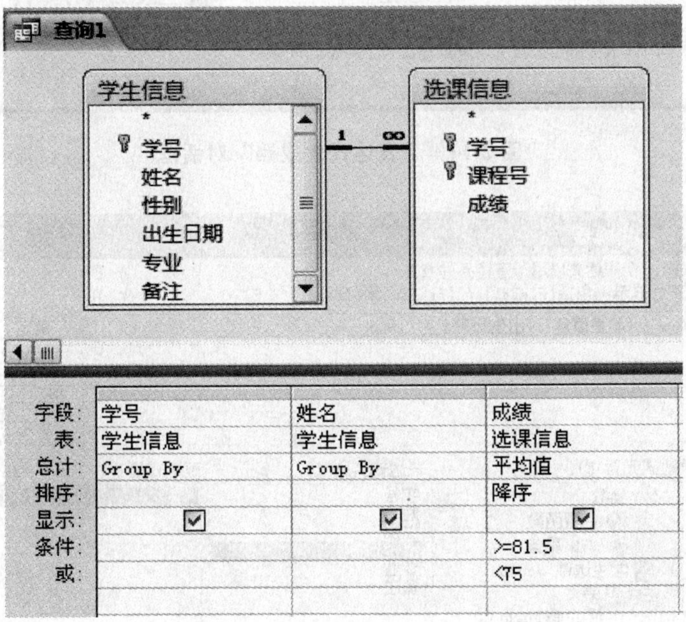

图 2-13 设置查询

(4) 保存查询。查询名称为“查找计算学生平均成绩”。

3. 查找 1993 年出生的女生生日

(1) 添加表与字段。类似查找学生选课成绩，将“学生信息”表添加进查询窗口。选择“学生信息”表的“学号”、“姓名”、“性别”和“出生日期”字段。

(2) 选择函数。在“出生日期”字段下方的“条件”文本框处右击，选择“生成器”命令。在“表达式生成器”对话框中选择日期函数“Year”，如图 2-14 所示。

(3) 输入参数。将函数的参数选择为“学生信息”表中的“出生日期”，并输入“=

1993”，如图 2-15 所示。

（4）完善查询条件。将“性别”字段设置为不显示，并且条件为“女”。

（5）保存查询。查询名称为“查找 1993 年出生的女生生日”。

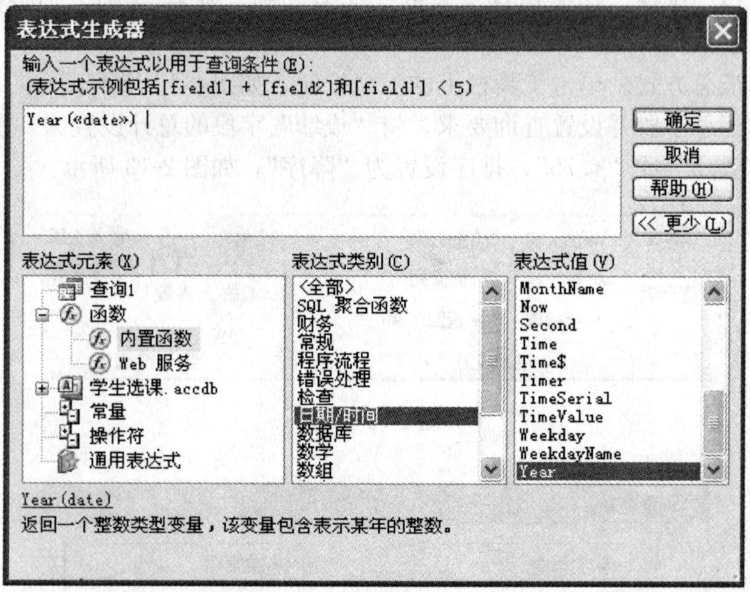

图 2-14 “表达式生成器”对话框

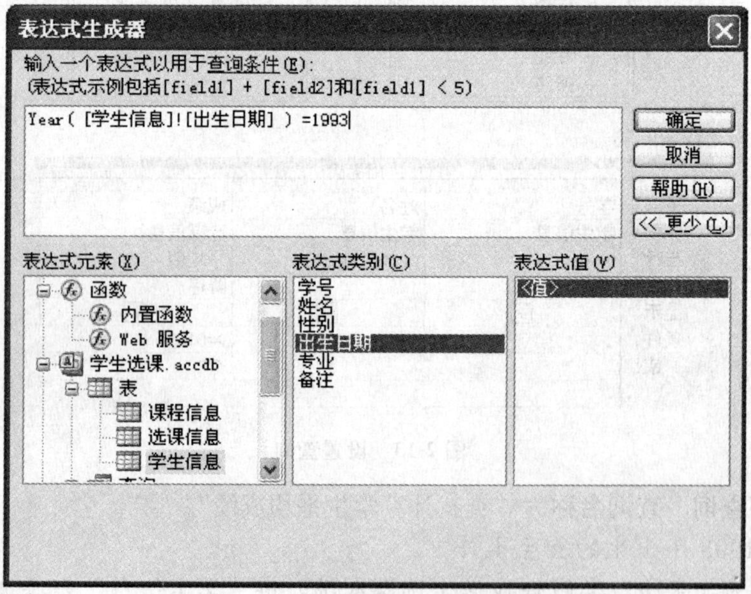

图 2-15 设置表达式

4. 查找具体学生的选课情况

（1）添加表与字段。类似查找学生选课成绩，将“学生信息”表、“课程信息”表和“选课信息”表添加进查询窗口。选择“学生信息”表的“学号”和“姓名”字段，选择

“课程信息”表的“课程名”字段，选择“选课信息”表的“成绩”字段。

(2) 输入条件。在“学号”字段对应的“条件”文本框中输入查询参数“[请输入学号]”，如图 2-16 所示。

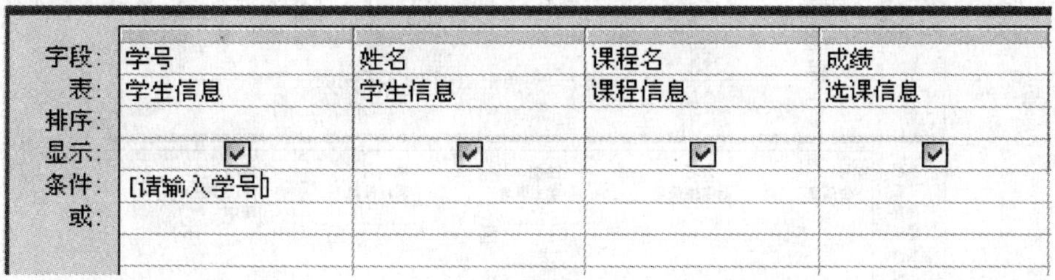

图 2-16　设置学号

(3) 保存查询。查询名称为“查找具体学生的选课情况”。

(4) 运行查询。输入学号“1101010101”进行验证。

5. 问题分析

(1) 在设置查询条件时，是否可以出现多个条件？

(2) 如何在表达式生成器中使用数学函数？

(3) 如何实现按照班级查询学生？

课堂实践

(1) 完成上面的四个子任务。

(2) 查找课程平均成绩，要求输出课程平均成绩大于 75 分课程的课程号、课程名、学分和开课学期。

(3) 输入某课程的课程号，查找该课程的选课情况，课程名、学号、姓名、成绩。运行该查询，输入课程号“01101004”进行验证。

检查与问题讨论

(1) 检查与评价任务实施情况。根据任务描述与要求，小组成员相互检查，提出存在问题，根据问题进行小组讨论。

(2) 基本知识（关键字）讨论：选择查询、参数查询。

(3) 任务实施情况讨论：输出项选择、查询表达式设置、表达式生成器。

(4) 自选技术知识讨论：查询表达式、运算符、常用函数、三种基本关系运算、自然连接运算等。

技术基础

1. 查询设计视图及内容设置

打开查询的设计视图后，出现如图 2-17 所示内容。

在图 2-17 的查询设计区中，各选项的作用如表 2-1 所示。

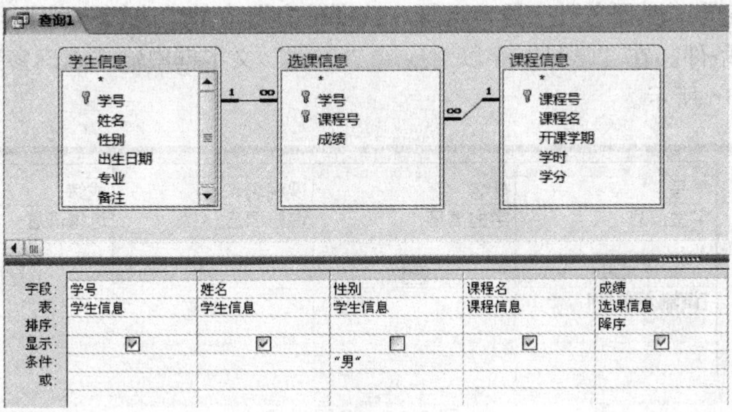

图 2-17　查询设计区

表 2-1　查询设计区选项与作用

查询设计区选项	作　用
字段	查询中所使用的字段的名称
表	该字段所来自的数据对象（表或查询）
排序	确定是否按该字段排序以及按何种方式排序
显示	确定该字段是否在查询结果集中可见
条件	用来指定该字段的查询条件
或	用来提供多个查询条件

在查询中显示的字段值可以是原数据表的字段值，也可以是经过字段表达式计算的结果。

2. 查询表达式与运算符

(1) 查询表达式。设计查询时，如果需要查找满足某一条件的记录，需要在查询设计视图中的“条件”行输入查询的条件表达式。除了直接输入常量外，还可以使用比较运算符、逻辑运算符、特殊运算符、数学运算符、Access 的内部函数等来构成表达式。在查询设计区的“条件”行中输入表达式时，如果各个表达式处于同一行，则各个表达式之间应该是逻辑与的关系；如果各个表达式处于不同行，则各个表达式之间应该是逻辑或的关系。

(2) 运算符。在 Access 的“条件”输入中，主要有比较运算符（表 2-2）和逻辑运算符（表 2-3）。

表 2-2　比较运算符

比较运算符	含　义
＞	大于
＞＝	大于等于
＜	小于
＜＝	小于等于
＝	等于
＜＞	不等于

如：考试成绩在 85 到 70 之间的表达式，在“条件”行对应的“成绩”字段名的单元格中输入：＜＝85 AND ＞＝70。

表 2-3 逻辑运算符

逻辑运算符	含 义
NOT	逻辑非
AND	逻辑与
OR	逻辑或

如：专业是“计算机应用”或“计算机网络”的表达式，在“条件”行对应的“专业”字段名的单元格中输入：“计算机应用”OR“计算机网络”。

3. 常用的函数

在 Access 中，常用的函数主要有数值函数、日期函数、统计函数等（表 2-4～表 2-6）。

表 2-4 常用数值函数

函 数	功 能	示 例	结 果
Abs(数值表达式)	返回数值表达式值的绝对值	Abs(－30)	30
Int(数值表达式)	返回数值表达式值的整数部分值，如果数值表达式的值是负数，返回小于或等于数值表达式值的第一负整数	int(5.5) int(－5.5)	5 －6
Fix(数值表达式)	返回数值表达式值的整数部分值，如果数值表达式的值是负数，返回大于或等于数值表达式值的第一负整数	Fix(5.5) Fix(－5.5)	5 －5
Sqr(数值表达式)	返回数值表达式值的平方根值	Sqr(9)	3
Sgn(数值表达式)	返回数值表达式值的符号对应值，数值表达式的值大于 0，等于 0，小于 0，返回值分别为 1，0，－1	Sgn(5.3) Sgn(0) Sgn(－6.5)	1 0 －1

表 2-5 常用日期函数

函 数	功 能	示 例	结 果
Date( )	返回当前系统日期		
Year(日期表达式)	返回日期表达式对应的年份值	Year(＃2012-03-02＃)	2012
Month(日期表达式)	返回日期表达式对应的月份值	month(＃2012-03-02＃)	3
Day(日期表达式)	返回日期表达式对应的日期值	day(＃2012-03-02＃)	2
Weekday(日期表达式)	返回日期表达式对应的星期值	Weekday(＃2012-04-02＃)	4

表 2-6 常用统计函数

函 数	功 能	示 例	结 果
Sum(字符表达式)	返回表达式所对应的数字型字段的列值的总和	Sum(成绩)	计算成绩字段列的总和
Avg(字符表达式)	返回表达式所对应的数字型字段的列中所有值的平均值。Null 值将被忽略	Avg(成绩)	计算成绩字段列的平均值
Max(字符表达式)	返回含字段表达式列中的最大值（对于文本数据类型，按字母排序的最后一个值）。忽略空值	Max(成绩)	返回成绩字段列的最大值
Min(字符表达式)	返回含字段表达式列中最小的值（对于文本数据类型，按字母排序的第一个值）。忽略空值	Min(成绩)	返回成绩字段列的最小值

理论基础：关系运算

1. 三种基本关系运算

（1）选择运算。选择运算是从某个给定的关系中筛选出满足限定条件的元组子集，它是一元关系运算。其形式定义为

$$\sigma F(R) = \{t \mid t \in R \wedge F(t)\}$$

式中，F 是筛选关系 R 中元组的限定条件的布尔表达式，它由逻辑运算符 ∧、∨、¬ 连接各算术表达式组成。

（2）投影运算。选择运算是从某个关系中选取一个“行”的子集，而投影运算实际上是生成一个关系的“列”的子集，它从给定的关系中保留指定的属性子集而删去其余属性。设某关系 $R(X)$，X 是 R 的属性集，A 是 X 的一个子集，则 R 在 A 的投影可表示为

$$\Pi_A(R) = \{t[A] \mid t \in R\}$$

式中，$t[A]$ 表示元组相应 A 属性中的分量。

（3）连接运算。连接运算是从两个给定的关系的笛卡儿积中选取满足一定条件的元组子集，其形式定义为

$$R \times S(A\theta B) = \{rs \mid r \in R \wedge s \in S \wedge r[A]\ \theta s[B]\}$$

式中，A 是关系 R 中的属性组，B 是关系 S 中的属性组，它们的度数相同且可以比较。θ 为算术比较运算符（即<、>、≤、≥、=、≠）。

2. 自然连接运算

自然连接运算是连接运算中最有意义的一种运算，是连接运算的一种特例。它要求参与运算的两个关系在同名属性上具有相同的值，由于同名属性上的值相同，所以在产生的结果关系中同名属性也只出现一次，其形式定义为

$$R * S = \{rs[-B] \mid r \in R \wedge s \in S \wedge r[A] = s[B]\}$$

式中，A 是关系 R 中的属性组，B 是关系 S 中的属性组，它们的度数相同且可以比较。

图 2-18 给出了选择、投影、联接与自然联接的一个实例。

R

A	B	C
1	2	3
4	5	6
7	8	9

S

B	D
2	9
8	3

$R \times S\ (C \leq D)$

A	R.B	C	S.B	D
1	2	3	2	9
1	2	3	8	3
4	5	6	8	9
7	8	9	8	9

$\sigma_{A>1}(R)$

A	B	C
4	5	6
7	8	9

$\Pi_{A,\ B}\ (R)$

A	B
1	2
4	5
7	9

$R*S$

A	B	C	D
1	2	3	9
7	8	9	3

图 2-18　选择、投影、联接与自然联接的实例

3. 除法运算

一个 m 元关系R 除以一个n 元关系S（其中$m>n$，S非空关系并且R 中存在n 个属性与 S 的n 个属性定义在相同的域）所得到的结果是一个（$m-n$）元的新的关系，它表示满足以下条件的元组集合：

$$R \div S = \{t^{(m-n)} \mid \text{对任一 } t^{(n)} \in S \text{ 都有 } t^{(m-n)} \circ t^{(n)} \in R\}$$

式中，$t^{(m-n)} \circ t^{(n)}$表示一个（$m-n$）元的元组和一个 n 元的元组拼合成一个 m 元的新元组。图 2-19 给出了除法运算的实例。

S

S#	*C#*	*G*
101	C1	A
101	C2	B
101	C3	C
102	C2	C
102	C3	A
103	C1	C
104	C3	B
105	C2	B
105	C4	A

R1

C#
C3

R2

C#
C1
C3

R3

C#	*G*
C2	B

S÷*R1*

S#	*G*
101	C
102	A
104	B

$\Pi_{S\#,\ C\#}$（*S*）÷*R2*

S#
101

S÷*R3*

S#
101
105

图 2-19 除法运算的实例

任务 2.3 操作查询学生选课数据库

任务描述

（1）生成表查询。根据学生选课数据库，查找生成男学生成绩表，表中含有学号、姓名、课程名、成绩四个字段，表名为“学生成绩”。

（2）追加查询。根据学生选课数据库，查找女学生的学号、姓名、课程名、成绩等内容，添加到“学生成绩”表中。

（3）更新查询。在学生成绩表中，每位学生的所有成绩都提高 5 分。

（4）删除查询。在学生成绩表中，删除成绩在 75 分以下的学生。

任务准备

（1）生成表查询：从一个或多个表中检索数据，然后将结果集加载到一个新表中。

（2）追加查询：将一个或多个表中的一组记录添加到另一个表中。

（3）更新查询：主要是对满足条件的记录内容进行更新，相当于“查找和替换”功能。

（4）删除查询：将一个表或多个表中符合删除条件的记录删除。

任务实施

1. 生成表查询

在学生选课数据库中进行生成表查询，需要用到学生信息表、课程信息表和选课信息表。

（1）添加数据表。在学生选课数据库主界面中，选择“创建”选项卡。单击“查询设计”按钮，在“显示表”窗口把三张表都添加进来，如图 2-20 所示。

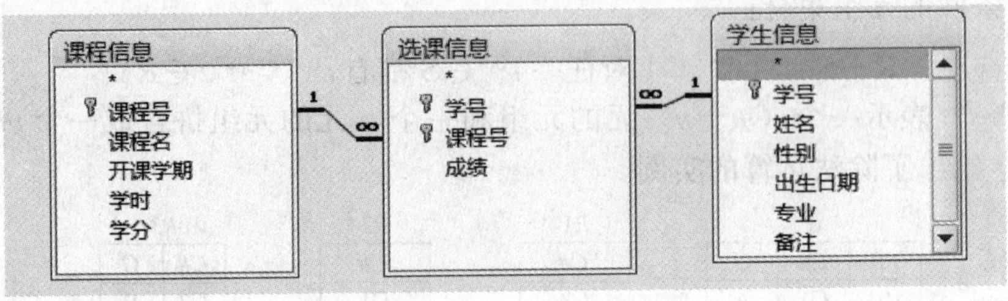

图 2-20　添加数据表

（2）确定生成表名称。在设计工具下，单击“生成表”，在弹出对话框的“表名称”文本框中输入：学生成绩，如图 2-21 所示。

图 2-21　生成表命名

（3）添加字段。在图 2-20 中，依次在学生信息表中双击“学号”、“姓名”、“性别”，在课程信息表双击“课程名”，选课信息表中双击“成绩”，在“性别”字段中，不勾选显示，在条件中输入=“男”，设置结果如图 2-22 所示。

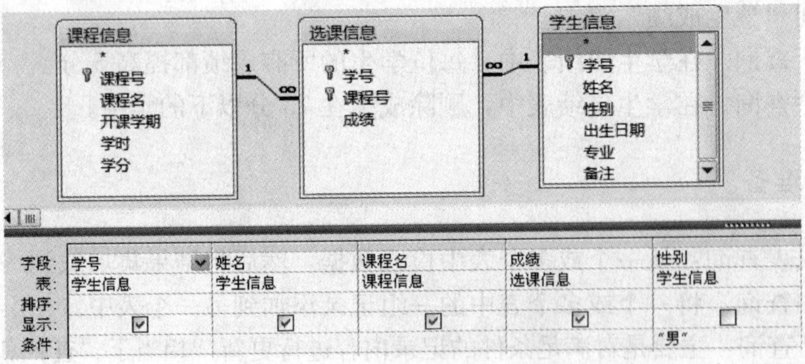

图 2-22　生成表字段选择

说明： 对性别字段的显示选项不勾选，说明性别字段只是作为条件而已。

（4）保存并运行查询。保存并为查询命名为“生成表查询”之后，在左侧查询对象类型中增加了一个名为“生成表查询”的查询，双击“生成表查询”，自动生成了一个名为“学生成绩”的新表，如图 2-23 所示。

学号	姓名	课程名	成绩
1101010101	王大林	办公信息处理	78
1101010101	王大林	C语言程序设计	81
1101010101	王大林	网页设计与制	85
1101010201	李一天	网络组建与管	91
1101010201	李一天	WEB应用程序	85
1101020102	孙大伟	网页设计与制	76
1101020102	孙大伟	数据库技术与	75
1101020103	马小伟	电子商务网站	69
1101020103	马小伟	网络组建与管	92
1101030101	刘奇	IT新技术讲座	87
1101030103	赵小刚	IT新技术讲座	65

图 2-23 生成的新表

2. 追加查询

在学生选课数据库中进行追加查询，需要用到学生信息表、课程信息表、选课信息表和上面生成的学生成绩表。

(1) 添加数据表。在学生选课数据库主界面中，选择“创建”选项卡。单击“查询设计”按钮，在“显示表”窗口把三张表都添加进来。

(2) 选择追加查询功能。在设计工具下，单击“追加”，在弹出对话框中选择追加到“学生成绩”表。

(3) 添加字段。在图 2-20 中，依次在学生信息表中双击“学号”、“姓名”、“性别”，在课程信息表双击“课程名”，选课信息表中双击“成绩”，在性别字段中，不勾选显示，在条件中输入=“女”，设置结果如图 2-24 所示。

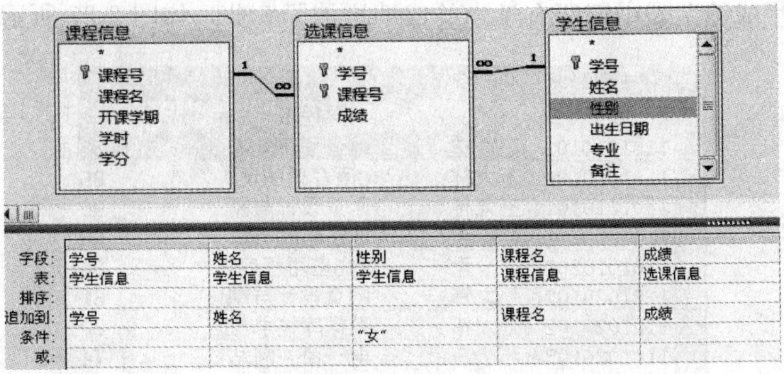

图 2-24 追加查询条件

说明：进行追加查询时，筛选出来的内容必须与原表相同。

(4) 保存并运行查询。保存并为查询命名为“追加查询”之后，在左侧查询对象类型中增加了一个名为“追加查询”的查询，双击“追加查询”后，打开学生成绩表后，自动在“学生成绩”表中追加了女学生成绩的内容，如图 2-25 所示。

3. 更新查询

在学生选课数据库中进行更新查询，需要用到生成的学生成绩表。

（1）添加数据表。在学生选课数据库主界面中，选择“创建”选项卡。单击“查询设计”按钮，在“显示表”窗口把学生成绩表添加进来。

（2）进行更新查询。在设计工具下，单击“更新”，双击“成绩”字段，在“更新到”选项中输入“［成绩］＋5”，如图 2-26 所示。

学生成绩

学号	姓名	课程名	成绩
1101010101	王大林	办公信息处理	78
1101010101	王大林	C语言程序设计	81
1101010101	王大林	网页设计与制	85
1101010201	李一天	网络组建与管	91
1101010201	李一天	WEB应用程序	85
1101020102	孙大伟	网页设计与制	76
1101020102	孙大伟	数据库技术与	75
1101020103	马小伟	电子商务网站	69
1101020103	马小伟	网络组建与管	92
1101030101	刘奇	IT新技术讲座	87
1101030103	赵小刚	IT新技术讲座	65
1101010102	张小雨	数据库技术与	68
1101010102	张小雨	电子商务网站	77
1101010202	吴可研	WEB应用程序	65
1101010202	吴可研	IT新技术讲座	88
1101020101	罗小慧	办公信息处理	81
1101020101	罗小慧	C语言程序设计	82
1101030102	程琳	IT新技术讲座	85
*			

图 2-25　追加查询后的结果

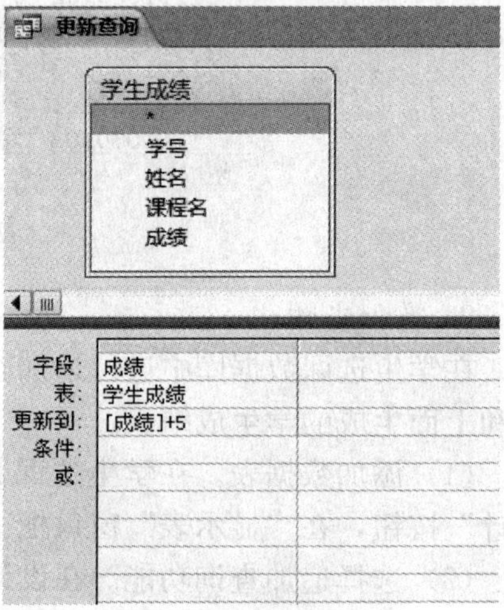

图 2-26　更新查询条件

（3）保存并运行查询。保存并为查询命名为“更新查询”之后，在左侧查询对象类型中增加了一个名为“更新查询”的查询，双击“更新查询”后打开学生成绩表，可以看出，在“学生成绩”表中把所有学生的成绩增加了 5 分，如图 2-27 所示。

学生成绩

学号	姓名	课程名	成绩
1101010101	王大林	办公信息处理	83
1101010101	王大林	C语言程序设计	86
1101010101	王大林	网页设计与制	90
1101010201	李一天	网络组建与管	96
1101010201	李一天	WEB应用程序	90
1101020102	孙大伟	网页设计与制	81
1101020102	孙大伟	数据库技术与	80
1101020103	马小伟	电子商务网站	74
1101020103	马小伟	网络组建与管	97
1101030101	刘奇	IT新技术讲座	92
1101030103	赵小刚	IT新技术讲座	70
1101010102	张小雨	数据库技术与	73
1101010102	张小雨	电子商务网站	82
1101010202	吴可研	WEB应用程序	70
1101010202	吴可研	IT新技术讲座	93
1101020101	罗小慧	办公信息处理	86
1101020101	罗小慧	C语言程序设计	87
1101030102	程琳	IT新技术讲座	90

图 2-27　更新查询后的结果

4. 删除查询

在学生选课数据库中进行删除查询，需要用到生成的学生成绩表。

（1）添加数据表。在学生选课数据库主界面中，选择“创建”选项卡。单击“查询设计”按钮，在“显示表”窗口把学生成绩表添加进来。

（2）进行删除查询。目标是删除 75 分以下同学，在设计工具下，单击“删除”，双击“成绩”字段，在“条件”选项中输入“＜75”，如图 2-28 所示。

（3）保存并运行查询。保存并为查询命名为“删除查询”之后，在左侧查询对象类型中增加了一个名为“删除查询”的查询，双击“删除查询”打开学生成绩表，可以看出，已将“学生成绩”表中成绩低于 75 分的学生删除了，如图 2-29 所示。

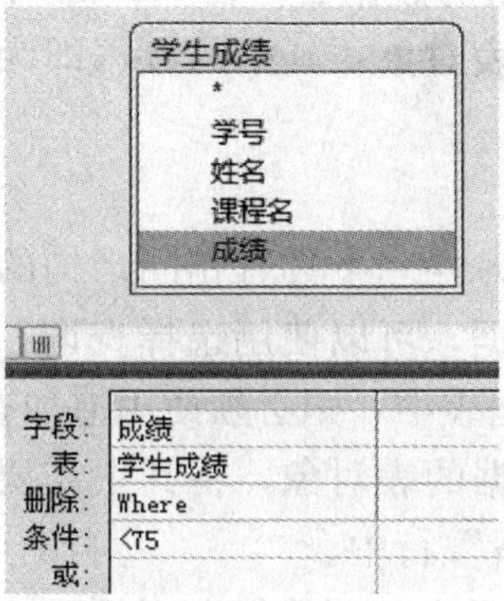

图 2-28　删除查询条件

学生成绩

学号	姓名	课程名	成绩
1101010101	王大林	办公信息处理	83
1101010101	王大林	C语言程序设计	86
1101010101	王大林	网页设计与制	90
1101010201	李一天	网络组建与管	96
1101010201	李一天	WEB应用程序	90
1101020102	孙大伟	网页设计与制	81
1101020102	孙大伟	数据库技术与	80
1101020103	马小伟	网络组建与管	97
1101030101	刘奇	IT新技术讲座	92
1101010102	张小雨	电子商务网站	82
1101010202	吴可研	IT新技术讲座	93
1101020101	罗小慧	办公信息处理	86
1101020101	罗小慧	C语言程序设计	87
1101030102	程琳	IT新技术讲座	90

图 2-29　删除查询后的结果

5. 问题分析

（1）在查询的结果中添加字段的方法有哪几种？

（2）做追加查询时，选择的字段有何要求？

（3）更新查询时，是否能够实现给 60 分以下同学都加 10 分？

课堂实践

（1）完成上面的四个子任务。

（2）根据学生选课数据库，查找生成计算机应用技术专业学生的成绩表，表中含有学号、姓名、课程名、成绩四个字段，表名为“各专业学生成绩”。

（3）根据学生选课数据库，查找计算机网络技术专业学生的学号、姓名、课程名、成绩等内容，添加到“各专业学生成绩”表中。

（4）在各专业学生成绩表中，每位学生的所有成绩都减少 10 分。

检查与问题讨论

（1）检查与评价任务实施情况。根据任务描述与要求，小组成员相互检查，提出存在问题，根据问题进行小组讨论。

(2) 基本知识（关键字）讨论：生成表查询、追加查询、更新查询、删除查询。

(3) 任务实施情况讨论：操作查询与选择查询、向导查询的区别，演示讨论四种操作查询。

(4) 自选技术知识讨论：SQL 数据定义、SQL 数据查询、SQL 数据更新、SQL 数据控制等。

技术基础

1. 生成表查询

查询结果只是一个动态数据集，该动态数据集合是不会被 Access 所保存的。如果希望查询所形成的动态数据集能够被固定地保存下来，就需要使用生成表查询了。

设计完成一个生成表查询后，就可以运行、生成一个新的数据表。在 Access 中，并不显示查询数据表视图，而是在数据库中新建了一个数据表对象，其中的数据即为生成表查询运行的结果。

2. 追加查询

追加查询就是从一个数据表中筛选出一些数据追加到另外一个具有相同结构的数据表中。如果需要从数据库的某一个数据表中筛选出一些数据，可以使用选择查询；如果需要将这些筛选出来的数据追加到另外一个结构相同的数据表中，则必须使用追加查询。

(1) 创建一个选择查询，其数据源为需要从中筛选数据的表对象，将其中需要追加到另一个表对象中的字段逐一拖曳至查询设计视图的“字段”行中。

(2) 单击菜单栏上的“查询”、“追加查询”，在回答了弹出的“追加”对话框中关于被追加表对象名称的问题后，可以看到在查询设计视图中新增了一个“追加到”行。这时，需要在“追加到”行中逐个输入需要追加数据的表对象中的对应字段名（当然可以应用向导完成这项操作，此处并不要求数据源表对象字段名与追加数据表对象字段名相同），完成追加查询的设计。

(3) 保存并运行该查询，数据源表中的相关数据就追加到指定的数据表中的对应字段中去了。

3. 更新查询

如果需要对数据表中的某些数据进行有规律的成批更新替换操作，就可以使用更新查询来实现。

(1) 创建一个选择查询，指定其数据源为需要更新其中数据的表对象，将其中需要更新数据的字段逐一拖曳至查询设计视图的“字段”行中。

(2) 单击菜单栏上的“查询”、“更新查询”，可以看到在查询设计视图中新增一个“更新到”行。此时，需要在该行中填入数据更新的规则，如“[成绩] +5”。如果只是需要更新某些满足一定条件的记录中的数据，则应该在查询设计视图的“Where”行中填写记录更新条件，如“成绩<75”。

(3) 保存这个查询对象，即完成了一个更新查询对象的设计操作。只需要运行该查询对象，数据源表中的相关数据就按照数据更新规则得到了更新。

4. 删除查询

如果需要从数据库的某一个数据表中有规律地成批删除一些记录，可以使用删除查询来满足这个需求。应用删除查询成批地删除数据表中的记录，应该指定相应的删除条件，否则就会删除数据表中的全部数据。这就是说，删除查询必须包含对应的删除条件，而这个删除条件称为准则，该准则必须能够用一个关系表达式或逻辑表达式表述。

（1）创建一个选择查询，其数据源为需要从中删除记录的表对象。接着，将其中需要作为删除准则使用的字段逐一拖曳至查询设计视图的"字段"行中。

（2）单击菜单栏上的"查询"、"删除查询"菜单项，即可以看到在查询设计视图中新增一个"删除"行，该行中填有"Where"字样。这时，可以在"删除"行下端的"条件"行中输入删除条件（当然可以应用向导完成这项操作），至此，所需要的删除查询即设计完成。

（3）运行该查询，数据源表中满足准则条件的记录就被删除了。

理论基础：关系数据库语言 SQL

SQL 是介于关系代数和关系演算之间的一种结构化查询语言，它的主要功能包括数据定义、数据操纵及数据控制等方面，数据操纵又可以分为数据检索（查询）和数据更新两个方面。它是一种综合的、通用的、功能极强的关系数据库语言。

SQL 语言可以对两种基本数据结构进行操作，一种是"表"，另一种是"视图"（View）。视图由不同的数据库中满足一定条件约束的数据所组成，用户可以像基本表一样对视图进行操作。当对视图操作时，由系统转换成对基本表的操作。视图可以作为某个用户的专用数据部分，这样便于用户使用，提高了数据的独立性，有利于数据的安全保密。

1. SQL 数据定义

SQL 的数据定义功能包括三部分：定义基本表、定义视图和定义索引。即定义和修改模式（如基本表），定义外模式（如视图）和内模式（如索引）。它们使用的命令是：

```
CREATE/ DROP TABLE
CREATE /DROP VIEW
CREATE/ DROP INDEX
```

（1）定义基本表。定义一个基本表相当于建立一个新的关系模式，但尚未输入数据，只是一个空的关系框架。系统将一个基本表的数据描述存入数据字典中，供系统或用户查阅。定义基本表就是创建一个基本表，对表名（关系名）和它所包括的各个属性及其数据类型做出具体规定。不同的系统支持的数据类型有区别。

（2）修改基本表。修改基本表是指对已经定义的基本表增加新的属性名（列），删除某一列或修改某一列。新增加的属性处于表的最后一列。如果被修改的基本表原来已经有了数据，各个记录中新增加的属性全部是空值，有待以后用更新语句修改。

（3）删除基本表。删除基本表是把表的定义、表中的数据、相应的索引以及以该基本表为基础所建立的所有视图全部删除，并释放所占用的存储空间。

（4）索引的建立与删除。为了提高数据的检索效率，对于一个基本表，可以根据应用环境的需要建立若干索引，以提供多种存取方式。通常，索引的建立和删除由 DBA 或表的主人（即建立表的人）负责。用户不必也不能存取数据时选择索引。存取路径的选择由系统自动进行。索引的描述存放在数据字典中。

2. SQL 数据查询

SQL 的查询语句也称 SELECT 命令，其基本形式是 SELECT-FROM-WHERE 查询块。多个查询块可以逐层嵌套执行。SELECT 命令是 SQL 结构化查询语言最具特色的核心语句，使用方便，查询速度快。

（1）连接查询。如果某查询要涉及两个或两个以上的关系，往往要进行连接运算。由于 SQL 是高度非过程化的，用户只要在 FROM 子句中指出关系名称，在 WHERE 子句写明连接条件即可，连接运算由系统去完成并实现优化。

（2）嵌套查询。嵌套查询是指在 SELECT-FROM-WHERE 查询块内部再嵌入另一个查询块，称为子查询，并允许多层嵌套。在执行嵌套查询时，每一个内层子查询是在上一级外层处理之前完成的，即外层用到内层的查询结果。从形式上看是自下向上进行处理的。从这个规律出发，按照手工查询的思路来组织嵌套查询就轻而易举了。

在嵌套查询中最常用的谓词是 IN，由于查询的外层用到内层的查询结果，用户事先并不知道内层结果，这里的 IN 就不能用一系列 OR 来代替。另外，许多嵌套查询可以用连接查询完成。但并非所有的嵌套查询都能用连接查询替代，有时结合使用更显得简洁、方便。

3. SQL 数据更新

SQL 数据更新主要是指插入、修改、删除等数据操作。

（1）插入数据

向基本表中插入数据的命令有两种格式，一种是向具体元组插入常量数据；另一种是把子查询的结果输入另一个关系中。前者进行单元组（一行）插入，后者一次可插入多个元组。新增元组各个列（属性）的值必须符合定义。增加一个完整元组，并且属性顺序与定义一致，可在基本表名称后面省略属性名称。若插入一个元组的若干字段（属性）值，其他字段值暂时为空。此时，基本表名称后面的属性名称必须指明。

（2）修改数据

使用修改命令对数据表中的数据进行修改，在修改命令中可以用 WHERE 子句限定条件，对满足条件的元组进行更新修改。若不写条件，则对所有元组更新。

（3）删除数据

删除命令比较简单，删除单位是元组，不是元组的部分属性。一次可以删除一个、几个元组，以致于整个表删成空表，只保留表的结构定义。

4. SQL 数据控制

数据控制是指通过对数据库各种权限的授予或回收来管理数据库系统。每个用户在系统登录时都要输入用户名称和口令，通过了系统的合法性检验之后才能使用系统。用户有定义基本表的权限，有使用自己所定义的基本表的所有权限。数据库管理员（DBA）对数据库的所有资源拥有所有权限，包括数据定义、数据查询、数据更新和数据控制。

数据库管理员和基本表的定义者有权把基本表的各种权限授予别人，授权者也可以回收权限。非基本表的建立者必须经过授权才能使用不是自己定义的表，这些权限包括对基本表的修改（ALTER）、插入（INSERT）、删除（DELETE）、更新（UPDATE）、建立索引（INDEX）、查询（SELECT）和 ALL（所有权限）。

（1）授权

授权语句的格式如下：

GRANT 权限表 ON TABLE 表名 TO 用户名表［WITH GRANT OPTION］

该语句把对指定表的某些权限授予若干用户，当选用 WITH GRANT OPTION 短语时，被授权的用户有权将获得的权限再授予其他用户，被授权的对象可以是 PUBLIC（所有用户）或具体用户。

提示： 系统为了防止滥用权限，WITH GRANT OPTION 短语不能与 PUBLIC 同时使用。

（2）回收权限

授予和回收权限是有层次的。设用户 A 把自己所建立的表“课程表”的所有权限授予了用户 B 并用 WITH GRANT OPTION 允许他再向别人授权。用户 B 又将对“课程表”的 UPDATE 和 SELECT 权授予用户 C。后来，用户 A 回收了用户 B 的 UPDATE 权限，用户 C 的这种权限自然也被取消了。

实训 2 学生信息数据库查询

实训目的与要求

（1）学会 Access 数据库向导、选择、操作等查询的基本方法；

（2）在学生信息管理数据库中建立相关查询。

实训内容与过程

（1）小组学习讨论大作业 1（学生信息管理系统）的实训任务和要求（附录 A）；

（2）建立学生信息数据库的学生选课情况查询，按班级查询选课情况等；

（3）建立学生信息数据库的操作查询；

（4）小组讨论学生信息数据库的选择查询操作的问题；

（5）小组讨论学生信息数据库的查询问题。

项目总结

1. 基本技能

（1）建立简单查询、交叉表查询、查找重复项查询、查找不匹配项查询；

（2）根据给定条件，建立选择查询；

（3）建立生成表查询、追加查询、更新查询、删除查询。

2. 基本知识

查询与向导查询，查询类型与查询条件，生成表查询、追加查询、更新查询、删除查询。

3. 相关技术知识

交叉表查询、重复项查询、不匹配项查询，计算查询列、汇总查询、参数查询，生成表查询、追加查询、更新查询、删除查询。

4. 理论基础知识

并交差运算、笛卡儿积、三种基本关系运算、自然连接运算、SQL 数据定义、SQL 数据查询、SQL 数据更新、SQL 数据控制。

思考练习 2

一、选择题

1. 以下关于选择查询叙述错误的是（　　）。

A. 根据查询准则，从一个或多个表中获取数据并显示结果

B. 可以对记录进行分组

C. 可以对查询记录进行总计、计数、平均等计算

D. 查询的结果是一组数据的“静态集”

2. 如果经常要从几个表中提取数据，最好的查询方法是（　　）。

A. 操作查询　　B. 用生成表查询　　C. 参数查询　　D. 选择查询

3. 使用向导创建交叉表查询的数据源是（　　）。

A. 数据库文件夹　　B. 表　　C. 查询　　D. 表或查询

4. 在 Access 中，一般情况下，建立查询的方法有（　　）。

A. 使用“查询向导”　　B. 使用“显示表”视图

C. 使用查询视图　　D. 以上都是

5. 除了从表中选择数据外，还可以对表中数据进行修改的查询是（　　）。

A. 选择查询　　B. 参数查询　　C. 操作查询　　D. 生成表查询

6. 在 Access 中，从表中访问数据的速度与从查询中访问数据的速度相比（　　）。

A. 要快　　B. 相等　　C. 要慢　　D. 无法比较

7. 关于删除查询，下面叙述正确的是（　　）。

A. 每次操作只能删除一条记录

B. 每次只能删除单个表中的记录

C. 删除过的记录只能用撤销命令恢复

D. 每次删除整个记录，并非是指定字段中的记录

8. 查询向导不能创建（　　）。

A. 选择查询　　B. 交叉表查询　　C. 重复项查询　　D. 参数查询

9. Access 支持的查询类型有（　　）。

A. 选择查询、交叉表查询、参数查询、SQL 查询和操作查询

B. 基本查询、选择查询、参数查询、SQL 查询和操作查询

C. 多表查询、单表查询、交叉表查询、参数查询和操作查询

D. 选择查询、统计查询、参数查询、SQL 查询和操作查询

10. 在查询“设计”视图中（　　）。

A. 只能添加数据库表　　　　　　　　B. 可以添加数据库表，也可以添加查询

C. 只能添加查询　　　　　　　　　　D. 以上说法都不对

二、填空题

1. 每个查询都有 3 种视图，一是（　　），二是（　　），三是（　　）。

2. 操作查询包括（　　）、删除查询、（　　）、追加查询 4 种。

3. 查询也是一个表，是以（　　）为数据来源的再生表。

4. 创建查询的方法有两种：（　　）和（　　）。

5. （　　）查询是最常用的查询类型，顾名思义，它是根据指定的查询准则，从一个或多个表中获取数据并显不结果。

6. 如果一个查询的数据源仍是查询，而不是表，则该查询称为（　　）。

7. 参数查询是通过运行查询时的（　　）来创建的动态查询结果。

三、简答题

1. 什么是查询？Access 提供的常用查询有哪几类？分别是什么？

2. 什么是操作查询？操作查询包括哪几种？

3. 简述生成表查询和追加查询的区别。

项目 3　实现学生选课系统

教学目标

- 学会建立窗体的基本方法；
- 学会建立报表的基本方法；
- 学会利用导航窗体集成系统；
- 了解数据库应用系统设计的步骤。

教学任务

【任务 3.1】编辑学生选课信息

【任务 3.2】输出学生选课信息及系统集成

任务 3.1　编辑学生选课信息

任务描述

创建学生信息编辑窗体、课程信息编辑窗体、学生成绩处理窗体、学生选课信息浏览窗体四个窗体，具体设计效果如图 3-1～图 3-4 所示。

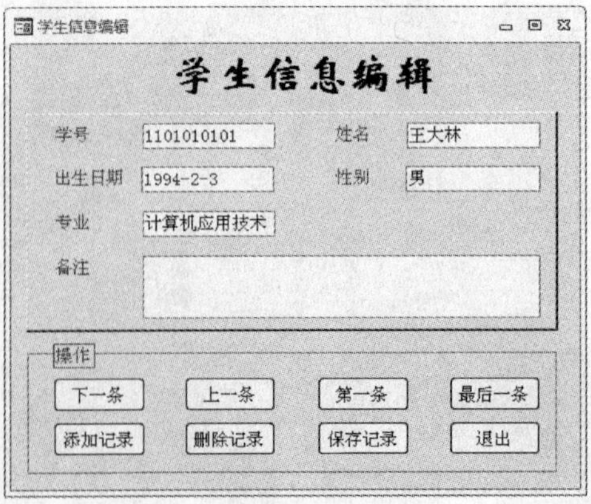

图 3-1　学生信息编辑窗体

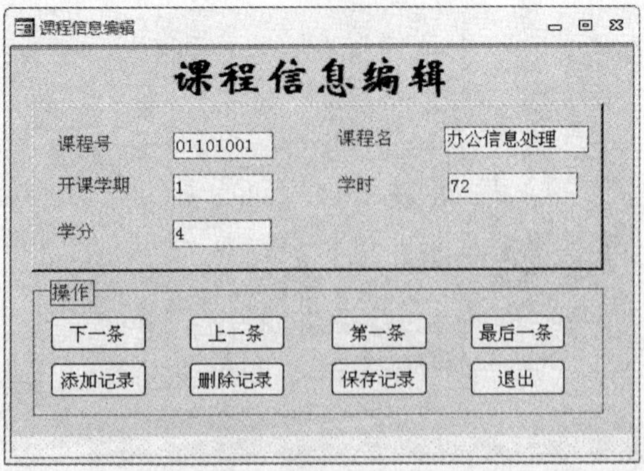

图 3-2　课程信息编辑窗体

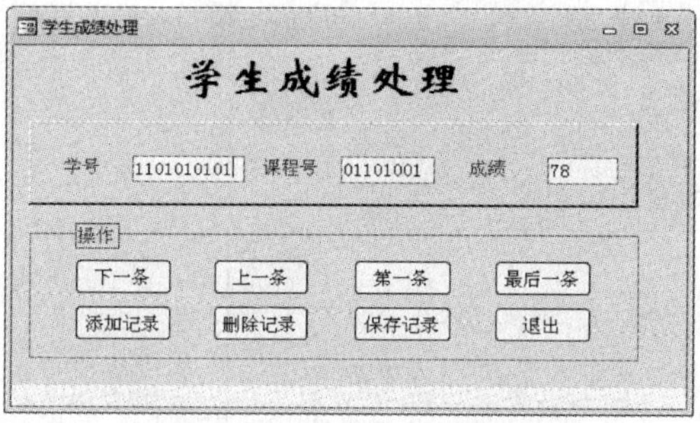

图 3-3　学生成绩处理窗体

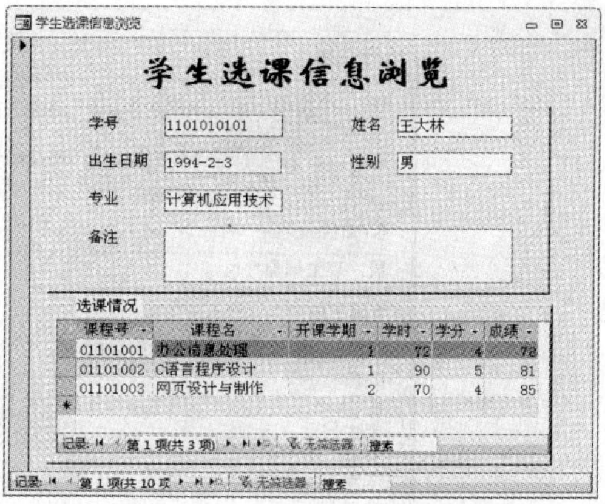

图 3-4　学生选课信息浏览窗体

任务准备

（1）窗体：窗体是 Access 数据库中的一种对象，通过窗体，用户可以方便地输入数据、编辑数据和显示数据。数据表以行和列显示数据，而窗体可以按任何格式显示数据。

（2）窗体控件：控件是在窗体上用于显示数据、执行操作或作为装饰的对象。例如，可以在窗体上使用文本框显示数据，在窗体上使用命令按钮打开另一个窗体等。在本任务中涉及的主要控件如表 3-1 所示。

表 3-1　窗体设计主要控件

控　件	名　称	功　能
	标签	用于显示说明的控件
	文本框	用于显示、输入或编辑窗体的基础记录源数据，显示计算结果，或接收用户输入的数据
	选项组	用于显示一组可选值
	按钮	用于完成各种操作
	矩形	显示图形效果，如在窗体上将一组相关的控件组织在一起

（3）窗体创建主要步骤：

- 通过窗体向导创建所需窗体；
- 进入窗体设计视图；
- 在设计视图中，应用窗体控件美观窗体；
- 保存窗体。

任务实施

1. 向导创建学生信息编辑窗体

（1）启动窗体向导。单击“创建”菜单下的窗体面板中“窗体向导”，开始利用向导创建窗体，如图 3-5 所示。

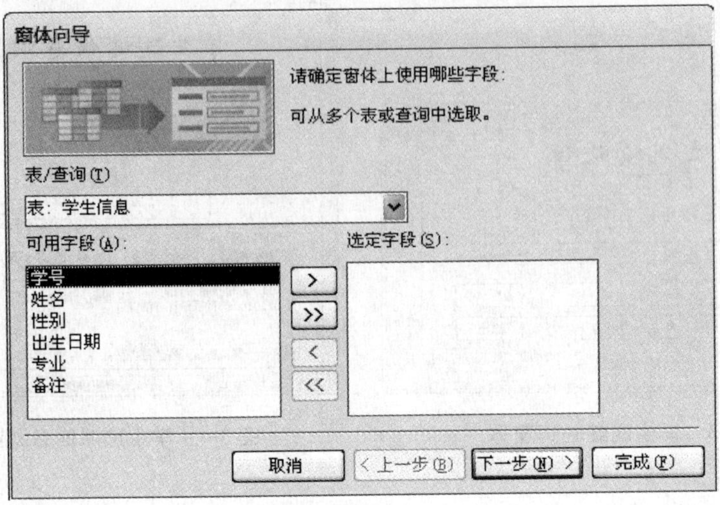

图 3-5　窗体向导

（2）设置窗体内容与标题。如图 3-5 所示，在“表/查询”组合框中，选择“表：学生信息”，将“可用字段”列表框中的所有字段都添加到右边的列表框中，单击“下一步”按钮，选择“纵栏表”；单击“下一步”按钮，选择“标准”；单击“下一步”按钮，进入如图 3-6 所示界面，在文本框中输入“学生信息编辑”作为窗体的标题。

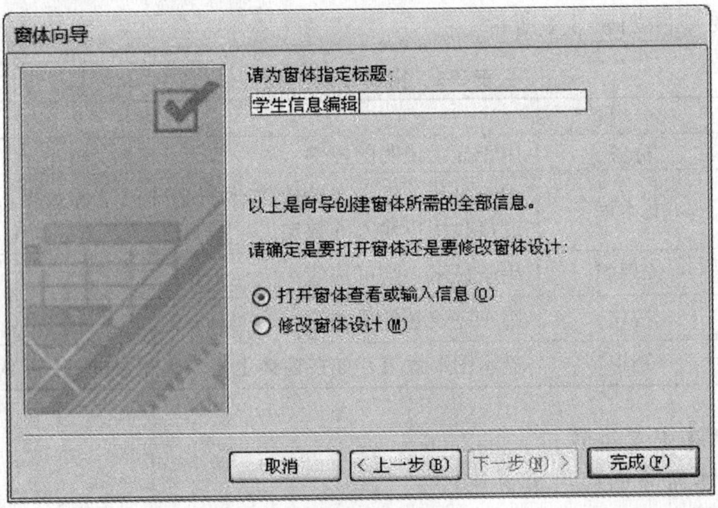

图 3-6　完成窗体向导

（3）完成窗体创建。单击“完成”按钮，创建的窗体将出现在屏幕上，如图 3-7 所示。显然，窗体不够美观，布局比较乱，需要调整，可以通过窗体的基本控件对窗体进行调整。

2. 设计完善学生信息编辑窗体

（1）打开设计视图修改。在学生信息编辑窗体的任意位置右击，选择“设计视图”选项。在设计视图中，调整窗体上各个控件的位置及尺寸。删除窗体页眉处“学生信息编辑”，在窗体上方中央添加一个“标签”控件作为窗体的标题，输入“学生信息编辑”。

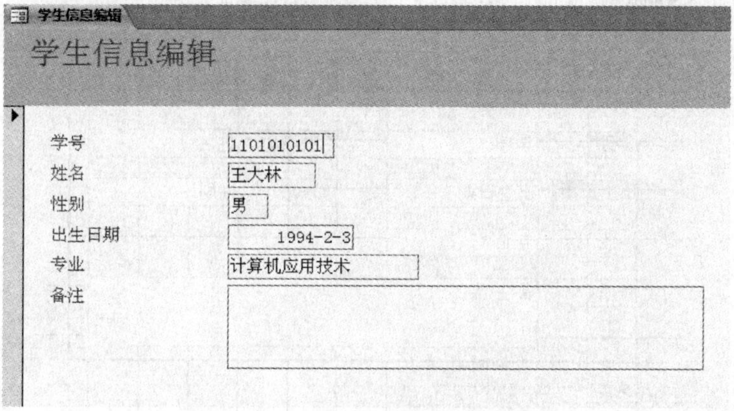

图 3-7 学生信息编辑窗体

在窗体上添加一个“矩形”，使其他控件均放在其中，并将“矩形”控件的“特殊效果”属性设置为“凸起”。具体效果如图 3-8 所示。

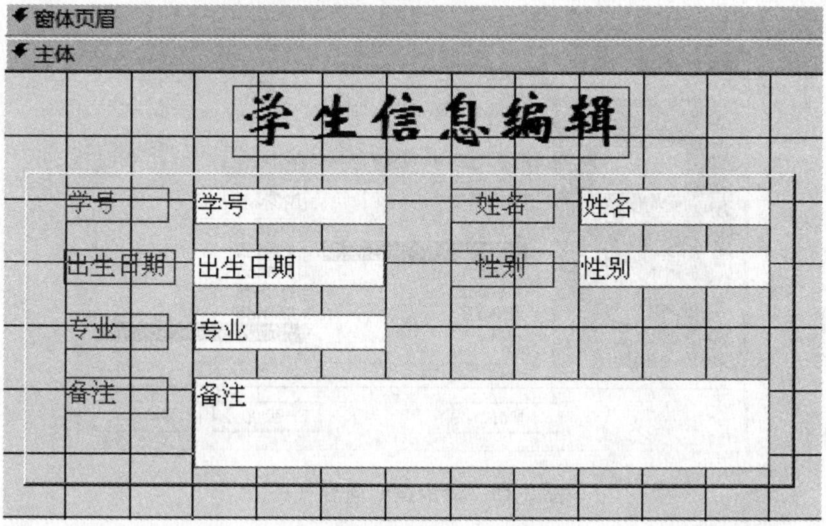

图 3-8 设计视图控件调整

（2）添加 8 个“命令按钮”控件。为了便于记录操作，在窗体上需要添加“下一条”、“上一条”、“第一条”、“最后一条”、“添加记录”、“删除记录”、“保存记录”、“退出”共 8 个命令按钮。可添加一个选项组，用于美化按钮，如图 3-9 所示。

下面以“添加记录”为例，说明使用“命令按钮向导”创建命令按钮的过程和方法。

① 单击工具箱的“命令按钮”，在窗体上单击要放置命令按钮的位置，则会弹出“命令按钮向导”窗口，如图 3-10 所示。

② 在对话框的“类别”列表框中选择“记录操作”，在“操作”列表框中选择“添加新记录”，如图 3-10 所示。

③ 单击“下一步”按钮，在图 3-11 中，为使按钮上显示文本，单击“文本”选项，输入“添加记录”，然后单击“完成”按钮即可以完成“添加记录”按钮的添加。

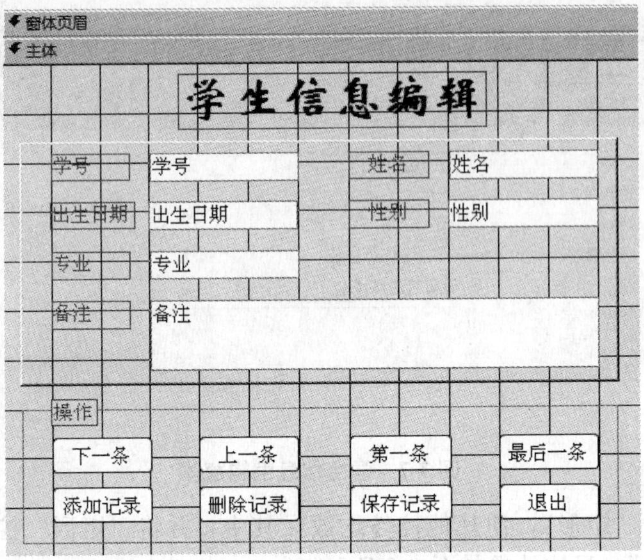

图 3-9　添加按钮后的效果

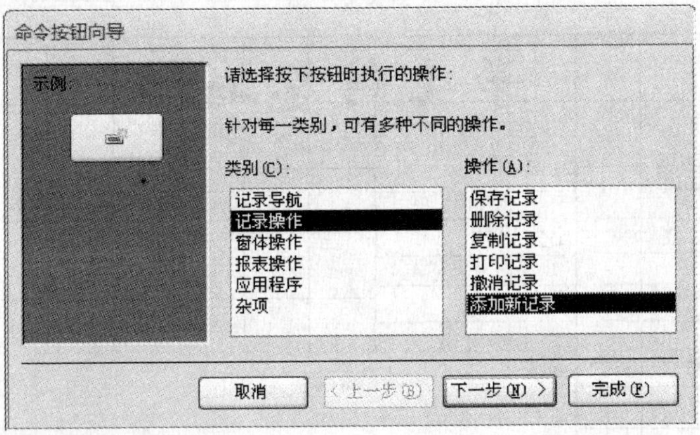

图 3-10　命令按钮向导（一）

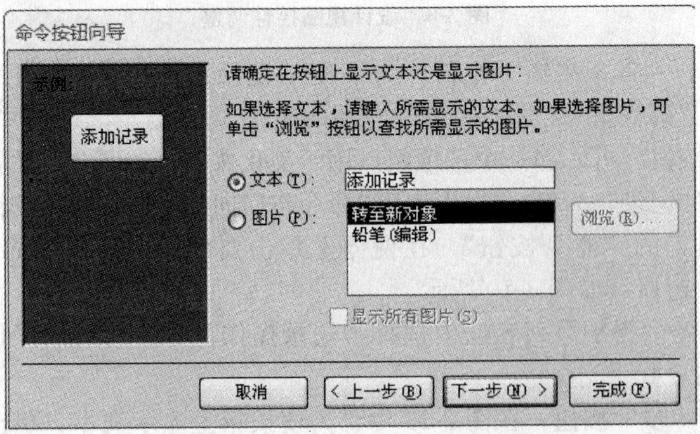

图 3-11　命令按钮向导（二）

提示：在添加“下一条”按钮时，应该在操作中选择“转至下一项记录”，而不是“查找下一个”。

（3）设置窗体属性。为了使整个窗体美观，可对窗体的属性进行设置。右击设计视图的任何一个地方，选择“属性”命令，在下拉列表框中选择“窗体”，即可对“学生信息编辑”窗体的主要属性进行设置。

① 标题属性。显示在窗体标题栏上的字符串。“学生信息编辑”窗体将其设置为“学生信息编辑”。

② 默认视图属性。该属性决定了窗体的显示形式，一般情况下，窗体上只显示一条记录时，选择“单一窗体”。此处将其设置为“单一窗体”。

③ 滚动条属性。该属性决定了窗体显示时是否具有窗体滚动条。“学生信息编辑”窗体将其设置为“两者均无”。

④ 记录选择器属性。该属性决定窗体是否有记录选择器，即数据表最左端是否有标志块。“学生信息编辑”窗体将其设置为“否”。

⑤ 导航按钮属性。该属性决定窗体运行时是否有导航按钮，即窗体最下端是否有导航按钮。“学生信息编辑”窗体将其设置为“否”。

按以上说明对窗体进行设置即可完成“学生信息编辑”窗体的创建，效果如图 3-12 所示。

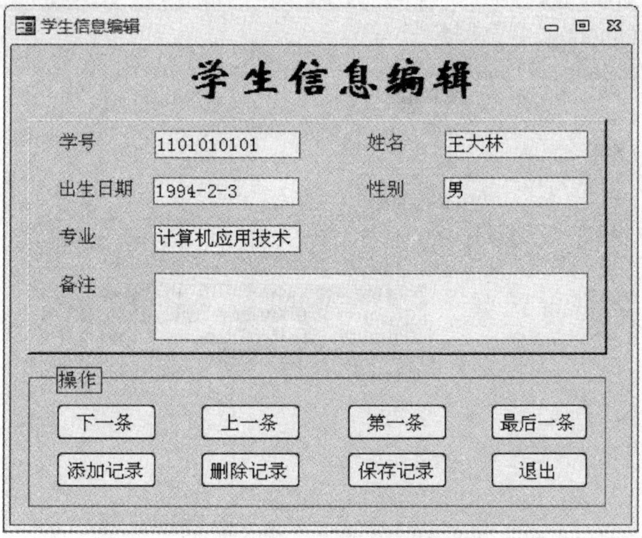

图 3-12 学生信息编辑窗体

3. 创建学生选课信息浏览窗体

（1）启动窗体向导。在“表/查询”组合框中选中“表：学生信息”，将“可用字段”列表框中的所有字段都添加到右边的列表框中；然后在“表/查询”组合框中选择“表：课程信息”，将所有字段都添加到右边的列表框中；最后在“表/查询”组合框中选择“表：选课信息”，将“成绩”字段添加到右边的列表框中。

（2）确定查看数据方式。进入如图 3-13 所示的对话框，确定查看数据的方式为“通过 学生信息”，并选择“带有子窗体的窗体”单选按钮。

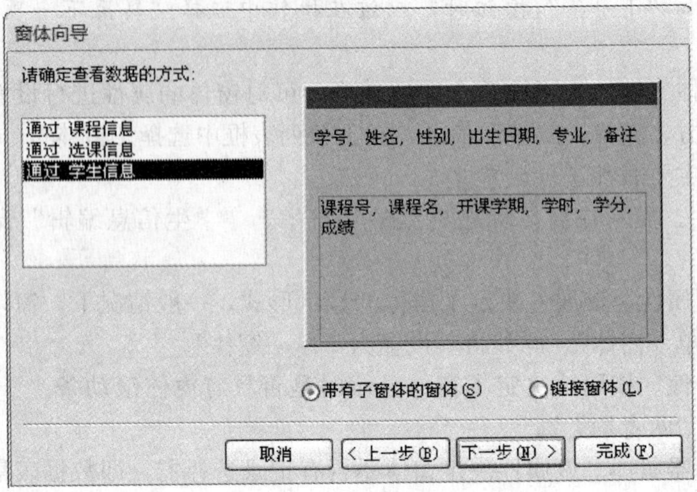

图 3-13　窗体向导

提示： 确定查看数据的方式必须是“通过 学生信息”，选择另外两项都不符合要求。

（3）初步完成信息浏览窗体。将窗体的标题设置为“学生选课信息浏览”，将子窗体的标题设置为“选课”，单击“完成”按钮，完成初步浏览窗体的创建，如图 3-14 所示。

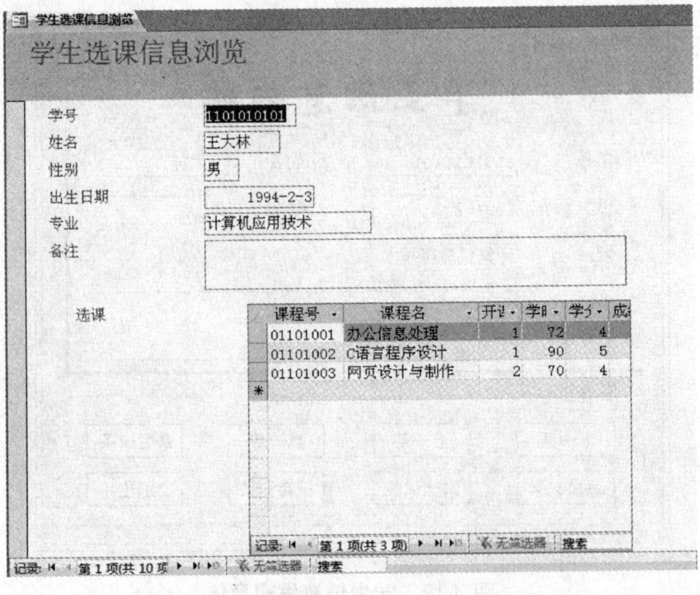

图 3-14　学生选课信息浏览窗体（修改前）

（4）在设计视图中修改窗体。通过窗体的设计视图，参照学生信息编辑窗体修改过程，修改学生选课信息浏览窗体，最终窗体如图 3-15 所示。

4. 问题分析

（1）如何设置窗体的弹出方式为“是”（默认的为“否”）？

（2）如何在窗体上添加字段和删除字段？

（3）在带子窗体的浏览窗体中，如何确定数据的查看方式？

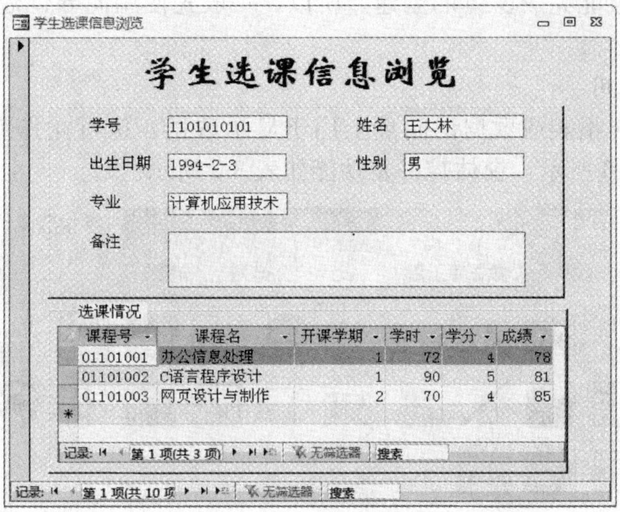

图 3-15　学生选课信息浏览窗体（修改后）

课堂实践

（1）完成任务描述中 4 个窗体的创建。

（2）在学生选课信息浏览窗体中，修改窗体属性，设置窗体的背景色为“浅色页眉背景”，窗体的弹出方式为“是”。

（3）创建一个新的窗体，命名为“查询”，在查询窗体中，利用窗体控件创建 4 个按钮，按钮的作用是打开已创建好的查询。

检查与问题讨论

（1）检查与评价任务实施情况。根据任务描述与要求，小组成员相互检查，提出存在问题，根据问题进行小组讨论。

（2）基本知识（关键字）讨论：窗体、窗体控件。

（3）任务实施情况讨论：窗体的功能与作用，窗体控件的作用，演示讨论创建窗体等。

技术基础

1. 窗体创建方法

在 Access 中，可使用向导创建窗体和设计视图创建窗体。

（1）使用向导创建。当窗体需要和表或查询数据绑定时，采用此方式能够快速生成管理数据的各种类型窗体，只需要选择数据源以及窗体的样式布局等即可生成窗体主体界面，然后可根据需要进行窗体界面修改。

（2）在设计视图中创建。在设计视图中创建窗体需要创建窗体的每一个控件，并要求建立控件与数据源之间的联系，较为复杂；而使用向导创建窗体只需要按照向导的提示输入有关信息，就能完成窗体的创建。所以，一般先使用向导创建窗体，然后再使用设计视图来美化窗体。

2. 窗体控件应用

控件是在窗体、报表或数据访问页上用于显示数据、执行操作或作为装饰的对象。窗体的控件如图 3-16 所示，窗体控件及功能如表 3-2 所示。

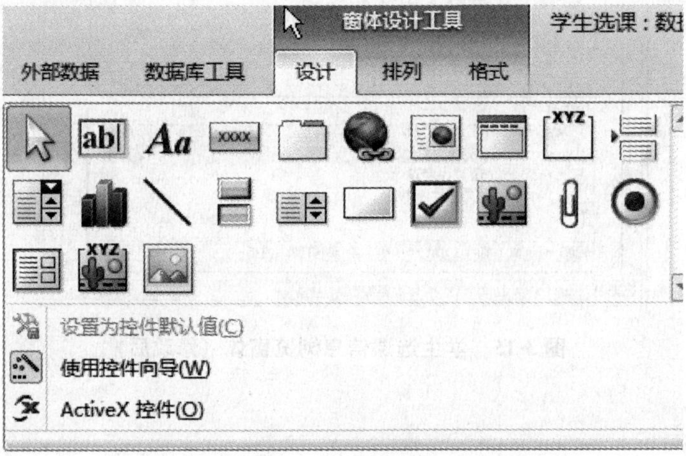

图 3-16　窗体控件

表 3-2　窗体控件及功能

控件名称	功能作用
标签控件	用来显示说明性文字，没有控件源，文字不随记录的更换而改变。系统会为其他控件自动附加一个标签，也可以用标签按钮创建独立标签
文本框控件	属于交互式控件，用来输入、编辑和显示数据，有结合、非结合、计算三种类型
选项组控件	显示一组选项值，用户只要单击所需值即可完成数据输入。选项组中的值一次只能选择一个。可将选项组控件与一个字段绑定
复选框、切换按钮、单选按钮控件	复选框、切换按钮和单选按钮都显示“是/否”型数据的值。复选框中有对勾为“是”，无对勾为“否”。切换按钮按下状态为“是”，抬起状态为“否”。单选按钮中有圆点为“是”，无圆点为“否”
组合框与列表框控件	组合框和列表框都提供一组值供用户选择，通过单击鼠标完成数据输入。组合框只显示一行数据，在窗体中占的区域较小，既能进行选择，又能输入文本。列表框显示多行数据，在窗体中占的区域较大，只能进行选择，不能输入新值
命令按钮	用来执行特定的操作。通常给命令按钮附加一段 VBA 代码或一个宏，也可以用“向导”给命令按钮指定一些特殊操作
选项卡控件与其他控件	选项卡用来在一个窗体内显示多页信息，单击选项卡的标签可进行页面切换
子窗体/子报表控件	如果两个表建立了一对多关系，并且两个表都建了窗体，可以用“子窗体/子报表”控件将子表窗体显示在主表窗体中

3. 窗体组成及属性设置

(1) 窗体各组成部分。窗体由窗体页眉、页面页眉、主体、页面页脚、窗体页脚组成，如图 3-17 所示。窗体各组成部分的功能如表 3-3 所示。

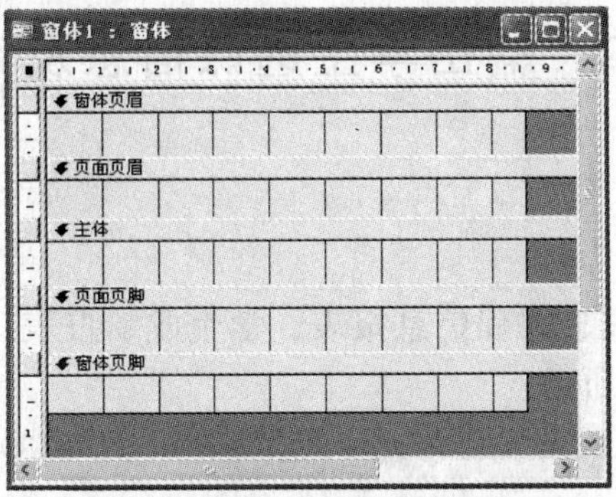

图 3-17 窗体各组成部分

表 3-3 窗体各组成部分说明

名 称	功能作用
窗体页眉	在运行或打印窗体时，窗体页眉出现在第一页的顶部。在窗体页眉的内容中，通常写窗体的标题、窗体的使用说明等
页面页眉	打印窗体时，页面页眉出现在每一页的顶部，运行窗体时，页面页眉不出现。在页面页眉的内容中，通常是标题或列标题等信息
主体	窗体中显示数据和操作数据的部分
页面页脚	页面页脚只出现在每张打印页的底部。在页面页脚的内容中，通常写页码、总页数、日期等信息
窗体页脚	在打印或运行时，出现在窗体的最下方。在窗体页脚的内容中，通常写一些提示性信息，如命令按钮或窗体的使用说明等

（2）窗体属性。属性决定窗体和控件的结构、外观以及数据特性。任何对象都有一系列属性，不同对象拥有的属性也不相同。先选取对象，然后再给选取的对象定义属性。

①“格式”属性卡，定义控件的显示格式和外观样式，如前景色、背景色、宽度、高度、上边界、左边界等。

②“数据”属性卡，定义控件的数据来源和操作数据的规则，如控件来源、输入掩码、有效性规则、默认值等。

③“事件”属性卡，显示当前控件所能识别的动作，如单击、双击等。

④“其他”属性卡，定义控件的附加属性，如“名称”：控件的名称是一个字符串；窗体中每一个控件都有名称；名称是唯一的。

窗体的常用属性有标题、记录选择器、导航按钮、分隔线、图片、记录源等，详细属性如图 3-18 所示。

图 3-18 窗体属性

任务 3.2　输出学生选课信息及系统集成

任务描述

（1）创建学生信息报表、课程信息报表、学生成绩报表三个报表，具体设计效果如图 3-19、图 3-20、图 3-21 所示。

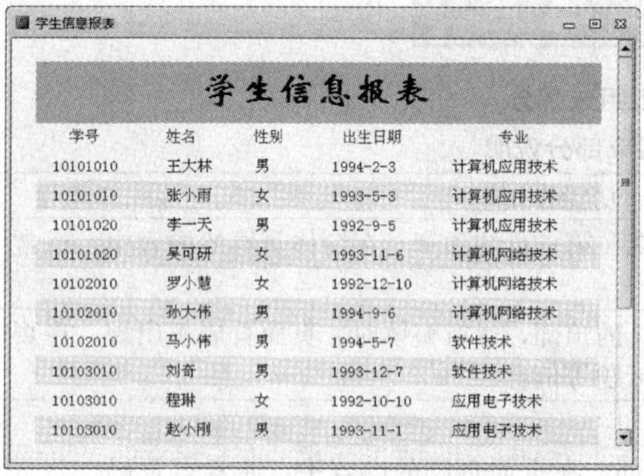

图 3-19　学生信息报表

图 3-20　课程信息报表

（2）利用导航窗体，设计完成如图 3-22 所示的“学生选课系统”导航窗体，实现学生选课系统的集成。

图 3-21　学生成绩报表

图 3-22　学生选课系统

任务准备

（1）报表：报表是显示打印格式数据的一种非常有效的方法。报表中的大部分内容是从表查询中获得的，表和查询都可以是报表的数据来源。创建和设计报表对象与创建和设计窗体对象有许多共同之处，两者之间的所有控件几乎都是可以共用的。它们之间的不同之处在于，报表不能用来输入数据，而在窗体中可以输入数据。

（2）报表创建主要步骤：

- 通过报表向导创建所需报表；
- 进入报表设计视图；
- 在设计视图中，应用控件美观报表；
- 报表打印设置；
- 保存报表。

（3）导航窗体：和窗体类似，但是只包含一个导航控件的窗体，可以轻松地切换不同的窗体和报表的数据到导航窗体界面上，实现系统集成。

（4）导航窗体创建主要步骤：

- 在窗体面板中选择创建导航窗体；
- 选择导航窗体的布局；
- 设计导航窗体，拖动相应的窗体、报表等到导航窗体上；
- 保存导航窗体。

任务实施

1. 创建学生成绩报表

如果对格式要求不高，只需要看到报表中的数据，则可以利用“报表”按钮快速创建一个简单的报表。下面介绍使用报表向导创建报表的步骤。

（1）进入报表向导。单击“报表”对象中的“报表向导”，进入“报表向导”对话框，如图 3-23 所示。

（2）确定报表使用字段。在“表/查询”组合框中选中“表：学生信息”，将“可用字段”列表框中的“学号”和“姓名”字段都添加到右边的列表框中；在“表/查询”组合框中选择“表：课程信息”，将“课程号”、“课程名”和“开课学期”字段都添加到右边的列表框中；最后在“表/查询”组合框中选择“表：选课信息”，将“成绩”字段添加到右边的列表框中。

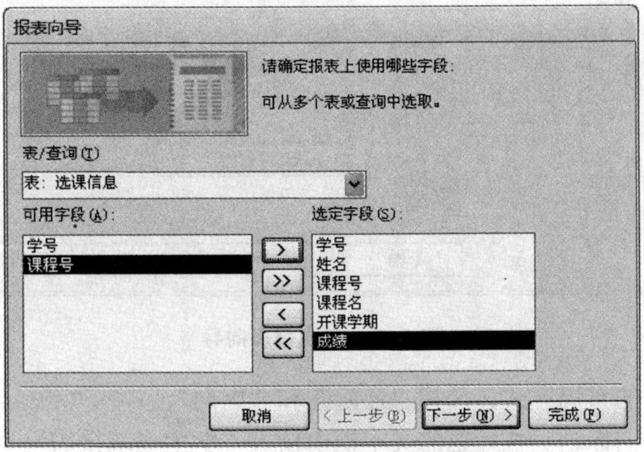

图 3-23 “报表向导”对话框

（3）确定数据查看方式。在弹出的窗体中，确定查看数据的方式，选择“通过 选课信息”，如图 3-24 所示。

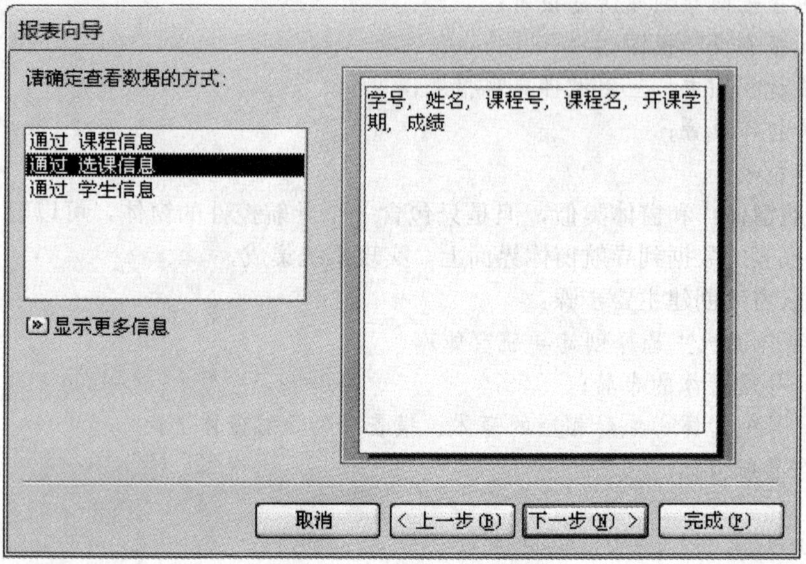

图 3-24 选择查看数据的方式

（4）确定是否为报表添加分组级别，并选择姓名作为分组级别。

（5）确定字段排序、汇总选项。在如图 3-25 所示界面中，选择以“学号”升序排序。在“汇总选项”中，选择学生成绩的平均值。

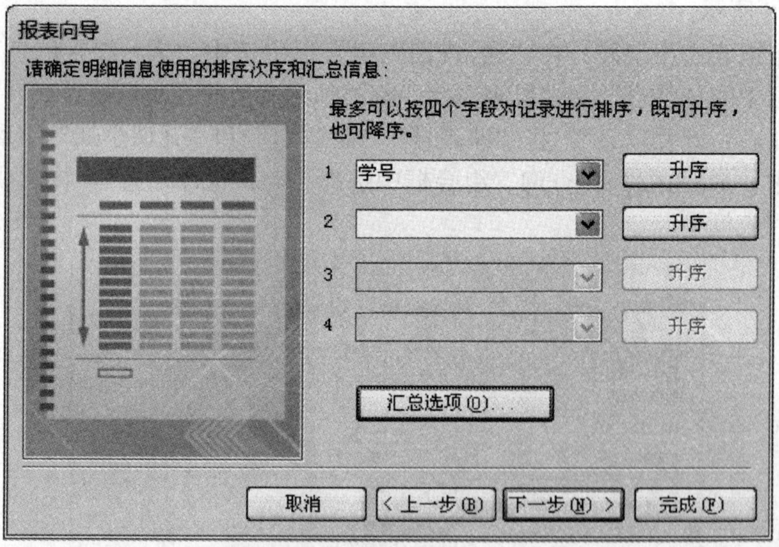

图 3-25 完成报表向导

（6）确定报表的布局方式，选择“递阶”和“纵向”。

（7）确定报表的标题。在标题的文本框中输入“学生成绩报表”。单击“完成”按钮完成报表的初步设计，如图 3-26 所示。

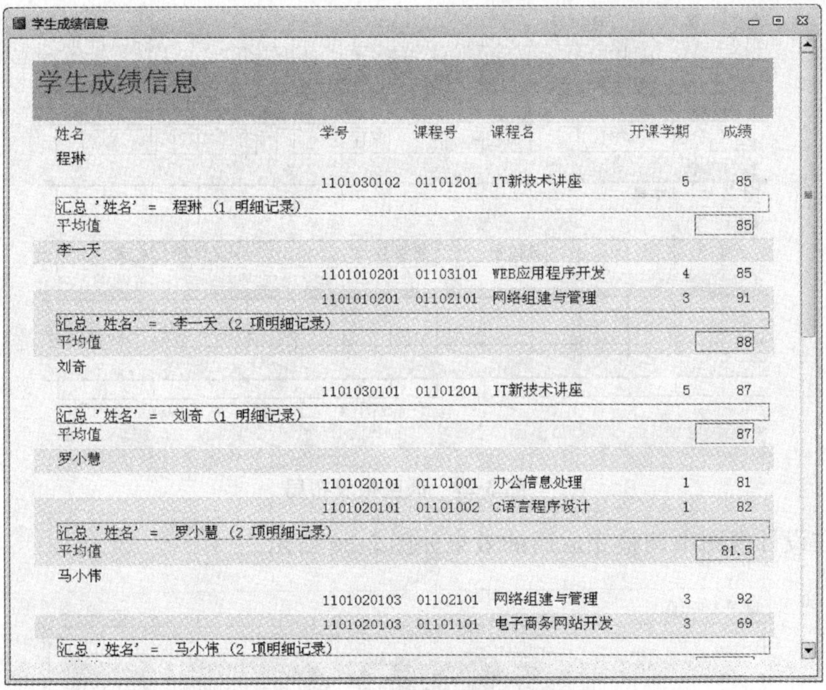

图 3-26 完成报表初步设计

2. 修改学生成绩报表

在学生成绩报表的任意位置右击，选择设计视图。在设计视图中，调整报表上各个控件的位置及尺寸，操作的方法和窗体操作类似。

（1）在创建报表的过程中，选择的是按照学号排序，但是实际的效果是按照姓名排序，这时，可选择“排序与分组”工具，如图 3-27 所示，对学号和姓名的优先级进行调整，增加课程号排序。

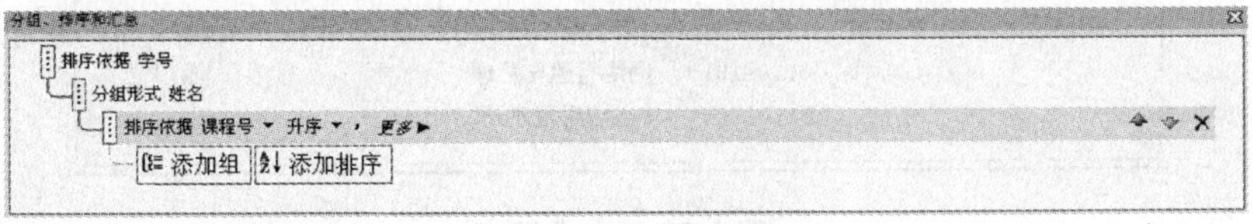

图 3-27 分组和排序

（2）在设计视图中对报表页眉进行修改调整，如图 3-28 所示。

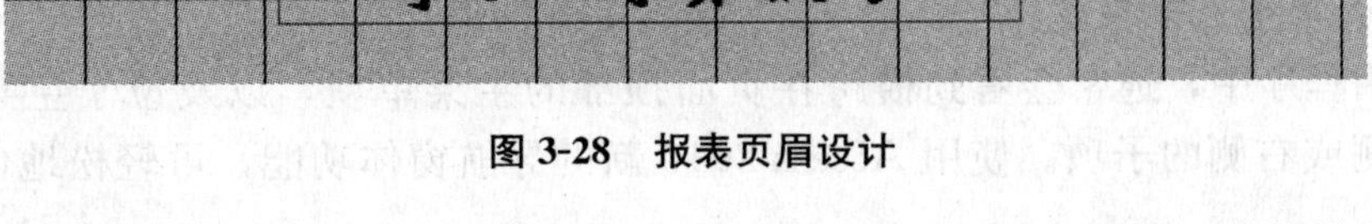

图 3-28 报表页眉设计

（3）将“主体”中“学号”字段移动到组页眉“姓名页眉”处，即按姓名进行分组后的学号都会放在一起，对姓名页脚也进行适当调整，如图 3-29 所示。

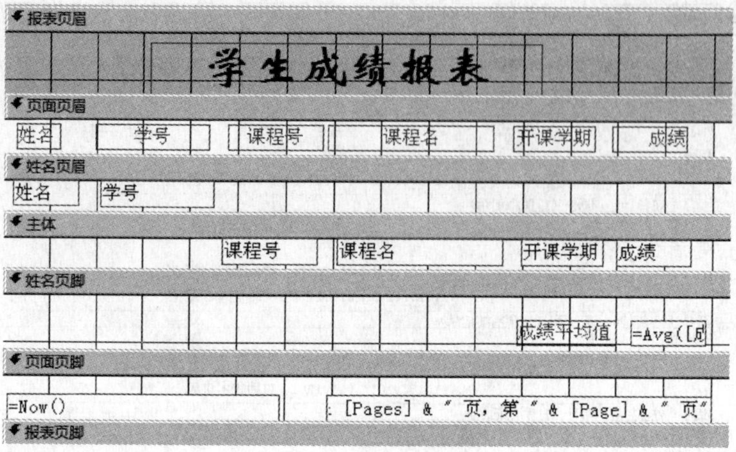

图 3-29　调整报表布局

（4）在设计视图中调整完成后的效果如图 3-30 所示。

图 3-30　完成报表

（5）切换到打印预览，如图 3-31 所示，选择“页面设置”，在“页面设置”对话框中设置选项：“打印选项”选项卡中可以设置页边距，并确认是否打印数据；“页”选项卡用来设置打印方向、页面大小和打印机型号；“列”选项卡用于设置报表的列数、列宽和列高，如果列数大于 1 列，还要设置列的布局。

3. 集成学生选课系统

在应用程序中，通常会看到横跨在页面顶部的主菜单项，以及位于主菜单下方或者页面左侧或右侧的子项。使用 Access 2010 新的导航窗体功能，可轻松地创建标准用户界面。

（1）选择导航窗体布局。在“创建”选项卡中，选择“导航”选项，将显示 6 种不同的布局，在此，选择“水平标签和垂直标签，左侧”，单击标题“导航窗体”，然后将其更改为“学生选课系统”，如图 3-32 所示。

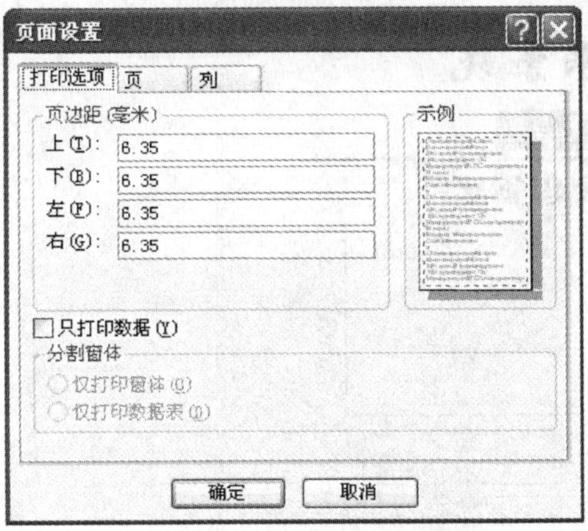

图 3-31 “页面设置”对话框

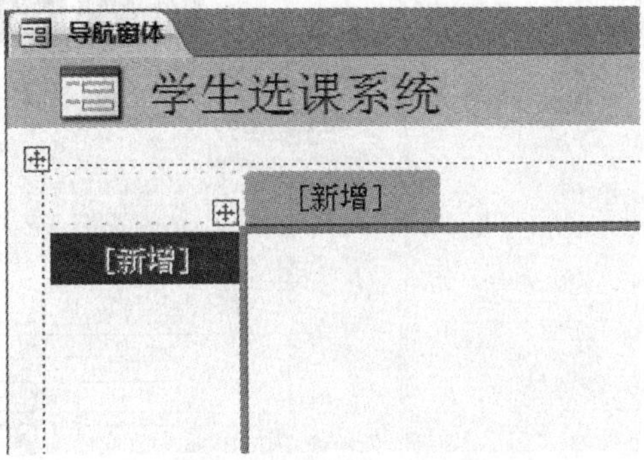

图 3-32 选择导航窗体布局

（2）增加顶层选项卡。单击导航窗体顶部的“新增”按钮，然后将文本更改为“学生信息”，这时，系统自动添加了一个新选项卡；重复这个过程，完成“课程信息”和“学生选课”选项卡，如图 3-33 所示。选项卡的格式可以利用窗体设计工具中的格式来修改。

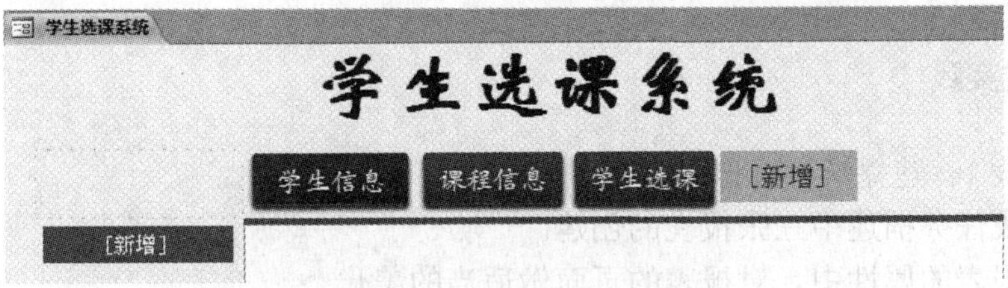

图 3-33 完成顶部选项卡

（3）创建左侧选项卡。利用顶层选项卡，可以在窗体的左侧轻松添加用户单击左侧选项卡时显示的窗体和报表。单击“学生信息”顶层选项卡，从导航窗格中，将“学生信息管理”窗体拖动到窗体左侧的“新增”选项卡上，这将在导航按钮和现有窗体之间创建一个新连接；重复此过程，将学生信息报表添加到左侧的选项卡上，如图 3-34 所示。

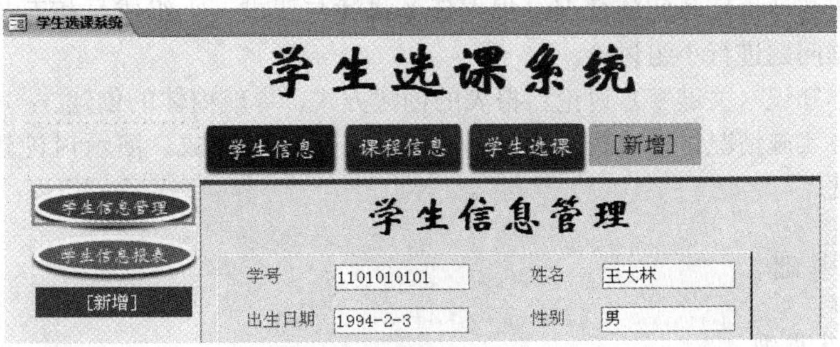

图 3-34 左侧选项卡的创建

(4) 完成导航窗体。对课程信息和学生选课，重复步骤（3），把相应的窗体和报表添加到左侧的选项卡中即可完成集成，最终导航窗体如图 3-35 所示。

图 3-35　学生选课系统

4. 问题分析

(1) 报表的主体的背景颜色如何修改？

(2) 导航窗体的按钮样式如何改变？

课堂实践

课堂实践 1：建立学生选课系统报表

(1) 完成任务描述中三张报表的创建。

(2) 在报表的属性中，对报表的页面做适当的美化。

课堂实践 2：完成学生选课系统集成

(1) 完成任务描述中学生选课系统的创建。

(2) 在顶层选项卡增加一个“查询”选项，在对应的左侧选项卡中增加查询窗体。

检查与问题讨论

(1) 检查与评价任务实施情况。根据任务描述与要求，小组成员相互检查，提出存在问题，根据问题进行小组讨论。

(2) 基本知识（关键字）讨论：报表的创建方式、导航窗体的创建。

(3) 任务实施情况讨论：报表中控件的应用，系统的集成，演示讨论建立报表、系统集成等方法。

技术基础

1. 报表及类型

(1) 报表的作用。报表是将表或查询的数据按照设计的方式显示、打印出来的信息表示形式，用户可以控制报表上每个对象的大小和外观，能按照所需的方式显示信息以方便查看。报表的主要作用是比较和汇总数据，其中的数据来自表、查询或 SQL 语句，有些信息存储在报表的设计中。

（2）报表的类型。在 Access 中，常用的报表包括文字报表、图表报表和标签报表三大类。

① 文字报表：文字报表的主要形式是常用的纵栏式和表格式。纵栏式报表以纵列方式显示同一记录的多个字段（与窗体类似），可以包括汇总数据和图形，在纵栏式报表中可以用多字段显示一条记录，也可以同时显示多条记录。表格式报表以表格形式打印输出数据，可以对数据进行分组汇总，是报表中较常用的类型。

② 图表报表：图表报表的优点是可以直观地描述数据，Access 系统提供了图表报表的创建向导。

③ 标签报表：标签可以在一页中建立多个大小、样式一致的卡片，大多用于表示产品价格、个人地址、邮件等简短信息，Access 将其归入报表对象中，并提供了创建向导。

（3）报表的视图。在 Access 中，报表有三种视图：设计视图、布局视图和打印预览。

① 设计视图：在“设计视图”中，可以自行设计报表，也可以修改报表的布局。

② 布局视图：在“布局视图”中，能够提供比设计视图更直观的视图，每个控件显示的都是真实的数据，并且可以对报表进行修改。

③ 打印预览：在“打印预览”中，可以看到报表的打印预览。使用“打印预览”工具栏按钮可以以不同的缩放比例对报表进行预览。

2. 报表创建方法

Access 中，创建报表的方法和创建窗体类似，有利用向导创建报表、在设计视图中创建报表和自动创建报表。一般情况下，都先用“自动创建报表”和“报表向导”创建报表，然后切换到设计视图，再对由向导生成的报表进行修改。

（1）用向导创建报表。在数据量较多，布局要求较高的情况下，使用“报表向导”可以非常简单地创建常用的报表，从而节省了在设计视图中许多重复枯燥的手工设定工作。

（2）用“报表”创建报表。自动创建报表可以选择数据来源和纵栏式版面或表格式版面，可以使用来自于数据来源中的所有字段，并自动应用用户最近使用报表的自动格式。这是构造报表最方便、快捷的方法。

（3）在设计视图中设计报表。利用自动创建报表和报表向导建立的报表，在布局上会有一些缺陷，需要加以修改。这时，可将报表切换到“设计视图”中，进行修改或自行设计。

3. 导航窗体的布局

通过导航窗体的布局，可以明确系统集成的样式。在“创建”选项卡中，选择“导航”选项，将显示 6 种不同的布局，在创建导航窗体时可从这些布局中进行选择，如图 3-36 所示，可选择将导航选项卡在窗体顶部排列成一行，或者排列在窗体的左侧或右侧。对于多层选项卡，可以将其放置在窗体顶部的两行中，或者先将这些选项卡在顶部横向排列，然后再在窗体的左侧或右侧向下排列。

4. 导航窗体的样式

完成导航窗体的创建后，使用了导航窗体的默认样式。实际上，可以控制每个按钮的外观，并且可以同时对所有按钮应用样式。切换到“布局”视图，然后，单击顶部的选项卡。单击左侧的顶层选项卡，然后可以在按住 Ctrl 键的同时单击其余选项卡。在功能区中，选择“格式”选项卡，然后单击“快速样式”，如图 3-37 所示，选择其中合适的样式来配置所有选定按钮的样式。

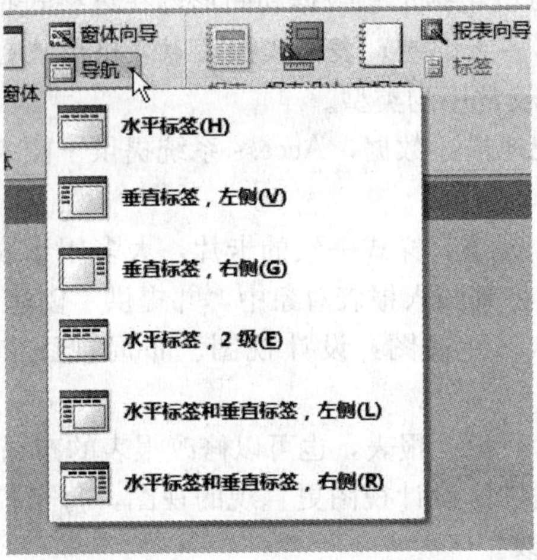

图 3-36 导航窗体的布局

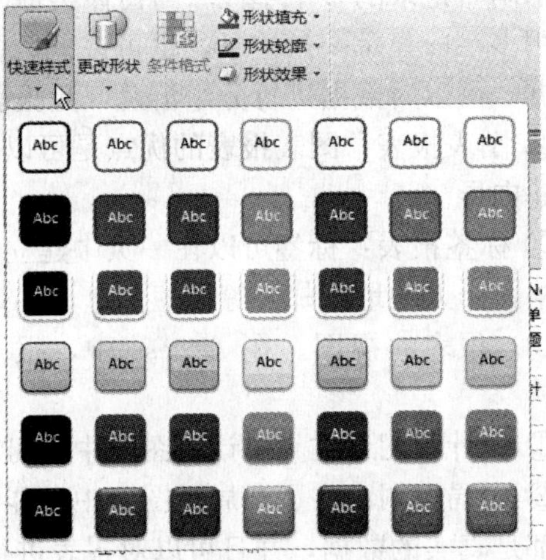

图 3-37 选项卡按钮的样式

除了配置选项卡按钮的样式外，还可以配置按钮的形状，选择“更改形状”项，如图 3-38 所示。

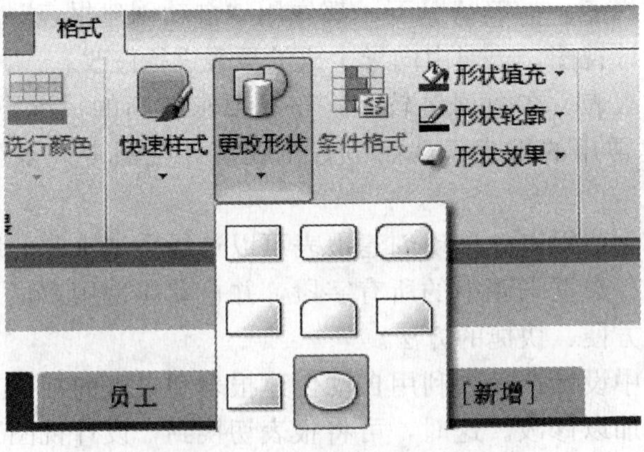

图 3-38 选项卡按钮的形状

实训 3 实现学生信息管理系统

实训目的与要求

(1) 学会建立窗体的基本方法；

（2）学会建立报表的基本方法；
（3）学会利用导航窗体集成系统；
（4）了解设计数据库应用系统的步骤。

实训内容与过程

（1）小组学习讨论大作业 1（学生信息管理系统）的实训任务和要求（附录 A）；
（2）建立学生选课信息情况浏览窗体、课程信息输入窗体等；
（3）建立学生成绩统计报表、学生基本信息报表等；
（4）小组讨论学生信息管理系统的窗体与报表建立的问题；
（5）集成学生信息管理系统；
（6）小组讨论学生信息管理系统集成问题。

项目总结

1. 基本技能

（1）建立学生信息编辑窗体、课程信息编辑窗体、学生成绩处理窗体、学生选课信息浏览窗体 4 个窗体；
（2）建立学生信息报表、课程信息报表、学生成绩报表 3 个报表；
（3）利用导航窗体，集成学生选课系统。

2. 基本知识

窗体与窗体控件、报表、导航窗体。

3. 相关技术知识

窗体的创建方法、窗体应用控件、窗体组成及属性，报表的作用、类型、视图以及报表的创建方法，导航窗体的布局和导航窗体的选项。

思考练习 3

一、选择题

1. 不属于 Access 窗体的视图是（　　）。

A. 设计视图　　B. 窗体视图　　C. 版面试图　　D. 数据表视图。

2. 窗口事件是指操作窗口时所引发的事件，下列不属于窗口事件的是（　　）。

A. 加载　　B. 打开　　C. 关闭　　D. 确定

3. 在窗体中，用来输入或编辑字段数据的交互控件是（　　）。

A. 文本框控件　　B. 标签控件　　C. 复选框控件　　D. 列表框控件

4. 窗体中可以包含一列或几列数据，用户只能从列表中选择值，而不能输入新值的控件是（　　）。

A. 列表框　　B. 组合框　　C. 列表框和组合框　D. 以上两者都不可以

5. 新建一个窗体，默认的标题为“窗体 1”，为把窗体标题改为“输入数据”，应设置窗体的（　　）。

A. 名称属性　　B. 菜单栏属性　　C. 标题属性　　D. 工具栏属性

6. 下面关于报表对数据的处理中叙述正确的是（　）。

A. 报表只能输入数据　　B. 报表只能输出数据

C. 报表可以输入和输出数据　　D. 报表不能输入和输出数据

7. 为了在报表的每一页底部显示页码号，那么应该设置（　）。

A. 报表页眉　　B. 页面页眉　　C. 页面页脚　　D. 报表页脚

8. 使用（　）创建报表时会提示用户输入相关的数据源、字段、报表版面格式等信息。

A. 自动报表　　B. 报表向导　　C. 图标向导　　D. 标签向导

9. 关于报表功能的叙述正确的是（　）。

A. 可以对数据库中的数据进行输入、分组、汇总和打印输出

B. 可以对数据库中的数据进行输入、计算、汇总和打印输出

C. 可以对数据库中的数据进行输入、分组、计算和打印输出

D. 可以对数据库中的数据进行分组、计算、汇总和打印输出

10. Access 的报表操作提供了3种视图，下面不属于报表操作视图的是（　）。

A. 设计视图　　B. 打印预览　　C. 页面视图　　D. 布局视图

二、填空题

1. 窗体中的数据主要来源于（　）和（　）。

2. 创建窗体可以使用（　）和（　）两种方式。

3. 报表的主要作用是（　）和（　）数据。

4. 报表的三种视图分别是（　）、（　）和（　）。

5. 报表记录分组操作时，首先要选定（　）字段，在这些字段上值（　）的记录数据会归为同一组。

三、简答题

1. 窗体有3种视图，其中哪一种可对窗体进行结构修改？哪一种可对数据记录进行浏览？如何切换？

2. Access 报表分哪几类？它们各有什么特点？

3. 报表由哪几部分组成？每部分的作用是什么？

4. 什么是控件？有哪些种类的控件？

操作篇

caozuopian

Microsoft SQL Server 是基于客户-服务器模式的大型数据库管理系统（DBMS），它在电子商务、数据仓库、数据库解决方案等应用中起着重要的核心作用，可为企业的数据管理提供强大的支持，对数据库中的数据提供有效的管理，并采用有效的措施实现数据的完整性及安全性。

教学目标

- 学会使用 SQL Server 2008 建立和维护数据库的基本方法；
- 通过课外大作业，学会使用 SQL Server 2008 建立小型数据库；
- 了解 SQL Server 2008 数据库体系结构。

教学任务

- 建立图书借阅数据库；
- 建立图书借阅数据表；
- 设置图书借阅数据库完整性；
- 更新图书借阅数据库数据；
- 简单查询图书借阅数据库；
- 统计查询图书借阅数据库；
- 连接查询图书借阅数据库；
- 子查询图书借阅数据库；
- 操作查询图书借阅数据库；
- 图书借阅数据库视图与索引；
- 图书借阅数据库编程；
- 图书借阅数据库存储与触发；
- 图书借阅数据库的安全管理；
- 图书借阅数据库的备份、恢复与转换。

教学平台

- 技术平台：SQL Server 2008。

教学项目（课堂教学使用）：图书借阅数据库。

教学项目（课外练习使用）：图书管理数据库。

教学模块：建立图书借阅数据库、查询图书借阅数据库、图书借阅数据库的编程、维护图书借阅数据库。

项目 4　建立图书借阅数据库

教学目标

- 学会使用 SQL Server 创建数据库的基本方法；
- 学会使用 SQL Server 创建数据表的基本方法；
- 学会设置数据库完整性的基本方法；
- 学会使用 T _ SQL 语句进行数据的增加、删除、修改；
- 知道 SQL Server 2008 的体系结构。

教学任务

【任务 4.1】 建立图书借阅数据库

【任务 4.2】 建立图书借阅数据表

【任务 4.3】 设置图书借阅数据库完整性

【任务 4.4】 更新图书借阅数据库数据

在安装完 DBMS 软件、配置好环境后，对数据库应用开发人员来说，就是如何利用这个环境表达用户的要求，构造最优的数据模型，然后建立数据库及其应用系统。本项目主要介绍 SQL Server 2008 数据库建立与数据的基本操作。在操作篇中要使用的图书借阅数据库中的表结构及内容如表 4-1～表 4-6 所示。

表 4-1　图书表（tb_ BookInfo）的结构

字段名	数据类型	长度	允许 NULL 值	说　明
BookId	nchar	6	否	图书编号、主键
BookName	nvarchar	50	否	书名
Author	nvarchar	50	否	作者
Price	money	8	否	单价
Publisher	nvarchar	30	否	出版社
PublishDate	date	3	否	出版日期
Total	int	4	否	数量、CHECK 约束

注：CHECK 约束：Total 值不得超过 10。

表 4-2 读者表（tb _ Reader）的结构

字段名	数据类型	长度	允许 NULL 值	说 明
ReaderId	nchar	6	否	读者编号、主键、CHECK 约束
ReaderName	nchar	10	否	姓名
Sex	nchar	2	否	性别、CHECK 约束、默认值
Major	nvarchar	30	否	专业
Department	nvarchar	30	否	院系

注：默认约束："性别"默认为"男"。

CHECK 约束：ReaderId like '[0-9][0-9][0-9][0-9][0-9][0-9]'；

Sex ='男' OR Sex='女'

表 4-3 借阅表（tb _ Record）的结构

字段名	数据类型	长度	允许 NULL 值	说 明
ReaderId	nchar	6	否	读者编号、主键
BookId	nchar	6	否	图书编号、主键
BorrowDate	date	3	否	借阅日期、默认，getdate（）
ReturnDate	date	3	是	还书日期
Notes	nvarchar	50	是	备注

表 4-4 图书表（tb _ BookInfo）的内容

BookId	BookName	Author	Price	Publisher	PublishDate	Total
H00001	英语演讲	陶 曦	25.00	北京大学出版社	2011-6-24	8
H00002	英语名篇诵读与赏析	王 炤	25.00	北京大学出版社	2011-6-24	5
TH0001	机械创新设计	张春林	24.00	机械工业出版社	2011-8-4	8
TH0002	机械设计基础	李 威	31.00	机械工业出版社	2011-8-4	8
TP0001	数据库技术及应用	尹为民	35.00	清华大学出版社	2011-7-1	5
TP0002	软件工程原理与应用	曾强聪	29.60	清华大学出版社	2011-7-1	5
TP0003	数据库原理与应用	宋金玉	29.50	清华大学出版社	2011-6-1	5
TP0004	网页设计基础与实训	吴代文	29.50	清华大学出版社	2011-6-1	7

表 4-5 读者表（tb _ Reader）的内容

ReaderId	ReaderName	Sex	Major	Department
200001	王大林	男	计算机应用技术	计算机系
200002	张小雨	女	计算机应用技术	计算机系
200003	李一天	男	计算机应用技术	计算机系
200004	吴可研	女	计算机网络技术	计算机系
200005	罗小慧	女	计算机网络技术	计算机系
200006	孙大伟	男	计算机网络技术	计算机系
200007	马小伟	男	软件技术	计算机系
200008	刘 奇	男	软件技术	计算机系
200009	程 琳	女	应用电子技术	电子系
200010	赵小刚	男	应用电子技术	电子系

表 4-6 借阅表（tb _ Record）的内容

ReaderId	BookId	BorrowDate	ReturnDate	Notes
200001	H00001	2012-03-23	2012-05-07	NULL
200001	TP0001	2012-03-23	2012-05-07	NULL
200001	TP0003	2012-04-02	2012-05-07	NULL
200002	H00001	2012-04-10	2012-05-20	NULL
200002	TP0002	2012-04-15	2012-05-20	NULL
200004	TP0001	2012-04-15	2012-04-28	NULL
200005	TP0004	2012-04-25	2012-05-26	NULL
200006	H00002	2012-04-26	2012-05-20	NULL
200006	TH0001	2012-04-27	2012-05-20	NULL
200008	H00001	2012-03-17	NULL	NULL
200008	TH0001	2012-03-28	NULL	NULL
200010	TH0001	2012-05-11	NULL	NULL

任务 4.1 建立图书借阅数据库

任务描述

（1）建立图书借阅数据库。数据库名称为 db _ Book，其中数据库文件和事务日志文件的要求如下。

数据库文件：①逻辑名为 db _ Book；②物理文件名为 db _ Book. mdf；③初始大小为 5MB；④增长为 1MB。

事务日志文件：①逻辑名为 db _ Book _ log；②物理文件名为 db _ Book _ log. ldf；③初始大小为 1MB；④增长为 15%。

（2）修改图书借阅数据库。将 db _ Book 数据库的数据库文件初始大小改为 4MB，事务日志文件的增长改为 10%。

（3）分离和附加图书借阅数据库。将 db _ Book 数据库进行分离，然后进行复制，再进行附加。

任务准备

（1）数据库文件：SQL Server 数据库具有三种类型的文件，分别为主数据文件、次数据文件和事务日志文件。每个数据库至少包含两个相关联的存储文件：主数据文件和事务日志文件。主数据文件主要存储数据库的启动信息，并指向其他数据文件，另外，用户数据和对象也可以存储在此文件中。一个数据库只能有一个主数据文件，默认扩展名为 . mdf。次数据文件（辅助数据文件）主要存储用户数据，可根据需要建立一个或多个，它可以将数据分散到不同磁盘中，次数据文件的默认扩展名为 . ndf。事务日志文件主要用于恢复数据库日志信息。每个数据库至少应该有一个事务日志文件，当然也可以有多个，默认扩展名为 . ldf。

（2）SSMS：SSMS（SQL Server Management Studio）是为 SQL Server 特别设计的

管理集成环境，用于访问、配置、管理和开发 SQL Server 的所有组件。SSMS 组合了大量图形工具和丰富的脚本编辑器，使各种技术水平的开发人员和管理员都能访问 SQL Server。在 SSMS 中主要有两个工具：图形化的管理工具（对象资源管理器）和 T _ SQL 编辑器（查询分析器）。对象资源管理器显示数据库对象的树视图（数据库、安全性、服务器对象、复制和管理）。此外，还有“解决方案资源管理器”、“模板资源管理器”、“注册服务器”、“属性”等窗口。

（3）T _ SQL：T _ SQL（Transact Structured Query Language）是 ANSI（美国国家标准协会）和 ISO（国际标准化组织）SQL（结构化查询语言）标准的 Microsoft SQL Server 实现并扩展。T _ SQL 是 SQL 的增强版，它具有 4 个特点：①一体化；②有两种使用方式，即交互式使用方式和嵌入高级语言的使用方式；③非过程化语言；④人性化。T _ SQL 语言主要由数据定义语言（DDL）、数据操纵语言（DML）及数据控制语言（DCL）等语言组成。

DDL：主要包含 CREATE DATABASE（建库）、CREATE TABLE（建表）、ALTER TABLE（修改表）、DROP TABLE（删除表）等语句。

DML：主要包含 SELECT（检索）、INSERT（插入）、UPDATE（修改）、DELETE（删除）等语句。

DCL：主要包含 GRANT（授权）、REMOVE（撤权）等语句。

（4）分离附加数据库：分离数据库是指将数据库从 SQL Server 实例中删除，但是对于该数据库文件和事务日志文件保持不变。分离后就可以将该数据库附加到任何 SQL Server 实例中，包括分离该数据库的服务器。而附加数据库是指将分离的数据库重新定位到相同的服务器或不同的服务器的数据库中。在 SQL Server 中可以附加复制的或分离的 SQL Server 数据库，数据库包含的所有文件随数据库一起附加。通常，附加数据库时会将数据库重置为它分离或复制时的状态。

任务实施

1. 使用图形化界面建立图书借阅数据库

要求：数据库逻辑名为 db _ Book，物理文件名为 db _ Book.mdf，初始大小为 5MB，增长为 1MB；事务日志逻辑名为 db _ Book _ log，物理文件名为 db _ Book _ log.ldf，初始大小为 1MB，增长为 15%。

（1）进入 SSMS 图形化界面。单击“开始”→“程序”→“Microsoft SQL Server 2008”→“SQL Server Management Studio”命令，打开“连接到服务器”窗口，如图 4-1 所示。填写或选择服务器名称后，单击“连接”按钮，建立与数据库引擎（服务器）的连接，并进入 SSMS 管理集成环境，如图 4-2 所示。

提示：服务器名称和用户名称是 Windows 系统安装的，与 SQL Server 2008 系统安装参数设置有关。

根据计算机的不同，用户可以在“服务器名称”下拉列表框中，选择“浏览更多……”，在弹出的“查找服务器”窗口的“本地服务器”选项卡中根据需求选择“数据库引擎”中的不同选项。一般选择与计算机名对应的服务器，如计算机名为“DBTA”，则选择名为“DBTA”的数据库引擎。

（2）进入新建数据库界面。在 SSMS 的“对象资源管理器”窗口中，右击“数据库”，选择“新建数据库”命令，打开“新建数据库”窗口，如图 4-3 所示。

图 4-1 连接到服务器

图 4-2 SSMS 管理集成环境

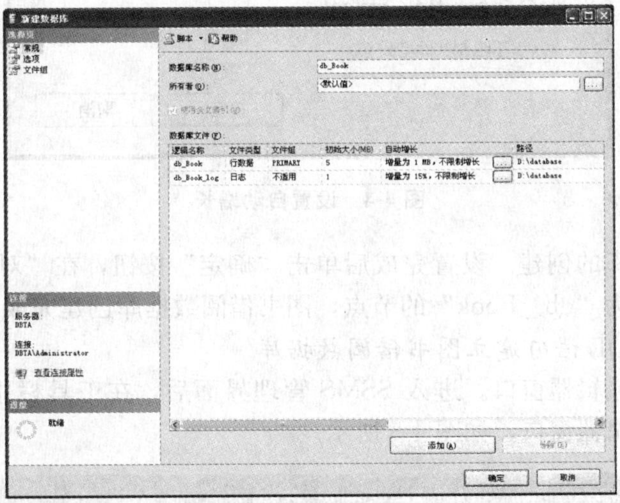

图 4-3 新建数据库

（3）设置数据库的属性。在“新建数据库”窗体中进行如下操作：①输入新建的数据库名称 db _ Book；②设置行数据文件初始大小为 5MB；③设置事务日志文件增量为 15%；④文件存储路径为 D：\ database。

说明：

① 逻辑名称：为了在逻辑结构中引用物理文件，SQL Server 给这些物理文件起了逻辑名称。数据库创建后，T _ SQL 语句是通过引用逻辑名称来实现对数据库的操作的。其默认值与数据库名相同，也可以更改，但每个逻辑名称是唯一的，与物理文件名称相对应。

② 物理文件名称：是数据库文件的名称，包括数据文件的具体存放位置，文件夹应该事先建好。数据库文件的存放路径可以修改。

③ 文件类型：用于标识数据库文件的类型，表明该文件是数据文件还是日志文件。

④ 文件组：表示数据文件隶属于哪个文件组，创建后不能更改。文件组仅适用于数

据文件，而不适用于日志文件。

⑤ 初始大小：表示对应数据库文件所占磁盘空间的大小，单位为 MB，默认为 3MB。在创建数据库时应适当设置该值，如果初始大小过大，则浪费磁盘空间，过小则需要自动增长，这样会导致数据文件所占的磁盘空间不连续从而降低访问效率。

⑥ 自动增长：当数据总量超过初始大小时，需要数据文件的大小能够自动增长。设置方式如图 4-4 所示，同时也可以设置数据文件的最大值。

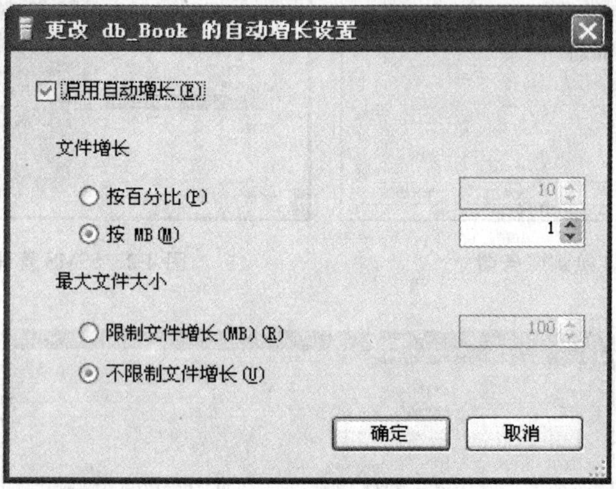

图 4-4 设置自动增长

(4) 完成数据库的创建。设置完成后单击“确定”按钮，在“对象资源管理器”窗口中将产生一个名为“db _ Book”的节点，图书借阅数据库创建完成。

2. 使用 T _ SQL 语句建立图书借阅数据库

(1) 打开查询编辑器窗口。进入 SSMS 管理界面后，在工具栏中单击“新建查询”按钮，打开查询编辑器窗口，如图 4-5 所示。

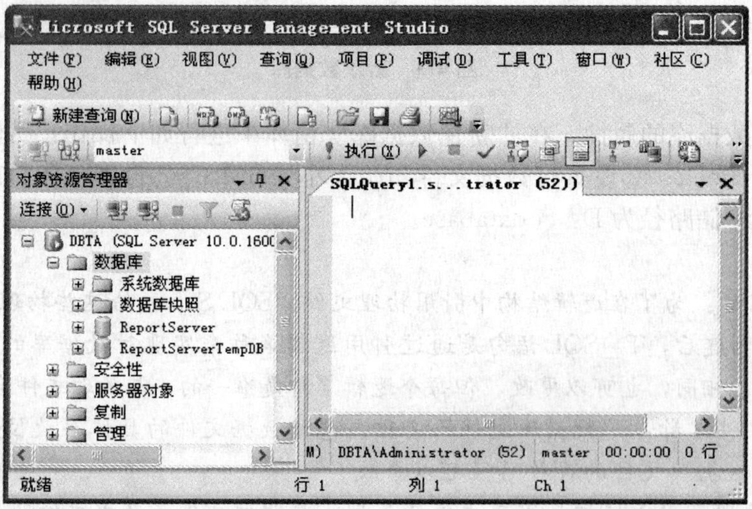

图 4-5 新建查询

（2）编写 SQL 命令。在查询编辑器窗口输入建立图书借阅数据库 db _ Book 的命令，代码如下：

```
CREATE DATABASE db_Book
ON
(NAME = 'db_Book',
FILENAME = 'd:\database\db_Book. mdf',
SIZE = 5MB,
FILEGROWTH = 1MB)
LOG ON
(NAME = 'db_Book_log',
FILENAME = 'd:\database\db_Book_log. ldf',
SIZE = 1MB,
FILEGROWTH = 15 % )
```

其中：

ON 子句定义主数据文件的逻辑名称、物理名称、初始大小及自动增长量。

LOG ON 子句定义事务日志文件的逻辑名称、物理名称、初始大小及自动增长量。

（3）执行 SQL 命令。输入、检查命令后，执行命令即可完成数据库的创建，如图 4-6所示。右击“数据库”选择“刷新”命令，即可看到 db _ Book 数据库节点，说明 db _ Book 数据库已建立。

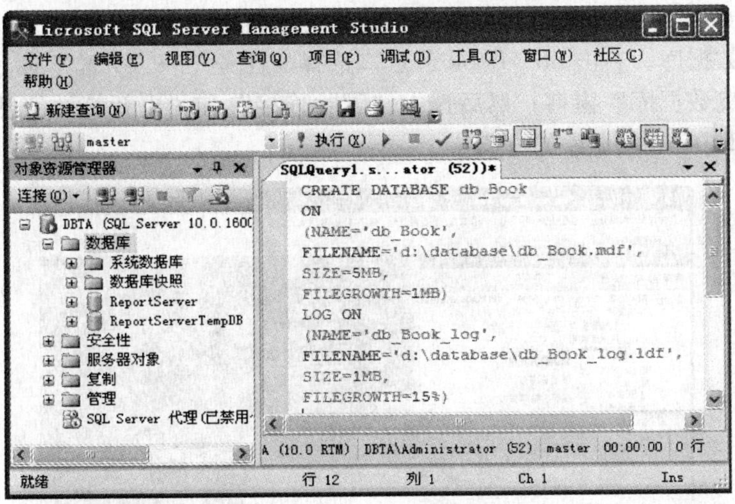

图 4-6 建立数据库

（4）相关问题验证与分析。

问题 1：建立数据库的方法有哪些？

问题 2：数据库文件主要有哪些？文件的逻辑名和物理名有何区别？

3. 修改图书借阅数据库属性

要求：将 db _ Book 数据库的数据库文件初始大小改为 4MB，事务日志文件的增长改为 10%。

在SSMS管理界面中，展开“数据库”，右击“db_Book”选择“属性”命令，进入“数据库属性- db_Book”窗口。按任务要求，将数据库文件初始大小改为4MB，事务日志文件的增长改为10%，如图4-7所示，单击“确定”按钮，修改完成。

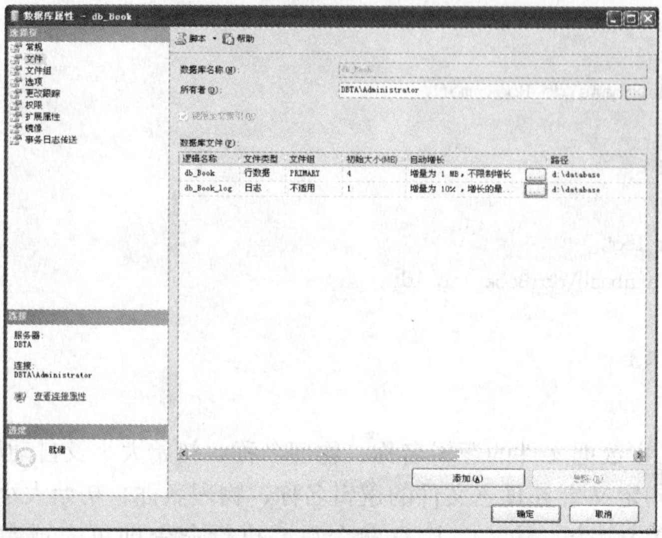

图 4-7　修改数据库属性

4. 分离附加图书借阅数据库

要求：将db_Book数据库进行分离，然后再进行附加。

(1) 分离数据库。右击db_Book节点，选择“任务”→“分离”命令，如图4-8所示，进入“分离数据库”窗口；然后选中“删除连接”和“更新统计信息”选项，单击“确定”按钮即可完成数据库的分离。

图 4-8　分离数据库的操作命令

（2）附加数据库。右击“数据库”，选择“附加”命令，如图 4-9 所示，进入“附加数据库”窗口。然后单击“添加”按钮，选择 db _ Book 所在的目录，如图 4-10 所示，单击“确定”按钮即可完成数据库的附加。

图 4-9　附加数据库的操作命令

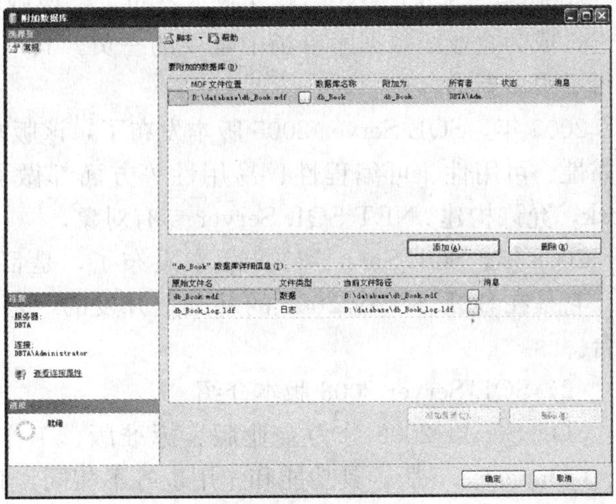

图 4-10　附加数据库

（3）相关问题验证与分析。

问题 1：数据库的分离的作用是什么？

问题 2：数据库的附加的作用是什么？

课堂实践

（1）按照任务实施过程的要求完成各子任务并检查执行结果。

（2）管理图书借阅数据库，使用 T _ SQL 语句修改图书借阅数据库中的事务日志文件的增长方式为每次增长 1MB，修改训练后，请改回原样。并对创建的数据库进行分离和附加操作。

检查与问题讨论

（1）检查并相互检查课堂实践的完成情况，提出存在问题，根据问题进行小组讨论。

（2）基本知识（关键字）讨论：SQL Server 数据库文件、SSMS、T _ SQL 语言、数据库的分离与附加。

（3）任务实施情况讨论：SQL Server 数据库建立方法。

技术基础

1. SQL Server 2008 简介

（1）SQL Server 介绍

SQL Server 诞生于 1988 年，首版是由微软公司与 Sybase 共同开发的并运行于 OS/2

上的联合应用程序。从1993年开始，微软公司发布了SQL Server 4.1、SQL Server 6.0、SQL Server 6.5、SQL Server 7.0等版本，功能越来越强、操作越来越简单、应用越来越广泛。

2000年，SQL Server 2000版本发布了，该版本在可扩展性和可靠性上有了很大的改进，成为企业级数据库市场中重要的一员，其卓越的管理工具、开发工具和分析工具赢得了很多新的客户。

2005年，SQL Server 2005版本发布了，该版本扩展了SQL Server 2000的性能，在可靠性、可用性、可编程性、易用性等方面都做了重大的改进。引入了.NET Framework，允许构建.NET SQL Server专有对象。

2008年，SQL Server 2008版本发布了，是目前最强大和最全面的SQL Server版本。它是在SQL Server 2005的基础上开发的，是一个可信任的、高效的、智能的数据平台。

（2）SQL Server 2008版本介绍

SQL Server 2008分为企业版、标准版、工作组版、Web版、开发者版、Express版、Compact 3.5版，其功能和作用也各不相同，其中SQL Server 2008 Express版是免费版本，用户可根据需要进行选择。

SQL Server 2008是一个全面的、集成的、端到端的数据解决方案，它为企业中的用户提供了一个安全、可靠和高效的平台用于企业数据管理和商业智能应用。SQL Server 2008的服务器组件和管理工具如表4-7和表4-8所示。

表4-7 服务器组件

服务器组件	说　明
SQL Server 数据库引擎	SQL Server 数据库引擎包括数据库引擎（用于存储、处理和保护数据的核心服务）、复制、全文搜索以及用于管理关系数据和XML数据的工具
Analysis Services	Analysis Services包括用于创建和管理联机分析处理（OLAP）以及数据挖掘应用程序的工具
Reporting Services	Reporting Services包括用于创建、管理和部署表格报表、矩阵报表、图形报表以及自由格式报表的服务器和客户端组件。Reporting Services还是一个可用于开发报表应用程序的可扩展平台
Integration Services	Integration Services是一组图形工具和可编程对象，用于移动、复制和转换数据

表4-8 管理工具

管理工具	说　明
SQL Server Management Studio	SQL Server Management Studio是一个集成环境，用于访问、配置、管理和开发SQL Server的组件。Management Studio使各种技术水平的开发人员和管理员都能使用SQL Server。Management Studio的安装需要Internet Explorer 6 SP1或更高版本
SQL Server 配置管理器	SQL Server配置管理器为SQL Server服务、服务器协议、客户端协议和客户端别名提供基本配置管理
SQL Server Profiler	SQL Server Profiler提供了一个图形用户界面，用于监视数据库引擎实例或Analysis Services实例

续表

管理工具	说　明
数据库引擎优化顾问	数据库引擎优化顾问可以协助创建索引、索引视图和分区的最佳组合
Business Intelligence Development Studio	Business Intelligence Development Studio 是 Analysis Services、Reporting Services 和 Integration Services 解决方案的 IDE。它的安装需要 Internet Explorer 6 SP1 或更高版本
连接组件	用于客户端和服务器之间通信的组件，以及用于 DB-Library、ODBC 和 OLE DB 的网络库

（3）系统数据库

在 SQL Server 2008 中，系统数据库是 SQL Server 2008 自带的数据库，并且其中保存有 SQL Server 运行和管理其他数据库的重要信息。SQL Server 2008 有 5 个系统数据库，分别是 master、model、msdb、tempdb、resource。其中 resource 数据库不显示在“对象资源管理器”中，因为它在 sys 框架中。表 4-9 列出了所有的系统数据库。

表 4-9　系统数据库

系统数据库	说　明
master	记录 SQL Server 实例的所有系统级信息
msdb	用于 SQL Server 代理计划警报和作业
model	用做 SQL Server 实例上创建的所有数据库的模板。对 model 数据库进行的修改（如数据库大小、排序规则、恢复模式和其他数据库选项）将应用于以后创建的所有数据库
resource	一个只读数据库，包含 SQL Server 包括的系统对象。系统对象在物理上保留在 resource 数据库中，但在逻辑上显示在每个数据库的 sys 架构中
tempdb	一个工作空间，用于保存临时对象或中间结果集

2. 数据库对象与数据库文件组

（1）数据库对象

数据库对象就是存储、管理和使用数据的不同结构形式。SQL Server 2008 的数据库对象主要包括以下几种：

① 数据库关系图：用于建立表间关系。

② 表：用于存储数据。

③ 视图：是查看一个或多个表的一种方式，是一种虚表。

④ 索引：使用索引是加快检索数据的一种方式。

⑤ 存储过程：一组预编译的 T _ SQL 语句，可以完成一定的功能。

⑥ 触发器：一种特殊类型的存储过程，当某个操作影响到其保护的数据时，触发器就会自动触发执行相关操作。

⑦ 约束：强制数据库的完整性。

⑧ 规则：用于限制表中列的取值范围。

⑨ 默认值：自动插入的常量值。

（2）数据库文件组

SQL Server 2008 文件组类似于文件夹，用于管理数据库中的数据文件。每一个数据库中都存在一个主文件组，用 PRIMARY 标识，在创建数据库时，系统分配的默认文件组就是主文件组。同时也可以添加别的文件组用于管理数据库文件。

3. 建立数据库命令格式

CREATE DATABASE 命令用来创建一个新数据库及存储该数据库的文件，其基本语法如下：

```
CREATE DATABASE database_name
  [ ON
     [ PRIMARY ][ 〈filespec〉 [ ,...n ]
     [ , 〈filegroup〉 [ ,...n ] ]
  [ LOG ON { 〈filespec〉 [ ,...n ] } ]
  ]
  [ COLLATE collation_name ]
  [ WITH 〈external_access_option〉 ]
  ]
```

其中：

```
〈filespec〉 :: =
{
(
    NAME = logical_file_name ,
    FILENAME = { 'os_file_name' | 'filestream_path' }
    [ , SIZE = size [ KB | MB | GB | TB ] ]
    [ , MAXSIZE = { max_size [ KB | MB | GB | TB ] | UNLIMITED } ]
    [ , FILEGROWTH = growth_increment [ KB | MB | GB | TB | % ] ]
) [ ,...n ]
}
〈filegroup〉 :: =
{
FILEGROUP filegroup_name [ CONTAINS FILESTREAM ] [ DEFAULT ]
  〈filespec〉 [ ,...n ]
}
〈external_access_option〉 :: =
{
  [ DB_CHAINING { ON | OFF } ]
  [ ,?TRUSTWORTHY { ON | OFF } ]
}
```

语句中的主要参数如下：

database _ name：新数据库的名称。数据库名称在 SQL Server 的实例中必须唯一，并且必须符合标识符规则。

ON：指定显式定义用来存储数据库数据部分的数据文件。〈filespec〉项列表以逗号分隔定义主文件组的数据文件。主文件组的文件列表可后跟以逗号分隔的、用以定义用户文件组及其文件的〈filegroup〉项列表（可选）。

PRIMARY：用于指定主文件组中的文件。

LOG ON：指定显式定义用来存储数据库日志的日志文件。LOG ON 后跟以逗号分隔的用以定义日志文件的〈filespec〉项列表。如果没有指定 LOG ON，将自动创建一个日志文件，其大小为该数据库的所有数据文件大小总和的 25％ 或 512 KB，取两者之中的较大者。不能对数据库快照指定 LOG ON。

COLLATE：指定数据库的默认排序规则。排序规则名称既可以是 Windows 排序规则名称，也可以是 SQL 排序规则名称。如果没有指定排序规则，则将 SQL Server 实例的默认排序规则分配为数据库的排序规则。不能对数据库快照指定排序规则名称。

WITH：设置外部与数据库之间的双向访问。

NAME：指定数据库的逻辑名称。

FILENAME：指定操作系统（物理）文件名称。

SIZE：指定文件的初始大小。

MAXSIZE：指定文件可增大到的最大大小。

FILEGROWTH：指定文件的自动增量。

4. 数据库修改与删除

（1）使用图形化界面管理数据库

① 在 SSMS 的“对象资源管理器”窗口中，右击“db _ Book”数据库，选择“属性”命令；然后在弹出的“数据库属性”窗口中选择“文件”可以查看和修改数据库文件信息。

② 删除数据库。在 SSMS 的“对象资源管理器”窗口中，右击“db _ Book”数据库，选择“删除”命令，在弹出的对话框中单击“确定”按钮即可删除数据库。

（2）使用 T _ SQL 语句管理数据库

SQL 中修改数据库的命令是 ALTER DATABASE，其语法与新建数据库命令的语法类似，此处不再详细说明。例如，修改 db _ Book 数据库中的 db _ Book _ log 文件，使得其增量方式改为一次增加 2MB，语句如下：

```
ALTER DATABASE db_Book
MODIFY FILE(NAME = 'db_Book_log',FILEGROWTH = 2mb)
```

删除数据库的命令是 DROP DATABASE。如在 SQL 语句输入框中输入如下语句：

```
DROP DATABASE db_Book
```

执行上述语句后，即可删除 db _ Book 数据库。

任务 4.2　建立图书借阅数据表

任务描述

（1）在图书借阅数据库中创建三张数据表，即图书信息表、读者信息表及借阅记录表，表名分别为 tb _ BookInfo、tb _ Reader、tb _ Record。三个数据表的结构和内容，如表 4-1～表 4-6 所示。

（2）修改表结构。将 tb _ BookInfo 表的 Price 字段由 money 类型修改为 decimal 类型，保留两位小数。

任务准备

（1）数据类型。SQL Server 2008 中的字段有许多数据类型，常用的有如下几种：

① 表示字符的 nchar、nvarchar；

② 表示数字的 int、decimal、float、money；

③ 表示日期和时间的 Date、Datetime、SmalldateTime。

（2）数据表的创建。使用图形化界面创建数据表的一般步骤如下：

- 选择数据库的表节点，选择“新建表”；
- 设置表字段；
- 保存表，输入表名称。

（3）数据表的修改。修改表结构可采用如下的两种方法：

- 使用 SSMS 图形化修改；
- 使用 T _ SQL 语句修改。

任务实施

1. 使用图形化界面建立图书借阅数据表

要求：创建图书表、读者表及借阅表，表名分别为 tb _ BookInfo、tb _ Reader、tb _ Record。

（1）新建数据表。在 SSMS 中展开 db _ Book 数据库节点，右击“表”对象，在打开的快捷菜单中选择“新建表”选项，如图 4-11 所示。

图 4-11　新建表

（2）设置表字段。在打开的设计表对话框中，依次添加表的列名、数据类型等属性，如图 4-12 所示。

图 4-12 表设计界面

提示：本任务暂不考虑表的其他完整性设计，只设置字段是否为 NULL。

(3) 保存数据表。定义完所有字段后，单击工具栏的保存按钮，在出现的如图 4-13 所示的对话框中输入表名"tb _ BookInfo"，单击"确定"按钮，完成表的建立。

图 4-13 "选择名称"对话框

(4) 按照同样的方法完成 tb _ Reader 表和 tb _ Record 表的建立。

2. 使用 T _ SQL 语句建立图书借阅数据表

(1) 打开 SQL Server Management Studio 并建立与数据库引擎的连接。

(2) 在工具栏中选择"新建查询"按钮，打开查询编辑器窗口，输入如下代码：

```
USE db_Book
CREATE TABLE tb_BookInfo(
BookId nchar(6) NOT NULL,
BookName nvarchar(50) NOT NULL,
Author nvarchar(50) NOT NULL,
Price money NOT NULL,
Publisher nvarchar(30) NOT NULL,
PublishDate date NOT NULL,
Total int NOT NULL)
```

其中：

USE db _ Book 表示引用 db _ Book 数据库。

tb _ BookInfo 为数据表的名称。

NOT NULL 表示不能为空。

（3）单击工具栏上的“执行”按钮，完成 tb _ BookInfo 表的建立。

（4）刷新“对象资源管理器”中的 db _ Book 数据库，检查是否已经创建表。

（5）按照同样的办法完成 tb _ Reader 表和 tb _ Record 表的建立。

（6）相关问题验证与分析。

问题 1：建立数据表的方法有哪些？

问题 2：主要使用的数据类型有哪些？

3. 使用图形化界面修改表结构

在“对象资源管理器”中，选择要修改的表，右击，在弹出的快捷菜单中选择“设计”命令，即可修改数据表的结构，类似于设计表结构。

4. 使用 T _ SQL 语句修改表结构

要求：将 tb _ BookInfo 表的 Price 字段由 money 类型修改为 decimal 类型，保留两位小数。

（1）打开 SQL Server Management Studio 并建立与数据库引擎的连接。

（2）在工具栏中选择“新建查询”按钮，打开查询编辑器窗口，输入如下代码：

```
USE db_Book
ALTER TABLE tb_BookInfo
ALTER COLUMN Price decimal(18,2);
```

其中：

ALTER TABLE 用于指定需要修改的表。

ALTER COLUMN 用于指定修改的字段。

课堂实践

（1）分别使用图形化界面和 T _ SQL 语句建立图书借阅数据表，表名后都加上数字 1，如 tb _ BookInfo1。

（2）使用图形化界面管理数据表，将新创建的 tb _ BookInfo1 表重命名为 tb _ BookInfo2，然后删除。

（3）使用 T _ SQL 语句修改图书表的作者长度为 30，修改训练后，请改回原样。

（4）使用 T _ SQL 语句删除表 tb _ Reader1 和 tb _ Record1。

检查与问题讨论

（1）检查并相互检查课堂实践的完成情况，提出存在问题，根据问题进行小组讨论。

（2）基本知识（关键字）讨论：数据类型。

（3）任务实施情况讨论：数据表的结构、数据表的建立方法。

技术基础

1. 数据类型

在创建表时，必须为表中的每列指派一种数据类型。本节将介绍 SQL Server 中最常用的一些数据类型。即使创建自定义数据类型，它也必须基于一种标准的 SQL Server 数据类型。

(1) 字符类型

字符类型包括 varchar、char、nvarchar、nchar、text 及 ntext，如表 4-10 所示。

表 4-10　字符数据类型

数据类型	长　度	字节数
char(n)	1～8000	n 字节
nchar(n)	1～4000	(2n 字节) +2 字节
ntext	$1～2^{30}-1$	每字符 2 字节
nvarchar(max)	$1～2^{31}-1$	2×字符数+2 字节
text	$1～2^{31}-1$	每字符 1 字节
varchar(n)	1～8000	每字符 1 字节+2 字节
varchar(max)	$1～2^{31}-1$	每字符 1 字节+2 字节

(2) 数字类型

常见数字类型如表 4-11 所示。

表 4-11　精确数值数据类型

数据类型	范　围	字节数
bit	0 或 1	1
tinyint	0～255	1
smallint	－32 768～32 767	2
int	$-2^{31}～-2^{31}-1$	4
bigint	$-2^{63}～-2^{63}-1$	8
numeric(p，s) 或 decimal(p,s)	$-10^{38}+1～10^{38}-1$	17
money	$-2^{63}～-2^{63}-1$	8
smallmoney	$-2^{31}～-2^{31}-1$	4
float [(n)]	－1.79E－308～1.79E+308	8
real( )	－3.40E－38～3.40E+38	4

(3) 日期和时间数据类型

datetime 和 smalldatetime 数据类型用于存储日期和时间数据。smalldatetime 为 4 字节，存储 1900 年 1 月 1 日～2079 年 6 月 6 日之间的时间，且只精确到最近的分钟。datetime 数据类型为 8 字节，存储 1753 年 1 月 1 日～9999 年 12 月 31 日之间的时间，且精确到最近的 3.33 毫秒。

SQL Server 2008 有 4 种与日期相关的新数据类型：datetime2、datetimeoffset、date 和 time。通过 SQL Server 联机丛书可找到使用这些数据类型的示例。

datetime2 数据类型是 datetime 数据类型的扩展，有着更广的日期范围。时间总是用时、分钟、秒形式来存储。可以定义末尾带有可变参数的 datetime2 数据类型，如 datetime2(3)。这个表达式中的 3 表示存储时秒的小数精度为 3 位，或 0.999。有效值为 0～9 之间，默认值为 3。

datetimeoffset 数据类型和 datetime2 数据类型一样，带有时区偏移量。该时区偏移量最大为＋/－14 小时，包含了 UTC 偏移量，因此可以合理化不同时区捕捉的时间。

date 数据类型只存储日期，这是一直需要的一个功能。而 time 数据类型只存储时间。它也支持 time（n）声明，因此可以控制小数秒的粒度。与 datetime2 和 datetimeoffset 一样，n 可为 0～7 之间。

表 4-12 列出了日期/时间数据类型，对其进行简单描述，并说明了要求的存储空间。

表 4-12　日期和时间数据类型

数据类型	范　围	字节数
date	0001-01-01～9999-12-31	3
datetime	1753-01-01～9999-12-31，	8
datetime2(n)	日期：0001-01-01～9999-12-31 时间：00：00：00～23：59：59.9999999	6～8
datetimeoffset(n)	日期：0001-01-01～9999-12-31 时间：00：00：00～23：59：59.9999999	8～10
smalldateTime	日期：0-01-01 日～2079-06-06 时间：00：00：00～23：59：59	4
Time(n)	00：00：00～23：59：59.9999999	3～5

2. 创建数据表命令格式

CREATE TABLE 命令用来在一个数据库中创建表，其基本语法如下：

```
CREATE TABLE table_name
    (column_name data_type
      { [ NILL | NOT NULL ]
        [ PRIMARY KEY | UNIQUE ]
      }
      [, …n ]
    )
```

语句中的参数如下：

table _ name：所创建的表名，表名要符合 SQL Server 命名规则。

column _ name：字段名，字段名要符合 SQL Server 命名规则。

data _ type：字段的数据类型。

NULL ｜ NOT NULL：允许空或不允许空。

PRIMARY KEY ｜ UNIQUE：字段设置为主键或者字段值是唯一的。

［，…n］：方括号中为可选项。

3. 数据表查询、修改及删除

管理数据表的主要操作有查看数据表属性、修改数据表结构和删除数据表。其中，查看数据表属性主要是查看表名、创建日期、存储所占空间、所属文件组以及表中记录行数等信息，修改数据表结构主要是对数据表的字段进行调整，执行删除数据表后数据表从数据库中删除。

（1）使用图形化界面管理数据表

① 查看 tb _ BookInfo 数据表属性。在“对象资源管理器”中展开“db _ Book”数据库，右击“tb _ BookInfo”数据表，在弹出的快捷菜单中选择“属性”命令，打开“表属性”对话框，就可以查看 tb _ BookInfo 数据表属性，如图 4-14 所示。

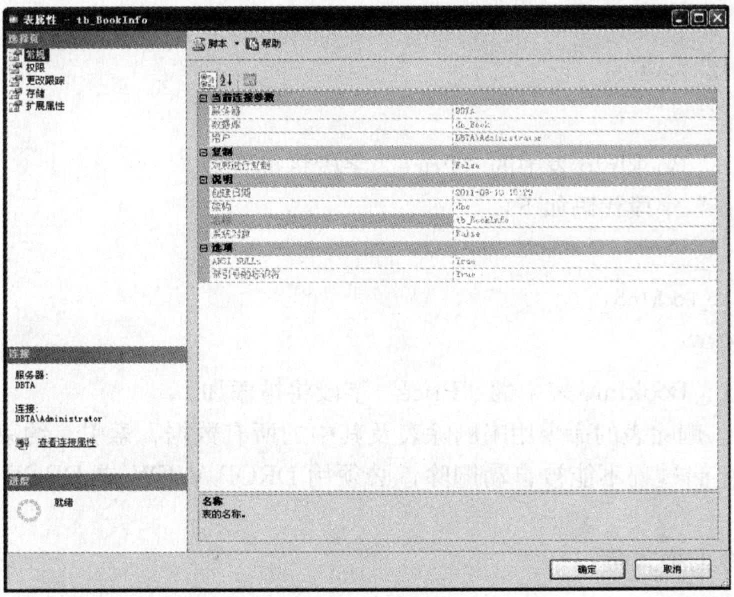

图 4-14 表属性

② 删除表。在“对象资源管理器”中，选择要删除的表，右击，在弹出的快捷菜单中选择“删除”命令，即可删除表。

（2）使用 T _ SQL 语句管理数据表

① 查看表属性。使用存储过程 sp _ help 可以查看表的相关信息，例如查看 tb _ BookInfo 的信息语句如下：

```
sp_help tb_BookInfo
```

② 修改表结构。ALTER TABLE 语句用来修改一个已存在的表的定义。其语法结构与创建新表的类似。

```
ALTER TABLE table_name
{ ALTER COLUMN column_name new_data_type [ NULL | NOT NULL ]
    ADD column_name data_type_definition [ NULL | NOT NULL ]
    DROP COLUMN column_name
    [, … n]
```

}

使用ALTER TABLE语句可以修改某个字段的长度，例如修改tb _ BookInfo数据表字段属性，将表中的“BookName”字段长度改为30，语句如下：

```
USE db_Book
ALTER TABLE tb_BookInfo
ALTER COLUMN BookName nvarchar(30) NOT NULL;
```

同时，可以使用ALTER TABLE语句删除一个字段或者添加一个字段。例如，将tb _ BookInfo数据表的“Price”字段删除，然后再添加进来。

删除“Price”字段代码如下：

```
USE db_Book
ALTER TABLE tb_BookInfo
DROP COLUMN Price;
```

语句执行后，tb _ BookInfo表中的“Price”字段将被删除。

添加“Price”字段代码如下：

```
USE db_Book
ALTER TABLE tb_BookInfo
ADD Price money;
```

语句执行后，tb _ BookInfo表中的“Price”字段将被添加。

③ 删除表。删除表的命令用来删除表及其中的所有数据、索引、约束等。但引用了该表的视图和存储过程不能被自动删除，必须用DROP VIEW或DROP PROCEDURE命令来删除。

删除表命令的格式是：

```
DROP TABLE table_name
```

其中table _ name是要删除的表的名称。该命令不能删除系统表。

例如，删除db _ Book数据库中的tb _ BookInfo数据表，语句如下：

```
USE db_Book
DROP TABLE tb_BookInfo;
```

语句执行后，tb _ BookInfo数据表将从图书借阅数据库中删除。

任务4.3 设置图书借阅数据库完整性

任务描述

（1）创建主键约束。设置图书借阅数据库中图书信息表、读者信息表及借阅记录表的主键，并验证其作用。

（2）创建外键约束。通过创建数据库关系图方式将图书借阅数据库中的三张表建立关系，从而创建外键约束。

(3) 创建默认约束。设置借阅记录表的“BorrowDate”字段默认为当前日期，采用 getdate ( ) 函数完成，并进行验证。

(4) 创建检查约束。设置读者表中的“ReaderId”字段格式为“[0-9][0-9][0-9][0-9][0-9][0-9]”。

任务准备

(1) 数据库完整性。数据库的完整性是指数据的正确性和相容性，数据的正确性是指数据的值准确无误，即数据类型必须正确，并且数据的值在规定范围之内，数据的相容性是指数据的存在必须确保同一表格数据之间及不同表格数据之间的相容关系。

在 SQL Server 2008 中，有 3 类完整性约束：实体完整性、参照完整性和用户自定义完整性。其中实体完整性和参照完整性是数据库必须满足的完整性约束条件，而用户自定义完整性则可以根据实际情况而定。

(2) 数据库约束。约束 (Constraint) 是 SQL Server 2008 提供的自动保持数据库完整性的一种方法，通过对数据库中数据设置某种约束条件来保证数据的完整性。主要有表 4-13 中的几种类型。

表 4-13 约束类型

约束类型	约束对象	说　明
NOT NULL	列	定义该列不为 NULL 值
DEFAULT		指定该列的默认值
CHECK		对输入列的值设置检查条件，以限制不符合条件数据的输入，从而维护数据的域完整性
PRIMARY KEY	行	主键
UNIQUE		指定一个列值或者多个列的组合值具有唯一性，以防止在列中输入重复的值
FOREIGN KEY	表	外键，用于强制参照完整性

(3) 约束的创建。约束的创建一般可以采用如下两种方法：

- 使用 SSMS 图形化创建约束；
- 使用 T _ SQL 语句创建。

任务实施

1. 创建主键约束

要求：设置图书借阅数据库中图书信息表、读者信息表及借阅记录表的主键。

① 设置主键。在 SSMS 的“对象资源管理器”中展开 db _ Book 数据库，右击“tb _ BookInfo”表，在弹出的快捷菜单中选择“设计”命令，启动表设计器，如图 4-15 所示。选择“BookId”字段，右击，选择“设置主键”命令。

② 采用同样的方法，为 tb _ Reader 表和 tb _ Record 表设置主键。

图 4-15　设置主键

提示：创建主键时，要先检查表数据，必须保证主键数据的唯一性，并且数据不能为空。

2. 创建外键约束

要求：用创建数据库关系图的方式为图书借阅数据库中的三张表建立外键约束。

（1）新建数据库关系图。在“对象资源管理器”中展开 db _ Book 数据库，右击“数据库关系图”，在弹出的快捷菜单中选择“新建数据库关系图”命令。这时，如果是第一次创建关系图，则会弹出如图 4-16 所示的对话框，选择“是”，进入“添加表”对话框，将三张表都添加进去。调整三张表的位置后得到如图 4-17 所示的窗体。

图 4-16　提示信息

（2）设置外键。单击 tb _ BookInfo 表的主键“BookId”，按住左键拖动到 tb _ Record 表的字段“BookId”处，然后释放鼠标弹出“表和列”对话框，如图 4-18 所示将主键表和外键表的字段对应起来。单击“确定”按钮后，弹出如图 4-19 所示对话框，再一次单击“确定”按钮后，即可完成外键约束的创建。

（3）采用同样的办法，将 tb _ Reader 的字段“ReaderId”和 tb _ Record 的字段“ReaderId”建立外键约束。最后的完成图如图 4-20 所示。

（4）保存数据库关系图。

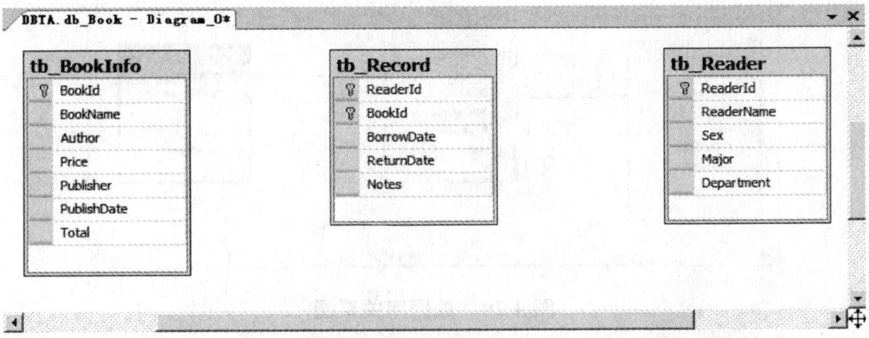

图 4-17 数据库关系图

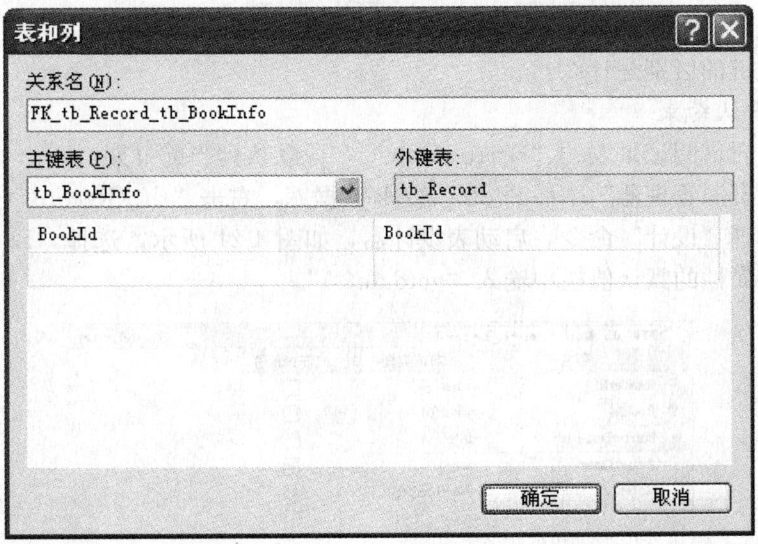

图 4-18 表和列

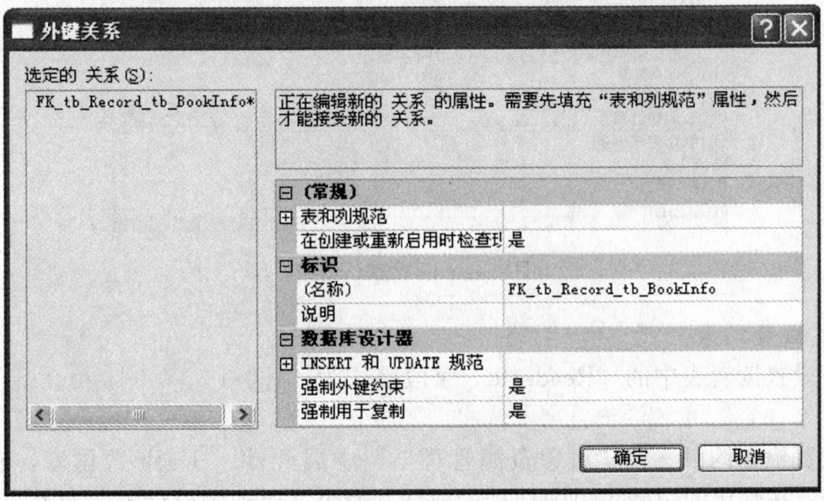

图 4-19 外键关系

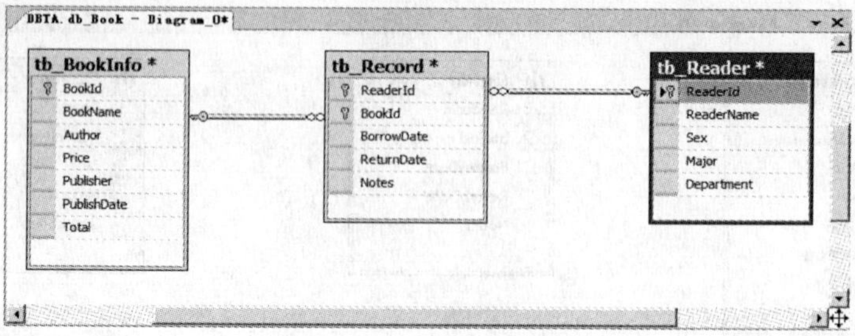

图 4-20　数据库关系图

提示：建好数据库关系图后，即完成了外键的创建。建立外键还可以通过建立表间关系来完成。

(5) 相关问题验证与分析。

主键和外键的区别是什么?

3. 创建默认约束

要求：设置借阅记录表的"BorrowDate"字段默认为当前日期。

在"对象资源管理器"中展开 db_Book 数据库，右击"tb_Record"表，在弹出的快捷菜单中选择"设计"命令，启动表设计器，如图 4-21 所示，选择"BorrowDate"字段，在下面列属性的默认值栏中输入"getdate( )"。

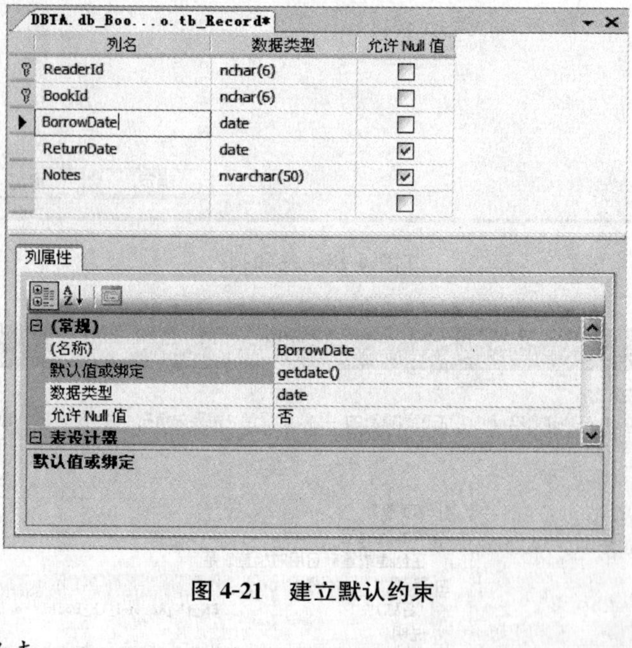

图 4-21　建立默认约束

4. 创建检查约束

要求：设置读者表中的"ReaderId"字段格式为"[0-9][0-9][0-9][0-9][0-9][0-9]"。

(1) 设置检查约束。在"对象资源管理器"中展开 db_Book 数据库，右击"tb_Reader"表，在弹出的快捷菜单中选择"设计"命令，启动表设计器。再右击任意字段，如图 4-22 所示，选择"CHECK 约束"命令，弹出"CHECK 约束"对话框，单击"添加”按钮，在表达式中进行正确的设置，输入“ReaderId like‘[0-9][0-9][0-9][0-9][0-9][0-9]’”，如图 4-23 所示。

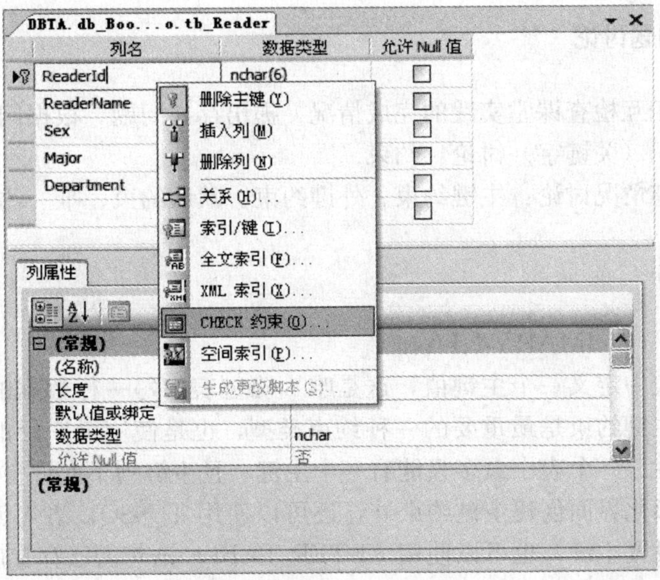

图 4-22　CHECK 约束

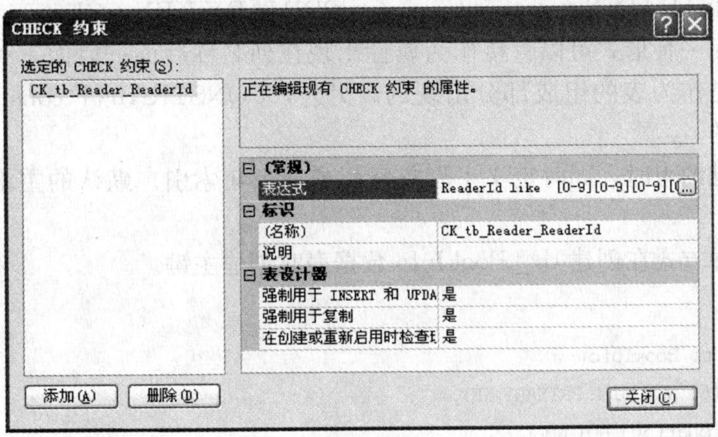

图 4-23　建立 CHECK 约束

（2）相关问题验证与分析。

检查约束的主要作用是什么？

课堂实践

（1）为图书借阅数据库三张表建立主键及关系图。

（2）设置借阅日期默认值为“getdate( )”，性别为“男”。

（3）设置“ReaderId”字段检查约束为“[0-9][0-9][0-9][0-9][0-9][0-9]”。

（4）设置“Sex”字段为“男”或者“女”。

（5）设置“Total”不得大于10。

（6）应用规则替换“Sex”字段检查约束。

检查与问题讨论

（1）检查并相互检查课堂实践的完成情况，提出存在问题，根据问题进行小组讨论。

（2）基本知识（关键字）讨论：约束。

（3）任务实施情况讨论：主键约束、外键约束、默认约束、唯一约束、检查约束。

技术基础

1. 主键约束（PRIMARY KEY）

主键约束在表中定义一个主键值，这是唯一确定表中每一行数据的标识符。在所有的约束类型中，主键约束是最重要的一种约束类型，也是使用最广泛的约束类型。该约束强制实体完整性。一个表中最多只能有一个主键，且主键列不允许空值。

除了使用图形化界面创建主键约束外，还可以使用 T _ SQL 语句创建主键约束。可以在创建新表时设置主键，也可以使用 ALTER TABLE 语句为已存在的表创建主键。

在创建表时定义主键约束的两种基本语法形式如下：

（1）[CONSTRAINT constraint _ name] PRIMARY KEY

（2）[CONSTRAINT constraint _ name] PRIMARY KEY（column _ list）

其中，前面一种形式可以直接作为属性出现在列名称后面；后面一种形式不是作为列的属性，而是作为表的组成部分出现的。另外，CONSTRAINT constraint _ name 子句是可以省略的。

在定义主键约束时，同时定义了聚集索引或非聚集索引。默认的主键约束是唯一性的聚集索引。

下面用两种方式在创建 tb _ BookInfo 数据表时创建主键。

方式1：

```
CREATE TABLE tb_BookInfo(
BookId nchar(6) NOT NULL PRIMARY KEY,
BookName nvarchar(50) NOT NULL,
Author nvarchar(50) NOT NULL,
Price money NOT NULL,
Publisher nvarchar(30) NOT NULL,
PublishDate date NOT NULL,
Total int NOT NULL
)
```

方式2：

```
CREATE TABLE tb_BookInfo(
BookId nchar(6) NOT NULL,
BookName nvarchar(50) NOT NULL,
```

```
Author nvarchar(50) NOT NULL,
Price money NOT NULL,
Publisher nvarchar(30) NOT NULL,
PublishDate date NOT NULL,
Total int NOT NULL,
PRIMARY KEY(BookId)
)
```

在已存在表上创建主键的语法如下：

```
ALTER TABLE table_name
ADD
CONSTRAINT constraint_name
PRIMARY KEY[CLUSTERED|NONCLUSTERED]
{(column_name[,…n])}
```

其中：

constraint _ name 指主键约束名称。

CLUSTERED 表示在该列上建立聚集索引。

NONCLUSTERED 表示在该列上建立非聚集索引。

例如，为 tb _ BookInfo 表创建主键，其中，BookId 为主键，语法如下：

```
ALTER TABLE tb_BookInfo
ADD
CONSTRAINT PK_tb_BookInfo
PRIMARY KEY(BookId)
```

2. 外键约束（FOREIGN KEY）

外键约束主要用于强制参照完整性，使外键表中的数据与主键表中的数据保持一致。如在图书借阅数据库中，借阅表中的图书编号必须在图书表中存在。

(1) 使用图形化界面创建外键约束

除了选择直接建立数据库关系图创建外键约束外，还可以通过在表设计器中设置表间关系来创建外键约束。例如，将 tb _ Record 表的“BookId”和 tb _ BookInfo 表的“BookId”建立外键约束的步骤如下：

在“对象资源管理器”中打开 tb _ Record 表的表设计器，如图 4-24 所示，右击任何位置后选择“关系”命令，在弹出的“外键关系”对话框中单击“添加”按钮，在“表和列规范”属性右边单击按钮，类似建立数据库关系图一样建立两个表的关系，从而创建外键约束。

(2) 使用 T _ SQL 语句创建外键约束

类似创建主键约束，创建外键约束也分为在创建新表时添加外键约束和对已存在表创建外键约束两种方式。

方法 1：创建 tb _ Record 时创建外键。

```
CREATE TABLE tb_Record(
```

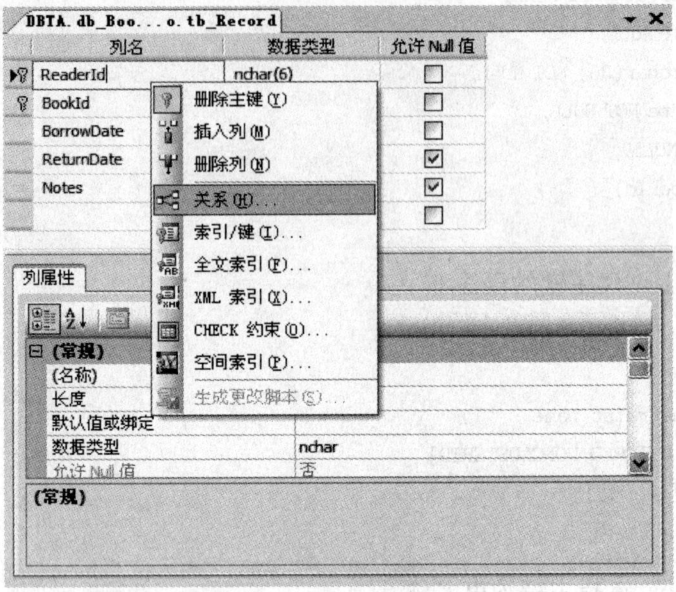

图 4-24 建立关系

```
ReaderId nchar(6) NOT NULL ,
BookId nchar(6) NOT NULL ,
BorrowDate date,
ReturnDate date,
Notes nvarchar(50) NULL,
PRIMARY KEY (ReaderId,BookId),
CONSTRAINT FK_tb_Record_tb_BookInfo FOREIGN KEY(BookId)
REFERENCES tb_BookInfo(BookId),
CONSTRAINT FK_tb_Record_tb_Reader FOREIGN KEY(ReaderId)
REFERENCES tb_Reader(ReaderId)
)
```

方法 2：为已存在的 tb_Record 表创建外键约束。

对已有表增加外键的语法如下：

```
ALTER TABLE table_name
ADD CONSTRAINT constraint_name
FOREIGN KEY (column_name)
REFERENCES [schema_name. ] referenced_table_name [(ref_column)]
```

其中：

table_name 是需要创建外键的表名称。

constraint_name 为外键约束名称。

referenced_table_name 为外键参考的主键表名称。

根据此方法，我们可以写出为 tb_Record 表创建外键约束的代码为：

```
ALTER TABLE tb_Record
ADD
CONSTRAINT FK_tb_Record_tb_BookInfo FOREIGN KEY(BookId)
REFERENCES tb_BookInfo(BookId),
CONSTRAINT FK_tb_Record_tb_Reader FOREIGN KEY(ReaderId)
REFERENCES tb_Reader(ReaderId)
```

3. 默认约束（DEFAULT）

默认约束用于指定列的默认值，当用户没有对某一列输入数据时，则将所定义的默认值提供给该列。

除了使用图形化界面创建默认约束外，还可以使用 T _ SQL 语句创建默认约束。创建默认约束和创建主键约束一样，也分为创建表时创建默认约束和对已存在表创建默认约束两种方式。

定义默认约束的语法如下：

```
CONSTRAINT constraint_name
DEFAULT constant_expression [FOR column_name]
```

方式 1：在创建 tb _ Reader 表时，为“Sex”字段创建默认约束，默认值为“男”。

```
CREATE TABLE tb_Reader(
ReaderId nchar(6) NOT NULL ,
ReaderName nchar(10) NOT NULL,
Sex nchar(2) NOT NULL DEFAULT '男',
Major nvarchar(30) NOT NULL,
Department nvarchar(30) NOT NULL
)
```

方式 2：为已存在的 tb _ Reader 表中的“Sex”字段创建默认约束，默认值为“男”。

```
ALTER TABLE tb_Reader
ADD
CONSTRAINT DF_tb_Reader_Sex
DEFAULT '男' for Sex
```

4. 唯一性约束（UNIQUE）

唯一性约束用于指定一个列值或者多个列的组合值具有唯一性，以防止在列中输入重复的值。由于主关键字值是具有唯一性的，因此设置为主关键字的字段不能再设定唯一性约束。

假定在图书借阅数据库的 tb _ Reader 表上添加一个字段“ID”用于表示读者的身份证号码，而身份证号码肯定是唯一的，为了避免输入相同的身份证号码，则需要将 ID 字段设置唯一性约束。

（1）使用图形化界面创建唯一性约束

在“对象资源管理器”中选择 tb _ Reader 表，打开表设计器。在表设计器中任意右击某一个字段，在弹出的快捷菜单中选择“索引/键”命令，打开“索引/键”对话框，单击“添加”按钮，然后在对话框中进行唯一性设置，如图 4-25 所示。

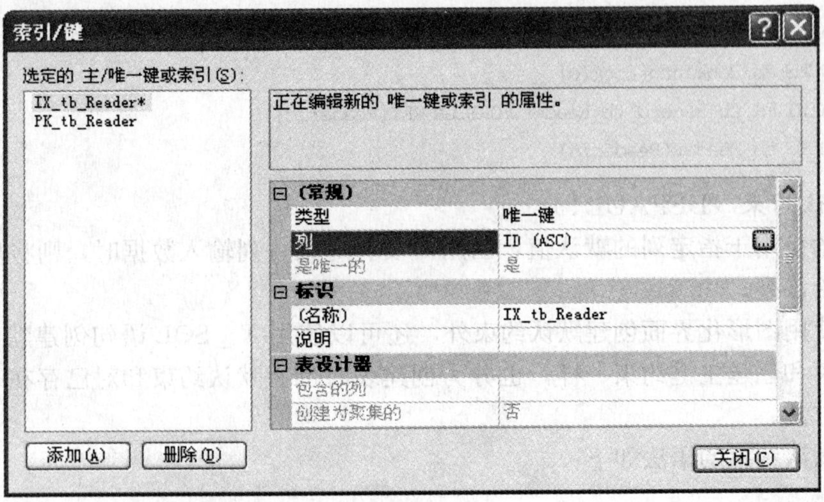

图 4-25　唯一性设置

(2) 使用 T _ SQL 语句创建唯一性约束

创建唯一性约束和创建主键约束一样，也分为创建表时创建唯一性约束和对已存在表创建唯一性约束两种方式。

定义唯一性约束的语法如下：

```
CONSTRAINT constraint_name
UNIQUE[CLUSTERED|NONCLUSTERED]
(column_name1[,column_name2,..., column_name16])
```

方法 1：在图书借阅数据库中创建 tb _ Reader 表时，为“ID”字段创建唯一性约束。

```
CREATE TABLE tb_Reader(
ReaderId nchar(6) NOT NULL ,
ReaderName nchar(10) NOT NULL,
Sex nchar(2) NOT NULL DEFAULT '男',
Major nvarchar(30) NOT NULL,
Department nvarchar(30) NOT NULL,
ID nvarchar(18) NOT NULL ,
CONSTRAINT UK_ID UNIQUE(ID)
)
```

方法 2：为已存在的 tb _ Readert 表中的“ID”字段创建唯一性约束。

```
ALTER TABLE tb_Reader
ADD
CONSTRAINT UK_ID UNIQUE(ID)
```

5. 检查约束（CHECK）

检查约束用于对输入列的值设置检查条件，以限制不符合条件的数据输入，从而维护数据的完整性。

除了使用图形化界面创建检查约束外，还可以使用 T _ SQL 语句创建检查约束。创建检查约束和创建主键约束一样，也分为创建表时创建检查约束和对已存在表创建检查约束两种。

定义检查约束的语法如下：

```
CONSTRAINT constraint_name
CHECK(logical_expression)
```

方法 1：为图书借阅数据库的 tb _ Reader 表中的“Sex”字段创建检查约束，检查输入的数据是否为“男”或者“女”。

```
CREATE TABLE tb_Reader(
ReaderId nchar(6) NOT NULL ,
ReaderName nchar(10) NOT NULL,
Sex nchar(2) NOT NULL ,
Major nvarchar(30) NOT NULL,
Department nvarchar(30) NOT NULL,
CONSTRAINT CK_tb_Reader_Sex CHECK(Sex in('男','女'))
)
```

方法 2：为已存在的 tb _ Reader 表中的“Sex”字段创建检查约束，检查输入的数据是否为“男”或者“女”。

```
ALTER TABLE tb_Reader
ADD
CONSTRAINT CK_tb_Reader_Sex CHECK ( Sex = '男' OR Sex  =  '女')
```

6. 删除约束

删除约束可以使用图形化界面，也可以使用 SQL 语句。

（1）使用图形化界面删除约束

打开要删除约束的表设计器，在网格区右击，在弹出的快捷菜单中选择“关系”，弹出“外键关系”对话框，在该对话框中可删除外键；在快捷菜单中选择“索引/键”，则弹出“索引/键”对话框，在该对话框中可以删除主键和唯一性约束；在快捷菜单中选择“CHECK 约束”，可以删除 CHECK 约束。

（2）使用 T _ SQL 语句删除约束

使用 DROP 语句可以删除约束，其语法如下：

```
ALTER TABLE table_name
DROP CONSTRAINT constraint_name[, …n]
```

例如，删除 tb _ Reader 表中的“Sex”字段的检查约束 DF _ tb _ Reader _ Sex。

```
ALTER TABLE tb_Reader
DROP CONSTRAINT DF_tb_Reader_Sex
```

7. 使用规则

在 SQL Server 2008 中，规则是对存储的数据表的列或者用户定义数据类型中的值的约束。规则与 CHECK 约束类似，但也有不同，CHECK 只能作用于其定义的列，而规则可以同时作用于多个数据列。

（1）创建规则

使用 CREATE RULE 语句创建规则，其语法结构如下：

```
CREATE RULE rule_name
AS condition_expression
```

例如，为图书借阅数据库创建一个名为 Range 的规则，使使用该规则的列值不大于 10，语句如下：

```
CREATE RULE Range
AS
@value<=10
```

（2）绑定规则

创建规则后，应将规则绑定到数据表列上或者用户定义的数据类型中，可以使用存储过程 sp _ bindrule 语句进行绑定规则，其语法结构如下：

```
sp_bindrule'rule','object_name'[,'futureonly_flag']
```

例如，将创建的规则绑定到图书表的“Total”列上，语句如下：

```
USE db_Book
EXEC sp_bindrule 'Range',' tb_ BookInfo. Total'
```

当绑定规则之后，想解除规则绑定可以使用 sp _ unbindrule 来解除，语法类似 sp _ bindrule。

例如，将刚才绑定的 Range 规则解除，语句如下：

```
USE db_Book
EXEC sp_unbindrule 'Range',' tb_ BookInfo. Total'
```

（3）查看规则

可以通过使用存储过程 sp _ help 查看规则，包括规则名称、所有者以及创建时间等信息。例如要查看上述创建的规则，语句如下：

```
USE db_Book
EXEC sp_help Range
```

也可以使用存储过程 sp _ helptext 语句查看规则的定义信息，例如查看上述创建的规则，语句如下：

```
USE db_Book
EXEC sp_helptext Range
```

（4）删除规则

使用 DROP RULE 语句删除当前数据库中的一个或者多个规则，语法结构如下：

```
DROP RULE <rule_name>
```

例如将上述创建的 Range 规则删除，语句如下：

```
USE db_Book
DROP RULE Range
```

提示：在删除规则时，必须保证已经解除规则与数据列或用户定义的数据类型的绑定，否则无法删除规则。

任务 4.4 更新图书借阅数据库数据

任务描述

（1）插入数据。分别使用图形化界面和 T _ SQL 语句向 tb _ BookInfo 表中插入一本新书信息，图书编号为 TP0005，书名为《数据库原理及其应用教程》，作者为黄德才，单价为 36.00，出版社为科学出版社，出版日期为 2011-6-1，数量为 8。

（2）修改数据。将编号为 TP0005 的图书数量修改为 9。

（3）删除数据。将编号为 TP0005 的图书删除。

任务准备

（1）数据操作：SQL Server 2008 对数据表中数据的操作主要有 4 种，分别为插入数据、修改数据、删除数据和查询数据。对数据的操作使用图形化界面能很方便完成，同时也可以使用 T _ SQL 语句。查询数据将在下一项目讲解。

① 插入数据：使用 INSERT 语句实现。

② 修改数据：使用 UPDATE 语句实现。每个 UPDATE 语句可以修改一行或多行数据，但每次仅能对一个表进行操作。

③ 删除数据：使用 DELETE 语句实现，一次可以删除一行或多行。

（2）数据操作方法：数据操作一般可通过如下两种方式进行。

- 使用 SSMS 通过图形化方式操作数据；
- 使用 T _ SQL 语句操作数据。

任务实施

1. 使用图形化界面对数据进行操作

要求：向 tb _ BookInfo 表中插入一本新书，图书编号为 TP0005，书名为《数据库原理及其应用教程》，作者为黄德才，单价为 36.00，出版社为科学出版社，出版日期为 2011-6-1，数量为 8。

（1）编辑数据表。在“对象资源管理器”中展开 db _ Book 数据库，右击“tb _ BookInfo”表，在弹出的快捷菜单中选择“编辑前 200 行”命令，如图 4-26 所示。

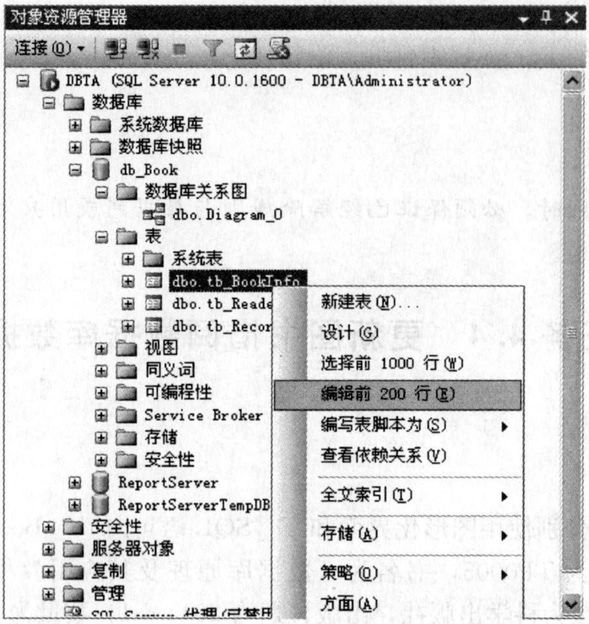

图 4-26 编辑数据

(2) 直接在表数据操作窗口中插入数据。

(3) 修改数据。在表数据操作窗口中将数量修改为 9。

(4) 删除数据。在表数据操作窗口选择编号为“TP0005”的数据行，右击选择“删除”命令，完成删除数据操作。

提示：在表中进行数据编辑时，一定要遵守定义表结构时的数据类型以及各种约束，否则无法编辑数据。

2. 使用 T_SQL 语句对数据进行操作

(1) 插入数据。根据任务要求，可通过如下的 T_SQL 语句来进行插入：

```
INSERT INTO tb_BookInfo
VALUES('TP0005','数据库原理及其应用教程','黄德才',36.00,'科学出版社','2011-6-1',8)
```

其中：

tb_BookInfo 后面可以跟上所有字段名。

数据类型为数字的字段不要加上单引号。

(2) 修改数据。要求将编号为 TP0005 的图书数量修改为 9，可通过如下的 T_SQL 语句来进行数据的修改：

```
UPDATE tb_BookInfo
SET Total = 9
WHERE BookId = 'TP0005'
```

其中：

如果修改多个字段，则用逗号隔开。

(3) 删除数据。要求将编号为 TP0005 的图书删除，可通过如下的 T_SQL 语句来进行删除：

```
DELETE FROM tb_BookInfo WHERE BookId = 'TP0005'
```

其中：

FROM 关键字可以省略。

（4）相关问题验证与分析。

问题 1：能否同时插入多条记录？

问题 2：能否从别的类型文件如 Excel 导入数据？怎样实现？

问题 3：能否同时修改和删除多条数据？如何通过 T _ SQL 语句实现？

课堂实践

（1）参考本章教学任务中的表 4-4、表 4-5、表 4-6 中的内容，使用 T _ SQL 语句分别在每张表中插入一条记录。

（2）使用 T _ SQL 语句分别对刚插入的三条记录修改其中一个字段。

（3）使用 T _ SQL 语句删除刚插入的三条记录。

检查与问题讨论

（1）检查并相互检查课堂实践的完成情况，提出存在问题，根据问题进行小组讨论。

（2）基本知识（关键字）讨论：INSERT、UPDATE、DELETE。

（3）讨论 T _ SQL 语句使用问题：INSERT、UPDATE、DELETE 命令使用情况。

技术基础

1. 插入数据

插入数据的语法结构如下：

```
INSERT [ INTO ] table_name [ ( column_list ) ] VALUES ( data_values )
```

其中，table _ name 是将要添加数据的表，column _ list 是用逗号分开的表中的部分列名，data _ values 是要向上述列中添加的数据，数据间用逗号分开。

如果在 VALUES 选项中给出了所有列的值，则可以省略 column _ list 部分。

在 INSERT 语句中，如果插入的是一整行完整数据，即包括所有字段，可以在表名后不写上所有字段名，例如向图书借阅数据库的 tb _ Record 表插入一整行数据，包括备注信息，代码如下：

```
INSERT INTO tb_Record
VALUES('200009','TH0001','2011-10-20','应用电子技术专业学生')
```

在 INSERT 语句中，如果插入的一行记录不包括所有字段，则必须在表名后面写上相应的字段名。例如向图书借阅数据库的 tb _ Record 表中插入一整行数据，但不包括备注信息，代码如下：

```
INSERT INTO tb_Record(ReaderId,BookId,BorrowDate)
VALUES('200009','TH0001','2011-10-20')
```

在插入数据时，应注意以下事项：

（1）每次插入一整行数据，不能只插入半行或者几列数据，如果违反字段的非空约束，那么插入语句会失败。

（2）数据值的个数必须与列数相同，每个数据值的数据类型、精度和小数位数也必须与相应的列匹配。

（3）对字符类型的列，当插入数据时，最好用单引号将其括起来，因为字符中包含数字特别容易出错。

（4）如果在设计表的时候指定某列不允许为空，则该列必须插入数据，否则将报告错误信息。

（5）要求插入的数据项符合检查约束的要求。

（6）如果指定了列名，如何为具有默认值的列插入数据呢？这时可以使用 DEFAULT（默认）关键字来代替插入的数据。

2. 修改数据

修改数据的语法结构如下：

```
UPDATE table_name SET column_name = expression [ FROM table_source ]
[ WHERE search_conditions ]
```

其中：

SET 指明了将要更改哪些列及改成何值。

WHERE 选项用来指明对哪些行进行更新。在更新数据时，一般都有条件限制，否则将更新表中的所有数据，这就可能导致有效数据的丢失。

FROM 选项用来从其他表中取得数据来修改表中的数据。

例如，在 tb _ Record 表中，将借书证号为“200009”，图书编号为“TH0001”的借阅日期修改为“2011-10-21”。

```
UPDATE tb_Record
SET BorrowDate = '2011-10-21'
WHERE ReaderId  = '200009' and BookId  = 'TH0001'
```

3. 删除数据

删除数据的语法结构如下：

```
DELETE [ FROM ] table_name [ WHERE search_conditions ]
```

其中［FROM］是任选项，用来增加可读性。

例如，在 tb _ Record 表中，将借书证号为“200009”，图书编号为“TH0001”的信息删除。

```
DELETE tb_Record WHERE ReaderId  = '200009' and BookId  = 'TH0001'
```

注意：DELETE 语句只要删除就是删除整条记录，不会删除单个字段，所以在 DELETE 后不能出现字段名。

实训 4 建立图书信息数据库

实训目的与要求

（1）掌握建立 SQL Server 数据库的基本方法；
（2）掌握建立 SQL Server 数据表的基本方法；
（3）掌握设置 SQL Server 数据库完整性的基本方法；
（4）掌握更新数据库的基本方法；
（5）通过小组学习讨论，培养团队合作精神和交流能力。

实训内容与过程

（1）小组学习讨论大作业 2（图书信息系统）的实训任务和要求（见附录 B）；
（2）建立图书信息系统数据库及数据表结构；
（3）设置图书信息系统数据库的数据完整性；
（4）小组讨论图书信息系统的建立与设置问题；
（5）输入图书信息系统数据库的数据内容；
（6）验证图书信息系统数据库的数据库完整性；
（7）小组讨论图书信息系统数据库的数据完整性问题。

项 目 总 结

1. 基本技能

（1）建立图书借阅数据库：建立图书表、读者表、借阅表。
（2）设置数据库的完整性：设置主键、外键、默认值、唯一约束、检查约束。
（3）更新数据库数据：插入数据、修改数据、删除数据。

2. 基本知识

数据库文件、SSMS、创建数据库的方法、创建数据表的方法、数据类型、主键、外键、默认值、唯一性约束、检查约束、插入数据、修改数据、删除数据。

3. 相关技术知识

SQL Server 数据库、数据库对象与数据库文件组、创建数据库、管理数据库、数据库的分离与附加、数据类型、管理数据表、删除约束、规则。

思考练习 4

一、选择题

1. SQL Server 2008 数据库的数据模型是（　　）。

A. 层次模型　　B. 网状模型　　C. 关系模型　　D. 对象模型

2. SQL Server 2008 用于操作和管理系统的是（　　）。

A. 系统数据库　　B. 日志数据库　　C. 用户数据库　　D. 逻辑数据库

3. “日志”文件用于保存（　　）。

A. 程序运行过程　　B. 数据操作

C. 程序执行结果　　D. 对数据库的更新操作

4. 用于数据库恢复的重要文件是（　　）。

A. 数据库文件　　B. 索引文件　　C. 备注文件　　D. 日志文件

5. 主数据库文件的扩展名为（　　）。

A. txt　　B. db　　C. mdf　　D. ldf

6. SQL Server DBMS 用于建立数据库的命令是（　　）。

A. CREATE DATABASE　　B. CREATE INDEX

C. CREATE TABLE　　D. CREATE VIEW

7. 用于修改数据表结构的命令是（　　）。

A. MODIFY TABLE　　B. ALTER TABLE

C. EDIT TABLE　　D. CHANGE TABLE

8. 用于存放系统及信息的数据库是（　　）。

A. master　　B. tempdb　　C. model　　D. msdb

9. 用于修改数据库数据的命令是（　　）。

A. MODIFY TABLE　　B. ALTER TABLE

C. EDIT TABLE　　D. UPDATE SET

10. 次数据库文件的扩展名为（　　）。

A. txt　　B. ndf　　C. mdf　　D. ldf

二、填空题

1. 列举几个 SQL Server 数据库对象，如（　　）、（　　）、（　　）以及（　）。

2. SQL Server 数据库由数据库文件和事务日志文件组成。一个数据库至少有（　　）数据库文件和一个事务日志文件。

3. 在 Management Studio 中，（　　）窗口用于显示数据库服务器中的所有数据库对象。

4. ALTER TABLE 语句可以添加、（　）、（　）表的字段。

5. 表的 CHECK 约束是（　）的有效性检查规则。

6. 使用 T_SQL 语句管理表中的数据，其中（　　）用于插入数据，（　）用于修改数据，（　）用于删除数据。

三、简答题

1. SQL Server 2008 包含哪几种不同的版本？

2. 建立数据库有哪几种方法？

3. 在 SQL Server 2008 中数据库由哪几种文件组成？其扩展名分别是什么？

4. SQL Server 2008 常用的数据类型有哪些？

项目 5　查询图书借阅数据库

教学目标

- 学会使用 SELECT 语句进行查询的方法；
- 学会使用视图的基本方法；
- 学会使用索引的基本方法。

教学任务

【任务 5.1】简单查询图书借阅数据库
【任务 5.2】统计查询图书借阅数据库
【任务 5.3】连接查询图书借阅数据库
【任务 5.4】子查询图书借阅数据库
【任务 5.5】操作查询图书借阅数据库
【任务 5.6】图书借阅数据库视图与索引

任务 5.1　简单查询图书借阅数据库

任务描述

（1）查询图书的书名和作者。要求结果中的列标题分别为书名和作者。

（2）查询读者的姓名和编号。要求只显示计算机应用技术专业的学生。

（3）查询读者借阅图书情况。要求显示读者编号、图书编号及已借天数。

（4）查询书库中出版社情况。要求显示单价在 20 到 30 元之间图书的出版社名称，出版社名称不重复显示。

任务准备

（1）数据库查询：就是指依据一定的查询条件或要求，对数据库中的数据信息进行查找、统计等处理，它是数据库最主要的应用。

（2）简单查询：这里所讲的简单查询是指对数据库中的一个数据表进行的数据库查

询，主要涉及内容有选择项的处理、选择条件的设计及函数的应用等。

（3）SELECT 语句：SELECT 语句是 SQL 语言中最核心的语句，语句基本格式如下：

```
SELECT column_name[,column_name, … ]
FROM table_name
WHERE seartch_condition
```

任务实施

1. 查询图书的书名和作者

要求：结果中的列标题分别为书名和作者。

（1）打开查询编辑器。在 SSMS 的工具栏中单击“新建查询”按钮，进入查询编辑器窗口。

（2）编写查询代码。根据任务要求，在查询编辑器窗口输入如下代码：

```
USE db_Book
SELECT BookName as 书名, Author as 作者
FROM tb_BookInfo
```

提示：在输入 SQL 语句时，标点符号必须是半角的。

其中：

用 USE 命令打开数据库 db _ Book，SELECT 子句指出查询显示的内容为 BookName 和 Author，FROM 子句指出查询内容来自数据表 tb _ BookInfo。

列标题（别名）可以用三种方式定义：①“列名 列标题”形式；②“列标题＝列名”形式；③“列名 AS 列标题”形式，本例应用第三种格式。

（3）分析与执行查询代码。

分析查询代码：单击工具栏上的✔图标可进行代码分析，主要检查代码语法是不是有问题，如果语法没问题，系统会显示“命令已成功完成。”如果语法有问题，系统会显示错误提示，如“关键字'FROM'附近有语法错误。”用户可根据错误提示信息进行修改。

调试查询代码：单击工具栏上的▶图标可进行代码调试。当分析查询代码没错，而执行查询代码有错，但不易查出错误时，可以采用调试方法来查找错误原因。

执行查询代码：单击工具栏上的 ! 执行(X) 图标即可执行代码，系统显示查询结果如图 5-1 所示。

结果 | 消息

	书名	作者
1	英语演讲	陶曦
2	英语名篇诵读与赏析	王炤
3	机械创新设计	张春林
4	机械设计基础	李威
5	数据库技术及应用	尹为民
6	软件工程原理与应用	曾强聪
7	数据库原理与应用	宋金玉
8	网页设计基础与实训	吴代文

图 5-1 查询结果

（4）相关问题验证与分析。

问题 1：没有 USE 语句，SELECT 语句能执行吗？如何设置当前数据库？

问题 2：没有 AS 短语，显示结果会如何？

问题 3：如果要显示图书的所有信息，则选择项可以用 * 号表示，可以全部列出，请验证。

问题 4：请用不同的别名定义方式完成该子任务。

2. 查询读者的姓名和编号

要求：只显示计算机应用技术专业的学生。

（1）编写查询代码。根据任务要求，在查询编辑器窗口输入如下代码：

```
SELECT Readername, ReaderId
FROM tb_Reader
WHERE Major = '计算机应用技术'
```

提示：在输入 SQL 语句时，字符串用单引号括起，注意输入法要在英文状态下。

其中：

SELECT 子句指出查询显示的内容为 Readername（姓名）和 ReaderId（编号），FROM 子句指出查询内容来自数据表 tb _ Reader，WHERE 子句给出了查询条件。

（2）分析与执行查询代码。执行上述代码，即可看到如图 5-2 所示的查询结果。

（3）相关问题验证与分析。

问题 1：如果要求查询结果如图 5-3 所示，查询命令应如何修改？并验证。

结果　消息

	Readername	ReaderId
1	王大林	200001
2	张小雨	200002
3	李一天	200003

图 5-2　查询结果

结果　消息

	Readername	ReaderId	专业
1	王大林	200001	计算机应用技术
2	张小雨	200002	计算机应用技术
3	李一天	200003	计算机应用技术

图 5-3　查询结果

问题 2：如果将查询条件改成：计算机应用技术的男生，则查询命令应如何修改？并实践。

问题 3：如果将查询条件改成：计算机应用技术或男生，则查询命令应如何修改？并实践。

3. 查询读者借阅图书情况

要求：显示前 5 项借书记录信息，包含读者编号、图书编号及已借天数。

（1）编写查询代码。根据任务要求，在查询编辑器窗口输入如下代码：

```
SELECT top 5 ReaderId, BookId,
day(getdate( ))-day(BorrowDate) AS 已借天数
FROM tb_Record
```

提示：SELECT 子句中有列计算时，一般使用 AS 定义别名。

其中：

top 5 表示显示前 5 条记录，基本格式为 top n。

getdate( ) 表示获取系统日期。

day( ) 表示获取日期的天数。

列计算：在 SELECT 子句后面的列可以是一个表达式，表达式是经过对某列的计算而得到的结果数据，如 day(getdate( )) -day(BorrowDate)。

（2）分析与执行查询代码。执行上述代码，即可看到如图 5-4 所示的查询结果。

（3）相关问题验证与分析。

问题 1：已借天数正确吗？请分析。

问题 2：请分析 top n 的实际应用价值。

	ReaderId	BookId	已借天数
1	200001	H00001	14
2	200001	TP0001	14
3	200001	TP0003	15
4	200002	H00001	13
5	200002	TP0002	8

图 5-4　查询结果

4. 查询书库中出版社情况

要求：显示有单价在 20 到 30 元之间图书的出版社名称，出版社名称不重复显示。

（1）编写查询代码。根据任务要求，在查询编辑器窗口输入如下代码：

```
SELECT DISTINCT Publisher
FROM tb_BookInfo
WHERE Price BETWEEN 20 AND 30
```

其中，DISTINCT 短语的作用是去掉重复行。

（2）分析与执行查询代码。执行上述代码，即可看到如图 5-5所示的查询结果。

（3）相关问题验证与分析。

问题 1：请分析 DISTINCT 短语的应用情况。

问题 2：将查询条件改为 Price BETWEEN 30 AND 40，结果如何？

	Publisher
1	北京大学出版社
2	机械工业出版社
3	清华大学出版社

图 5-5　查询结果

课堂实践

（1）按照任务过程，完成 4 个查询任务。

（2）查询 tb_BookInfo 表的所有图书数量减 1 后的信息，将减 1 后的数量标题改为“数量减少后的值”。

（3）在图书表中查询数量少于 8 本的图书书名。

（4）在图书表中查询数量为 5、7、8 的图书编号和书名。

（5）查询所有姓刘的学生的借书证号、姓名和性别。

检查与问题讨论

（1）检查并相互检查课堂实践的完成情况，提出存在问题，根据问题进行小组讨论。

（2）基本知识（关键字）讨论：数据库查询、SELECT 语句。

（3）任务实施情况讨论：SELECT 子句使用情况、WHERE 子句使用情况。

技术基础

1. SELECT 语句结构

SELECT 语句结构如下：

```
SELECT select_list
[ INTO new_table]
FROM table_source
[ WHERE search_condition]
[ GROUP BY group_by_expression]
[ HAVING search_condition]
[ ORDER BY order_expression [ ASC|DESC ] ]
```

其中：

SELECT 子句：指定由查询返回的列。

INTO 子句：将检索结果存储到新表或视图中。

FROM 子句：用于指定引用的列所在的表或视图。如果对象不止一个，那么它们之间必须用逗号分开。

WHERE 子句：指定用于限制返回的行的搜索条件。如果 SELECT 语句没有 WHERE 子句，DBMS 假设目标表中的所有行都满足搜索条件。

GROUP BY 子句：指定用来放置输出行的组，并且如果 SELECT 子句〈select list〉中包含聚合函数，则计算每组的汇总值。

HAVING 子句：指定组或聚合的搜索条件。HAVING 通常与 GROUP BY 子句一起使用。如果不使用 GROUP BY 子句，HAVING 的行为与 WHERE 子句一样。

ORDER BY 子句：指定结果集的排序。ASC 关键字表示升序排列结果，DESC 关键字表示降序排列结果。如果没有指定任何一个关键字，那么 ASC 就是默认的关键字。如果没有 ORDER BY 子句，DBMS 将根据输入表中的数据的存放位置来显示数据。

2. WHERE 子句与查询条件

在数据库中查询数据时，有时用户只希望得到满足条件的数据而非全部数据，这时就需要使用 WHERE 子句，使用 WHERE 子句可以限制查询的条件。语法格式如下：

```
WHERE expression1 comparison_operator expression2
```

其中 expression1 和 expression2 表示要比较的表达式，comparison _ operator 表示运算符。

WHERE 子句中的条件是一个逻辑表达式，其中常用的运算符如表 5-1 所示。

表 5-1 查询条件中常用的运算符

类　别	运 算 符	说　明
比较运算符	=、<>、>、>=、<、<=、! =	比较两个表达式
范围运算符	BETWEEN 、NOT BETWEEN	查询值是否在范围内
逻辑运算符	AND、OR、NOT	组合两个表达式的运算结果或取反
列表运算符	IN、NOT IN	查询值是否属于列表值之一
字符运算符	LIKE、NOT LIKE	查询字符串是否匹配
未知值	IS NULL、IS NOT NULL	查询值是否为 NULL

表中，谓词 LIKE 可以用来进行字符串的匹配，其后可带的符号及其含义如下：

%（百分号）：表示任意长度（长度可以为 0）的字符串。

_（下横线）：表示任意单个字符。

[ ]（封闭方括号）：表示方括号里列出的任意一个字符。

[^]：表示任意一个没有在方括号里列出的字符。

下面给出一些带通配符的示例：

LIKE 'AB%' 返回以“AB”开始的任意字符串；

LIKE '%AB' 返回以“AB”结束的任意字符串；

LIKE '%AB%' 返回包含“AB”的任意字符串；

LIKE '_AB' 返回以“AB”结束的 3 个字符的字符串；

LIKE '[AB]%' 返回以“A”、“B”开始的任意字符串；

LIKE '[A-Z] ab' 返回以“ab”结束，第一个字符的范围为 A～Z 的包含 3 个字符的字符串；

LIKE 'A [^a]%' 返回以“A”开始的，第 2 个字符不是“a”的任意字符串。

（1）比较运算符

比较运算符可以限定查询的条件，具体每个运算符的含义如表 5-2 所示。

表 5-2　比较运算符

比较运算符	含　义	比较运算符	含　义
＝	等于	＜	小于
<>、!＝	不等于	>＝	大于或者等于
＞	大于	<＝	小于或者等于

例如，查询图书价格大于 30 元的图书信息，代码如下：

```
SELECT *
FROM tb_BookInfo
WHERE Price >30
```

（2）范围运算符

范围运算符包括 BETWEEN 与 NOT BETWEEN，主要用于查询是否在指定范围内的数据。语法格式如下：

```
WHERE expression [NOT] BETWEEN value1 AND value2
```

其中 NOT 为可选项，表示不在此范围内，value1 表示范围下限，value2 表示范围的上限。

（3）逻辑运算符

逻辑运算符用于满足用户查询需要指定多个查询条件的情况，可以连接两个或者两个以上的查询条件，当条件满足时则返回结果集。语法格式如下：

```
WHERE NOT 表达式 1|表达式 2 AND(OR)表达式 3
```

其中，AND 表示指定的所有查询条件都成立时则返回结果集，OR 表示当指定的所有条件只要有一个成立就返回结果集，NOT 表示否定查询条件。

例如，查询读者信息中计算机应用技术专业男生的信息，代码如下：

```
SELECT *
FROM tb_Reader
WHERE Major = '计算机应用技术' AND Sex = '男'
```

（4）列表运算符

列表运算符包括谓词“IN”与“NOT IN”，主要用于查询属性值是否属于指定集合的元组，语法格式如下：

```
WHERE expression [NOT] IN value_list
```

其中，value _ list 表示列表值，当有多个值时用括号将各值括起来，各列表值之间用逗号隔开。

例如，查询计算机应用技术、计算机网络技术和软件技术专业的学生信息，代码如下：

```
SELECT *
FROM tb_Reader
WHERE Major IN ('计算机应用技术','计算机网络技术','软件技术')
```

（5）字符运算符

字符运算符包括“LIKE”与“NOT LIKE”，主要用于对数据进行模糊查询，语法格式如下：

```
WHERE expression [NOT] LIKE 'string'
```

其中 NOT 为可选项。

在 SQL Server 2008 中，使用通配符查询时必须将字符连同通配符用单引号引起来，常见的通配符有以下两种：

% 表示任意长度的字符串；

— 表示任意单个字符。

例如，查询姓张的读者的信息，代码如下：

```
SELECT *
FROM tb_Reader
WHERE ReaderName LIKE '张%'
```

（6）未知值

在 WHERE 子句中运用 IS NULL 查询可以查询数据库中为 NULL 的值，而运用 IS NOT NULL 则可以查询不为 NULL 的值，语法格式如下：

```
WHERE 列名 IS NULL | IS NOT NULL
```

例如，查询借阅表中备注不为 NULL 的信息，代码如下：

```
SELECT *
FROM tb_Record
WHERE Notes IS NOT NULL
```

任务 5.2 统计查询图书借阅数据库

任务描述

（1）排序查询。查询图书表中所有图书的信息，按照“Total”字段降序排序。

（2）分组查询。查询读者表中各专业的男生人数、女生人数。

（3）统计查询。查询图书借阅数据库中至少借阅过两本书籍的借书证号，并按照借书多少从高到低排序。

任务准备

（1）排序查询：对查询出的结果集，可以使用 ORDER BY 子句进行相应属性列排序，ASC 表示升序，DESC 表示降序，默认为升序。

（2）分组查询：在 SELECT 语句查询中，可以用 GROUP BY 子句对结果集进行分类汇总。

（3）统计查询：HAVING 子句用于限定对统计组的查询，一般与 GROUP BY 一起使用，其后可以跟聚合函数。

（4）聚合函数：对一组值执行计算并返回单一的值，经常与 SELECT 语句的 GROUP BY 子句一同使用。常用的聚合函数如表 5-3 所示。

表 5-3 SQL Server 2008 聚合函数

函数名	功 能
SUM( )	对数值型列或计算列求总和
AVG( )	对数值型列或计算列求平均值
MAX( )	返回一个数值列或数值表达式的最大值
MIN( )	返回一个数值列或数值表达式的最小值
COUNT( )	返回满足 SELECT 语句中指定的条件的记录的个数
COUNT(*)	返回找到的行数

任务实施

1. 排序查询

要求：查询图书表中所有图书的信息，按照“Total”字段降序排序。

（1）编写查询代码。根据任务要求，在查询编辑器窗口输入如下代码：

```
USE db_Book
SELECT *
FROM tb_BookInfo ORDER BY Total DESC
```

提示：如果采用升序，可以不写 ASC。

其中：

ORDER BY 表示排序。

DESC 表示降序。

（2）分析与执行查询代码。执行上述代码，即可看到如图 5-6 所示的查询结果。

	BookId	BookName	Author	Price	Publisher	PublishDate	Total
1	TH0001	机械创新设计	张春林	24.00	机械工业出版社	2011-08-04	8
2	TH0002	机械设计基础	李威	31.00	机械工业出版社	2011-08-04	8
3	H00001	英语演讲	陶曦	25.00	北京大学出版社	2011-06-24	8
4	TP0004	网页设计基础与实训	吴代文	30.00	清华大学出版社	2011-06-01	7
5	H00002	英语名篇诵读与赏析	王炤	25.00	北京大学出版社	2011-06-24	5
6	TP0001	数据库技术及应用	尹为民	35.00	清华大学出版社	2011-07-01	5
7	TP0002	软件工程原理与应用	曾强聪	30.00	清华大学出版社	2011-07-01	5
8	TP0003	数据库原理与应用	宋金玉	30.00	清华大学出版社	2011-06-01	5

图 5-6 排序查询结果

（3）相关问题验证与分析。

问题 1：请分析排序实际的应用价值。

问题 2：能否按多个字段排序，如果还要求按照“Price”字段升序排序，代码如何写？

2. 分组查询

要求：查询读者表中各专业的男生人数、女生人数。

（1）编写查询代码。根据任务要求，在查询编辑器窗口输入如下代码：

```
USE db_Book
SELECT Major ,Sex,COUNT( * ) AS 人数
FROM tb_Reader
GROUP BY Major ,Sex
```

提示：使用聚合函数时，一般使用 AS 定义别名。

其中：

COUNT 用于统计满足 SELECT 语句中指定的条件的记录的个数。

GROUP BY 用于指定需要分组的字段，多个字段用逗号隔开。除使用聚合函数外，查询的字段必须与 GROUP BY 后面的字段名一致。

（2）分析与执行查询代码。执行上述代码，即可看到如图 5-7 所示的查询结果。

	Major	Sex	人数
1	计算机网络技术	男	1
2	计算机应用技术	男	2
3	软件技术	男	2
4	应用电子技术	男	1
5	计算机网络技术	女	2
6	计算机应用技术	女	1
7	应用电子技术	女	1

图 5-7 分组查询结果

（3）相关问题验证与分析。

问题 1：能否在查询中使用其他的聚合函数？能否举例？

问题 2：请分析 GROUP BY 的实际应用价值。

3. 统计查询

要求：查询图书借阅数据库中至少借阅过两本书籍的借书证号，并按照借书多少从高到低排序。

（1）编写查询代码。根据任务要求，在查询编辑器窗口输入如下代码：

```
USE db_Book
SELECT ReaderId
FROM tb_Record
GROUP BY ReaderId
HAVING COUNT( * )>=2
ORDER BY COUNT(ReaderId) DESC
```

提示：HAVING 后面跟聚合函数。

其中：

HAVING 用于限定统计查询的条件。

COUNT（ReaderId）用于分组后统计读者出现的次数。

（2）分析与执行查询代码。运行上述代码，即可看到如图 5-8 所示的查询结果。

（3）相关问题验证与分析。

问题 1：比较 HAVING 和 WHERE 的使用方法。

问题 2：一个查询语句中，HAVING 是否可以单独使用？

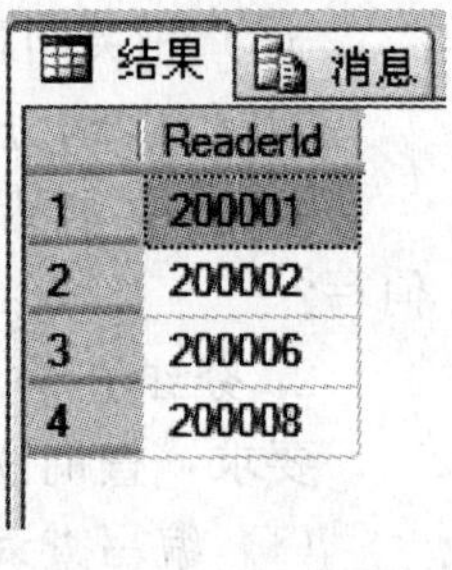

图 5-8　统计查询结果

课堂实践

（1）按照任务过程，完成 3 个查询任务。

（2）查询借阅了图书的学生总人数。

（3）统计各种图书借阅的人数。

（4）查询在 2012 年 5 月 1 日后被借过两次的图书编号。

检查与问题讨论

（1）检查并相互检查课堂实践的完成情况，提出存在问题，根据问题进行小组讨论。

（2）基本知识（关键字）讨论：聚合函数、GROUP BY、HAVING、ORDER BY。

（3）任务实施情况讨论：GROUP BY、HAVING、ORDER BY 及聚合函数的应用情况。

技术基础

1. 排序

ORDER BY 语句可以同时对多个属性列进行排序，例如图书数量由高到低排序。在 SELECT 语句中，使用 ORDER BY 子句对查询结果进行排序。ORDER BY 子句的格式为：

```
ORDER BY order_by_expression[ASC|DESC][,..]
```

其中 order _ by _ expression 是排序表达式，可以是列名、表达式或一个正整数，当 expression 是一个正整数时，表示按表中该位置上的列排序。

例如，按照图书单价由高到低查询图书信息，要求图书数量由低到高排序，代码如下：

```
SELECT *
FROM tb_BookInfo
ORDER BY Price DESC,Total
```

2. 分组统计

GROUP BY 子句的作用是把 FROM 子句中的表按分组属性划分为若干组，同一组内所有记录在分组属性上是相同的。一般情况下，SELECT 语句中使用 GROUP BY 子句把查询得到的数据集在分类的基础上，再对每一组使用聚合函数进行分类汇总。

GROUP BY 子句用于对表或视图中的数据按字段分组，格式为：

```
GROUP BY[ALL]Group_by_expression[,……]
[WITH CUBE/ROLLUP]
```

Group _ by _ expression：用于分组的表达式，其中通常包含字段名。指定 ALL 将显示所有组。使用 GROUP BY 子句后，SELECT 子句中的列表中只能包含在 GROUP BY 中指出的列或在聚合函数（只返回一个值）中指定的列。WITH 指定 CUBE 或 ROLLUP 操作符，CUBE 或 ROLLUP 与聚合函数一起使用，在查询结果中增加附加记录。

例如，在图书表中统计每个出版社图书的数目，代码如下：

```
SELECT Publisher ,COUNT(*) AS 数目
FROM tb_BookInfo
GROUP BY Publisher
```

3. HAVING 语句

若要输出满足一定条件的分组，则需要使用 HAVING 关键字，HAVING 子句的格式为：

```
HAVING Search_condition
```

其中 Search _ condition 为查询条件，与 WHERE 子句的查询条件类似，并且可以使用聚合函数。

任务 5.3 连接查询图书借阅数据库

任务描述

（1）谓词连接查询。查询借阅了图书编号为“TP0001”的图书的学生借书证号、姓

名，以及该图书的书名、作者。

（2）内连接查询。查询图书借阅数据库中有借书记录学生的借书证号、姓名和专业。

（3）外连接查询。查询图书借阅数据库中每个学生的借书情况，包括没借过图书的学生的信息。

（4）交叉连接查询。查询读者表和借阅表中的借书证号、姓名、图书编号、借阅日期，其中图书编号为 H00001。

任务准备

（1）连接查询：连接查询主要应用于多表进行查询，通过各个表中相同属性列的相关性进行数据查询。

（2）谓词连接：在 SELECT 语句的 WHERE 子句中使用比较运算符给出连接条件对多张表进行连接，这种表示形式称为连接谓词表示形式。

（3）JOIN 连接：JOIN 连接又分为内连接、外连接和交叉连接，其中外连接又分为左外连接、右外连接和完全外连接。

- 内连接。内连接按照 ON 所指定的连接条件合并两个表，返回满足条件的行。
- 外连接。外连接的结果集不但包含满足连接条件的行，还包括相应表中的所有行。
- 左外连接。结果集中除了包括满足连接条件的行外，还包括左表的所有行。
- 右外连接。结果集中除了包括满足连接条件的行外，还包括右表的所有行。
- 完全外连接。结果集中除了包括满足连接条件的行外，还包括两个表的所有行。
- 交叉表连接。交叉连接实际上是将两个表进行笛卡儿积运算，结果集是由第一个表的每行与第二个表的每行连接后形成的，因此结果集的行数等于两个表行数之积。

任务实施

1. 谓词连接查询

要求：查询借阅了图书编号为“TP0001”的图书的学生借书证号、姓名，以及该图书的书名、作者。

（1）编写查询代码。根据任务要求，在查询编辑器窗口输入如下代码：

```
USE db_Book
SELECT tb_Reader.ReaderId,ReaderName,BookName,Author
FROM tb_BookInfo,tb_Reader,tb_Record
WHERE tb_Reader.ReaderId = tb_Record .ReaderId
and tb_BookInfo.BookId = tb_Record.BookId
and tb_Record.BookId = 'TP0001'
```

提示：在进行多表查询时，若连接的表中有相同字段，则在引用时必须在其前面加上表名前缀，若查询的字段在各表中是唯一的，则可以不加表名前缀。

其中：

tb_Reader.ReaderId＝tb_Record .ReaderId 用于将读者表和借阅表连接起来。

（2）分析与执行查询代码。执行上述代码，即可得到如图 5-9 所示的查询结果。

	ReaderId	ReaderName	BookName	Author
1	200001	王大林	数据库技术及应用	尹为民
2	200004	吴可研	数据库技术及应用	尹为民

图 5-9 谓词连接查询结果

(3) 相关问题验证与分析。

问题 1：不写 tb _ Reader. ReaderId＝tb _ Record . ReaderId 会有什么后果？请分析原因。

问题 2：请分析谓词连接的实际应用价值。

2. 内连接查询

要求：查询图书借阅数据库中有借书记录学生的借书证号、姓名和专业。

(1) 编写查询代码。根据任务要求，在查询编辑器窗口输入如下代码：

```
USE db_Book
SELECT tb_Reader.ReaderId,ReaderName,Major
FROM tb_Reader INNER JOIN tb_Record
ON tb_Reader.ReaderId = tb_Record.ReaderId
```

INNER JOIN 表示为内连接，可以不写 INNER。

ON 给出连接条件。

(2) 分析与执行查询代码。执行上述代码，即可看到如图 5-10 所示的查询结果。

	ReaderId	ReaderName	Major
1	200001	王大林	计算机应用技术
2	200001	王大林	计算机应用技术
3	200001	王大林	计算机应用技术
4	200002	张小雨	计算机应用技术
5	200002	张小雨	计算机应用技术
6	200004	吴可研	计算机网络技术
7	200005	罗小慧	计算机网络技术
8	200006	孙大伟	计算机网络技术
9	200006	孙大伟	计算机网络技术
10	200008	刘奇	软件技术
11	200008	刘奇	软件技术
12	200010	赵小刚	应用电子技术

图 5-10 内连接查询结果

(3) 相关问题验证与分析。

问题 1：内连接与谓词连接有什么区别？

问题 2：将本查询转换为谓词连接。

3. 外连接查询

要求：查询图书借阅数据库中每个学生的借书情况，包括没借过图书的学生的信息。

（1）编写查询代码。根据任务要求，在查询编辑器窗口输入如下代码：

```
USE db_Book
SELECT *
FROM tb_Reader LEFT OUTER JOIN tb_Record
ON tb_Reader.ReaderId = tb_Record.ReaderId
```

提示：外连接可以省略 OUTER 关键字。

LEFT JOIN 表示左外连接。

（2）分析与执行查询代码。执行上述代码，即可看到如图 5-11 所示的查询结果。

结果 | 消息

	ReaderId	ReaderName	Sex	Major	Department	ReaderId	BookId	BorrowDate	ReturnDate	Notes
1	200001	王大林	男	计算机应用技术	计算机系	200001	H00001	2012-03-23	2012-05-07	NULL
2	200001	王大林	男	计算机应用技术	计算机系	200001	TP0001	2012-03-23	2012-05-07	NULL
3	200001	王大林	男	计算机应用技术	计算机系	200001	TP0003	2012-04-02	2012-05-07	NULL
4	200002	张小雨	女	计算机应用技术	计算机系	200002	H00001	2012-04-10	2012-05-20	NULL
5	200002	张小雨	女	计算机应用技术	计算机系	200002	TP0002	2012-04-15	2012-05-20	NULL
6	200003	李一天	男	计算机应用技术	计算机系	NULL	NULL	NULL	NULL	NULL
7	200004	吴可研	女	计算机网络技术	计算机系	200004	TP0001	2012-04-15	2012-04-28	NULL
8	200005	罗小慧	女	计算机网络技术	计算机系	200005	TP0004	2012-04-25	2012-05-26	NULL
9	200006	孙大伟	男	计算机网络技术	计算机系	200006	H00002	2012-04-26	2012-05-20	NULL
10	200006	孙大伟	男	计算机网络技术	计算机系	200006	TH0001	2012-04-27	2012-05-20	NULL
11	200007	马小伟	男	软件技术	计算机系	NULL	NULL	NULL	NULL	NULL
12	200008	刘商	男	软件技术	计算机系	200008	H00001	2012-03-17	NULL	NULL
13	200008	刘商	男	软件技术	计算机系	200008	TH0001	2012-03-28	NULL	NULL
14	200009	程琳	女	应用电子技术	电子系	NULL	NULL	NULL	NULL	NULL
15	200010	赵小刚	男	应用电子技术	电子系	200010	TH0001	2012-05-11	NULL	NULL

图 5-11　左外连接查询结果

（3）相关问题验证与分析。

问题 1：将本查询改写成右外连接，结果如何？表达出什么意思？

问题 2：将本查询改写成完全连接，结果如何？表达出什么意思？

4. 交叉连接查询

要求：查询读者表和借阅表中的借书证号、姓名、图书编号、借阅日期，其中图书编号为 H00001。

（1）编写查询代码。根据任务要求，在查询编辑器窗口输入如下代码：

```
USE db_Book
SELECT tb_Reader.ReaderId ,ReaderName,BookId,BorrowDate
FROM tb_Reader CROSS JOIN tb_Record
WHERE tb_Reader.ReaderId = tb_Record.ReaderId
AND BookId  ='H00001'
```

提示：交叉连接查询使用 WHERE 关键字给出连接条件。

CROSS JOIN 表示交叉表查询。

（2）分析与执行查询代码。执行上述代码，即可看到如图 5-12 所示的查询结果。

	ReaderId	ReaderName	BookId	BorrowDate
1	200001	王大林	H00001	2012-03-23
2	200002	张小雨	H00001	2012-04-10
3	200008	刘奇	H00001	2012-03-17

图 5-12 交叉表查询结果

(3) 相关问题验证与分析。

问题 1：请分析交叉连接查询的实际应用价值。

问题 2：将本查询改写成别的连接查询，要求查询结果一样。

课堂实践

(1) 按照任务过程，完成 4 个查询任务。

(2) 查询借阅了三本书的读者的借书证号和姓名。

(3) 查询未借书的学生的借书证号、姓名和专业。

(4) 查询未被借过的图书的图书编号、书名和出版社。

(5) 查询图书借阅数据库中每本图书的借阅情况。

检查与问题分析

(1) 检查并相互检查课堂实践的完成情况，提出存在问题，根据问题进行小组讨论。

(2) 基本知识（关键字）讨论：连接查询。

(3) 任务实施情况讨论：谓词连接、JOIN 连接、并交差连接等。

技术基础

1. 谓词连接

连接谓词表示形式基本格式如下：

```
SELECT〈输出列表〉
FROM〈表 1〉,〈表 2〉
[WHERE〈表 1〉.〈列名〉〈连接操作符〉〈表 2〉.〈列名〉]
```

其中，连接操作符主要为=、＞、＜、＞=、＜=、! =、＜＞、! ＞、! ＜。

2. JOIN 连接

T _ SQL 扩展了以 JOIN 关键字指定连接的表示方式，使表的连接运算能力增强了。FROM 子句的 joined _ table 表示将多个表连接起来。joined _ table 的格式为：

```
FROM table_source join_type table_source ON search_condition
| table_source CROSS JOIN table_source
| joined_table
```

其中，table _ source 为需要连接的表，join _ type 表示连接类型，ON 用于指定连接条件。join _ type 的格式为：

```
[ INNER ] JOIN
| LEFT [ OUTER ] JOIN
| RIGHT [ OUTER ] JOIN
| FULL ] [ OUTER ] JOIN
```

其中，INNER 表示内连接，OUTER 表示外连接。

3. 并、交、差查询

（1）并（联合）查询

UNION 运算符可以将两个或者两个以上 SELECT 语句的查询结果集合合并成一个结果集显示，即联合查询，语法格式如下：

```
SELECT select_list
FROM table_source
[WHERE search_conditions]
{UNION [ALL]
SELECT select_list
FROM table_source
[WHERE search_conditions]}
[ORDER BY order_expression]
```

其中，ALL 为可选项，在查询中若使用该关键字，则返回所有满足匹配的数据行，包括重复行。

联合查询时，查询结果的列标题为第一个查询语句的列标题，因此，要定义列标题必须在第一个查询语句中定义，同时，要对联合查询结果进行排序，也必须使用第一个查询语句中的列标题。

例如，查询清华大学出版社出版的或者价格高于 30 的图书信息。

```
SELECT *
FROM tb_BookInfo
WHERE Publisher ='清华大学出版社'
UNION
SELECT *
FROM tb_BookInfo
WHERE Price>30
```

（2）交查询

INTERSECT 运算符用于返回两个或者两个以上 SELECT 语句的查询结果集合的交集，即交查询。

例如，查询清华大学出版社出版的并且价格高于 30 的图书信息。

```
SELECT *
FROM tb_BookInfo
```

```
WHERE Publisher = '清华大学出版社'
INTERSECT
SELECT *
FROM tb_BookInfo
WHERE Price>30
```

（3）差查询

EXCEPT 运算符用于返回两个或者两个以上 SELECT 语句的查询结果集合的差集，即差查询。

例如，查询清华大学出版社出版的并且价格不高于 30 的图书信息。

```
SELECT *
FROM tb_BookInfo
WHERE Publisher = '清华大学出版社'
EXCEPT
SELECT *
FROM tb_BookInfo
WHERE Price>30
```

任务 5.4　子查询图书借阅数据库

任务描述

（1）IN 子查询。查询借书证号为“200001”的读者所借图书的书名、作者、出版社。

（2）比较子查询。查询图书价格超过清华大学出版社图书平均单价的所有清华大学出版社出版的图书信息。

（3）EXISTS 子查询。查询从来没有被借阅过的图书信息。

任务准备

（1）子查询：在查询条件中，可以使用另一个查询的结果作为条件的一部分，作为查询条件一部分的查询称为子查询。

（2）IN 子查询：IN 关键字用来判断一个表中指定列的值是否包含在已定义的列表中，或在另外一个表中。通过 IN 关键字把原表中目标列的值与子查询的返回结果进行比较，如果列值与子查询的结果一致或存在与之匹配的数据行，则查询结果集中就包含该数据行。

（3）比较子查询：比较子查询是指原表与子查询之间用比较运算符进行连接。ANY、ALL 和 SOME 是 SQL 支持的在子查询中进行比较的关键字。

（4）EXISTS 子查询：EXISTS 谓词用于测试子查询的结果是否为空表。若子查询的结果集不为空，则 EXISTS 返回 TRUE，否则返回 FALSE。EXISTS 还可以与 NOT 结合使用，即 NOT EXISTS，其返回值与 EXISTS 刚好相反。

任务实施

1. IN 子查询

要求：查询借书证号为“200001”的读者所借图书的书名、作者、出版社。

（1）编写查询代码。根据任务要求，在查询编辑器窗口输入如下代码：

```
USE db_Book
SELECT BookName,Author,Publisher
FROM tb_BookInfo
WHERE tb_BookInfo.BookId IN ( SELECT tb_Record.BookId
FROM tb_Record
WHERE tb_Record.ReaderId = '200001')
```

提示： IN 子查询比较的字段必须是一样的。

IN 用于将原表中的字段与返回的子查询的结果集进行比较。

（2）分析与执行查询代码。执行上述代码，即可看到如图 5-13 所示的查询结果。

结果 消息

	BookName	Author	Publisher
1	英语演讲	陶曦	北京大学出版社
2	数据库技术及应用	尹为民	清华大学出版社
3	数据库原理与应用	宋金玉	清华大学出版社

图 5-13 IN 子查询结果

（3）相关问题验证与分析。

问题 1：将本查询改写为谓词连接查询。

问题 2：分析 IN 子查询的实际使用价值。

2. 比较子查询

要求：查询超过清华大学出版社图书平均单价的所有清华大学出版社出版的图书信息。

（1）编写查询代码。根据任务要求，在查询编辑器窗口输入如下代码：

```
USE db_Book
SELECT *
FROM tb_BookInfo
WHERE Publisher = '清华大学出版社' AND Price> (
    SELECT AVG(Price)
    FROM tb_BookInfo
    WHERE Publisher = '清华大学出版社')
```

提示： 相比较的数据类型必须是一样的。

AVG（Price）用于计算平均价格。

（2）分析与执行查询代码。执行上述代码，即可看到如图 5-14 所示的查询结果。

结果　消息

	BookId	BookName	Author	Price	Publisher	PublishDate	Total
1	TP0001	数据库技术及应用	尹为民	35.00	清华大学出版社	2011-07-01	5

图 5-14　比较子查询结果

（3）相关问题验证与分析。

问题 1：查询超过清华大学出版社所有图书价格的图书信息，代码如何写？

问题 2：查询超过清华大学出版社部分图书价格的图书信息，代码如何写？

3. EXISTS 子查询

要求：查询没有被借阅过的图书信息。

（1）编写查询代码。根据任务要求，在查询编辑器窗口输入如下代码：

```
USE db_Book
SELECT BookId, BookName, Publisher, PublishDate
FROM tb_BookInfo
WHERE NOT EXISTS (
SELECT *
FROM tb_Record
WHERE tb_BookInfo. BookId = tb_Record. BookId)
```

提示： EXISTS 只返回 TRUE 或者 FALSE。

NOT 表示取反。

（2）分析与执行查询代码。执行上述代码，即可看到如图 5-15 所示的查询结果。

结果　消息

	BookId	BookName	Publisher	PublishDate
1	TH0002	机械设计基础	机械工业出版社	2011-08-04

图 5-15　EXISTS 子查询结果

（3）相关问题验证与分析。

问题 1：将本查询改写成 IN 子查询，代码如何写？

问题 2：请分析 EXISTS 子查询的实际应用价值。

课堂实践

（1）按照任务实施过程的要求完成各子任务并检查实施结果。

（2）查询软件技术专业借阅过图书的读者人数。

（3）查询至少借阅了 3 本图书的读者及所在专业。

（4）查询所有出版时间在北京大学出版社的图书之前的图书。

（5）查询没有借过图书的学生姓名。

检查与问题讨论

（1）检查并相互检查课堂实践的完成情况，提出存在问题，根据问题进行小组讨论。

（2）基本知识（关键字）讨论：子查询。

（3）任务实施情况讨论：IN 子查询、比较子查询、EXISTS 子查询等。

技术基础

T_SQL 允许 SELECT 多层嵌套使用，用来表示复杂的查询。子查询除了可以用在 SELECT 语句中，还可以用在 INSERT、UPDATE 及 DELETE 语句中。

连接和子查询可能都要涉及两个或多个表，要注意连接与子查询的区别：连接可以合并两个或多个表中的数据，而带子查询的 SELECT 语句的结果只能来自一个表，子查询的结果是为选择数据提供参照的。

有些查询既可以使用子查询表示，也可以使用连接表示。通常使用子查询表示时可以将复杂的查询分解为一系列的逻辑步骤，条理清晰，而使用连接表示时执行速度比较快。

1. IN 子查询

IN 子查询用于判断一个给定值是否在子查询的结果集中，语法格式为：

```
expression [ NOT ] IN ( subquery )
```

其中 subquery 是子查询。当表达式 expression 与子查询 subquery 的结果集中的某个值相等时，IN 谓词返回 TRUE，否则返回 FALSE；若使用了 NOT，返回的值刚好相反。

例如，查询借过图书编号为 H00001 图书的读者编号与姓名。

```
SELECT ReaderId, ReaderName
FROM tb_Reader
WHERE ReaderId IN(
    SELECT ReaderId
    FROM tb_Record
    WHERE BookId = 'H00001')
```

2. 比较子查询

比较子查询可以认为是 IN 子查询的扩展，它让表达式的值与子查询的结果进行比较运算，语法格式为：

```
expression 比较运算符 [ ALL | SOME | ANY ] ( subquery)
```

其中 expression 是要进行比较的表达式，subquery 是子查询。ALL、SOME 和

ANY 说明对比较运算的限制。

ALL 指定表达式要与子查询结果集中的每个值都进行比较，当表达式与每个值都满足比较的关系时，才返回 TRUE，否则返回 FALSE。

SOME 或 ANY 表示表达式只要与子查询结果集中的某个值满足比较的关系时，就返回 TRUE，否则返回 FALSE。

例如，查询比清华大学出版社图书库存数量多的图书信息。

```
SELECT *
FROM tb_BookInfo
WHERE Total >ANY(SELECT Total
        FROM tb_BookInfo
        WHERE Publisher ='清华大学出版社')
```

3. EXISTS 子查询

在 SQL 中，关键字 EXISTS 代表“存在”的含义，它只查找满足条件的记录，一旦找到第一个匹配的记录后，马上停止查找。带 EXISTS 的子查询不返回任何记录，只产生逻辑值 TRUE 或者 FALSE，它的作用是在 WHERE 子句中测试子查询返回的行是否存在。

语法格式为：

```
[ NOT ] EXISTS ( subquery)
```

例如，查询借过图书编号为 H00001 图书的读者编号与姓名。

```
SELECT ReaderId, ReaderName
FROM tb_Reader
WHERE EXISTS(
    SELECT *
    FROM tb_Record
    WHERE ReaderId = tb_Reader.ReaderId AND BookId ='H00001')
```

任务 5.5 操作查询图书借阅数据库

任务描述

（1）使用 INSERT SELECT 语句。要求将 tb _ BookInfo 表中的图书信息插入新创建的 tb _ NewBookInfo 表中。

（2）使用 SELECT INTO 语句。要求向 tb _ BookInfo _ BJ 表中添加北京大学出版社的图书信息。

（3）使用 UPDATE 语句更新查询。要求将 tb _ NewBookInfo 表中被借过一次的图书数量减少 1 本。

（4）使用 DELETE 语句删除查询。要求将 tb _ NewBookInfo 表中一次都未被借过的图书的信息删除。

任务准备

（1）INSERT SELECT 语句：使用 INSERT SELECT 语句可以将 SELECT 语句产生的结果插入指定的表中。

（2）SELECT INTO 语句：使用 SELECT INTO 语句可以将查询结果插入新表中。

（3）UPDATE 语句：使用带有 FROM 子句的 UPDATE 语句不但能对一个表进行更新操作，还可以对多个表进行操作。

（4）DELETE 语句：子查询可以嵌套在 DELETE 语句中，用于构造执行删除操作的条件。

任务实施

1. 使用 INSERT SELECT 语句

要求：将 tb _ BookInfo 表中的图书信息插入新创建的 tb _ NewBookInfo 表中。

（1）创建数据表。在查询编辑器窗口输入如下代码：

```
USE db_Book
CREATE TABLE tb_NewBookInfo(
BookId nchar(6) NOT NULL,
BookName nvarchar(50) NOT NULL,
Author nvarchar(50) NOT NULL,
Price money NOT NULL,
Publisher nvarchar(30) NOT NULL,
PublishDate date NOT NULL,
Total int NOT NULL)
```

提示：新创建的表要求与 tb _ BookInfo 表结构一样。

（2）编写查询代码。新打开一个查询编辑器窗口，输入如下代码：

```
USE db_Book
INSERT INTO tb_NewBookInfo
SELECT * FROM tb_BookInfo
```

tb _ NewBookInfo 表示被插入数据的表。

（3）分析与执行查询代码。执行上述代码，即可看到如图 5-16 所示的查询结果。

（4）相关问题验证与分析。

问题 1：能否只插入部分记录？如果能，怎样实现？

问题 2：请分析 INSERT SELECT 语句的实际应用价值。

2. 使用 SELECT INTO 语句

要求：向 tb _ BookInfo _ BJ 表中添加北京大学出版社的图书信息。

（1）编写查询代码。根据任务要求，在查询编辑器窗口输入如下代码：

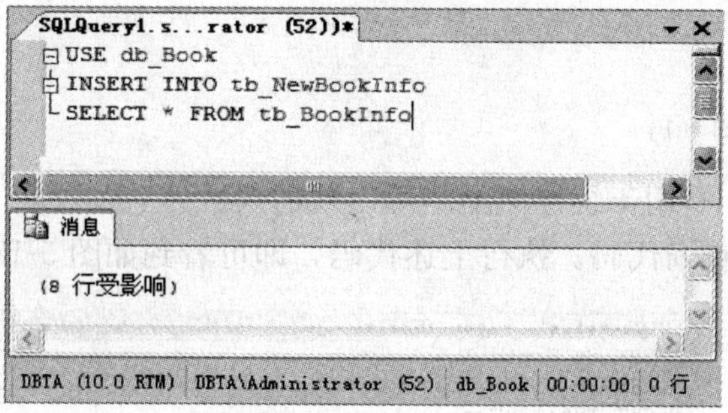

图 5-16 使用 INSERT SELECT 语句的结果

```
USE db_Book
SELECT *
INTO tb_BookInfo_BJ
FROM tb_BookInfo
WHERE Publisher ='北京大学出版社'
```

提示：要插入的新表不用提前创建。

tb _ BookInfo _ BJ 表示要插入数据的新表名称，可以自定义名称。

（2）分析与执行查询代码。执行上述代码，即可看到如图 5-17 所示的查询结果。

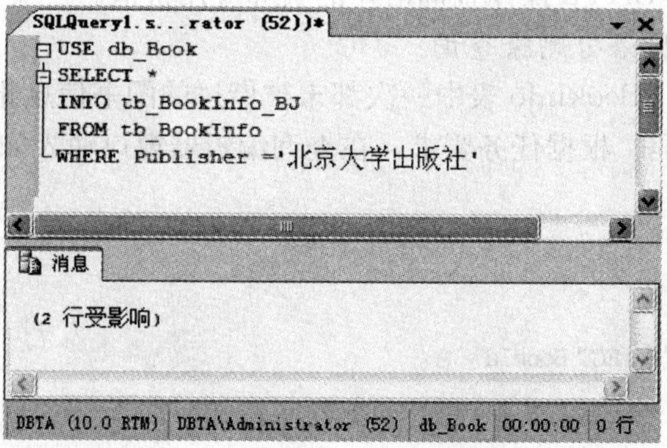

图 5-17 使用 SELECT INTO 语句的结果

（3）相关问题验证与分析。

问题 1：比较前面两种插入数据方式的优劣。

问题 2：请分析 SELECT INTO 的实际应用价值。

3. 使用 UPDATE 语句更新查询

要求：将 tb _ NewBookInfo 表中被借过一次的图书数量减少 1 本。

（1）编写查询代码。根据任务要求，在查询编辑器窗口输入如下代码：

```
USE db_Book
UPDATE tb_NewBookInfo
SET Total = Total -1
WHERE BookId IN(SELECT BookId
```

```
FROM tb_Record
GROUP BY BookId
HAVING COUNT(BookId) = 1)
```

COUNT(BookId) 用于统计图书编号出现的次数。

(2) 分析与执行查询代码。执行上述代码，即可看到如图 5-18 所示的查询结果。

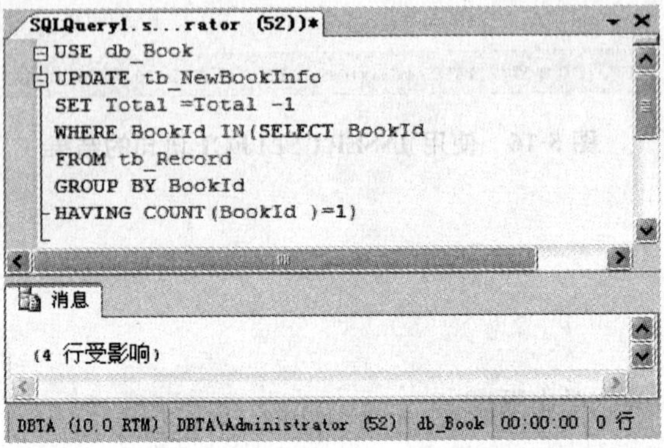

图 5-18　使用 UPDATE 语句的结果

(3) 相关问题验证与分析。

问题：请分析 UPDATE 操作查询语句的实际应用价值。

4. 使用 DELETE 语句删除查询

要求：将 tb _ NewBookInfo 表中一次都未被借过的图书信息删除。

(1) 编写查询代码。根据任务要求，在查询编辑器窗口输入如下代码：

```
USE db_Book
DELETE
FROM tb_NewBookInfo
WHERE BookId NOT IN(SELECT BookId
FROM tb_Record )
```

tb _ NewBookInfo 表示需要删除数据的表名。

(2) 分析与执行查询代码。执行上述代码，即可看到如图 5-19 所示的查询结果。

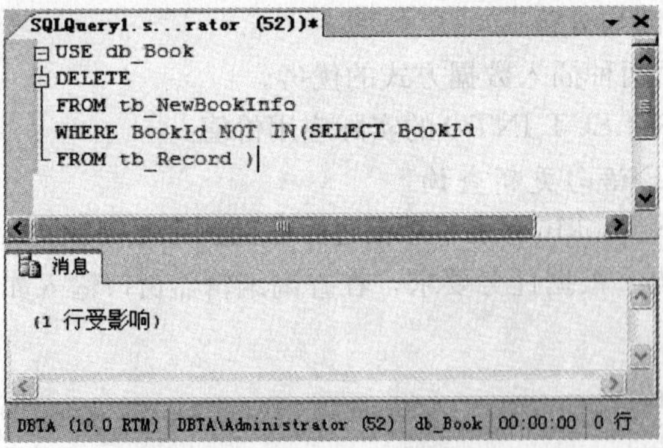

图 5-19　使用 DELETE 语句的结果

（3）相关问题验证与分析。

问题：请分析 DELETE 操作查询语句的实际应用价值。

课堂实践

（1）按照任务实施过程的要求完成各子任务并检查实施结果。

（2）将 tb _ BookInfo 表中的图书信息插入新创建的 tb _ NewBookInfo 表中。

（3）向 tb _ BookInfo _ BJ 表中添加北京大学出版社的图书信息。

（4）将 tb _ NewBookInfo 表中被借过一次的图书数量减少 1 本。

（5）将 tb _ NewBookInfo 表中一次都未被借过的图书的信息删除。

检查与问题讨论

（1）检查并相互检查课堂实践的完成情况，提出存在问题，根据问题进行小组讨论。

（2）基本知识（关键字）讨论：INSERT SELECT、SELECT INTO、UPDATE、DELETE。

（3）任务实施情况讨论：INSERT SELECT、SELECT INTO、UPDATE、DELETE 语句使用情况。

技术基础

1. INSERT SELECT 语句

INSERT SELECT 语法结构如下：

```
INSERT 目标表名(字段列表)
SELECT 字段列表
FROM 源表名
WHERE 条件表达式
```

使用 INSERT SELECT 语句须注意以下几点：

① 在数据库中必须存在目标表；

② 必须保证目标表中列的数据类型与源表中相应列的数据类型一致。

③ 必须明确是否存在默认值，或者所有被忽略的列是否允许为空值。如果不允许为空值，则必须为目标表的该列指定值。

2. SELECT INTO 语句

SELECT INTO 语法结构如下：

```
SELECT 字段列表
INTO 新表名
FROM 源表名
WHERE 条件表达式
```

使用 SELECT INTO 语句须注意以下两点：

① 保证在数据库中不存在新表；

② 可以创建本地临时表和全局临时表，创建本地临时表需要在表名前加一个符号“#”，创建全局临时表，则需要在表名前加两个“#”，本地临时表在当前会话中可见，全局临时表在所有会话中都可见。

3. UPDATE 语句

使用带有 FROM 子句的 UPDATE 语句须注意以下两点：

① 使用 SET 关键字可以引入列的列名或各种要更新的变量名，但必须明确指出；

② 如果子查询没有返回值，必须在子查询中引入 IN、EXISTS、ANY、ALL 等关键字。

任务 5.6 图书借阅数据库视图与索引

任务描述

(1) 创建视图。创建一个名称为 View _ Book 的视图，视图包括 tb _ Reader 表中的借书证号、姓名，以及 tb _ BookInfo 表中图书名称和 tb _ Record 表中的借阅日期。

(2) 管理和使用视图。对 View _ Book 视图进行修改、重命名和删除，并对视图进行查询。

(3) 创建索引。为图书表的作者字段创建非聚集索引 Index _ Author。

(4) 管理索引。管理 Index _ Author 索引。

任务准备

(1) 视图：视图（VIEW）是一种虚拟表，视图本身并不包含任何数据或信息，可以将视图想象成由一个或者多个表所组成的存储在数据库中的查询，视图中的数据与数据表中的数据是同步的，当对数据进行操作时，系统根据视图的定义去操作与视图相关联的数据表。视图一旦定义好，就可以像普通的数据表一样进行数据操作，如查询、修改、删除等。

(2) 索引：数据库中的索引与书籍中的索引（目录）类似，在一本书中，利用索引可以快速查找所需的信息，无须阅读整本书。在数据库中，索引使数据库程序无须对整个表进行扫描，就可以在其中找到所需的数据。索引的建立依赖于表，它提供了数据编排表中数据的内部方法。表的存储由两部分组成，一部分用来存放表的数据页面，另一部分存放索引页面。索引就存放在索引页面上，当进行数据检索时，系统先搜索索引页面，从中找到所需数据的指针，然后通过指针从数据页面读取数据。索引一旦创建好，将由数据库自动管理和维护。

任务实施

1. 创建名为 View _ Book 的视图

在 SQL Server 2008 中，创建视图有两种主要方法：使用图形化界面创建和使用

T_SQL语句创建。

（1）使用图形化界面创建视图

① 新建视图。展开 db_Book 数据库，右击“视图”节点，选择“新建视图”命令，如图 5-20 所示。在弹出的“添加表”对话框中添加需要建立视图的表。

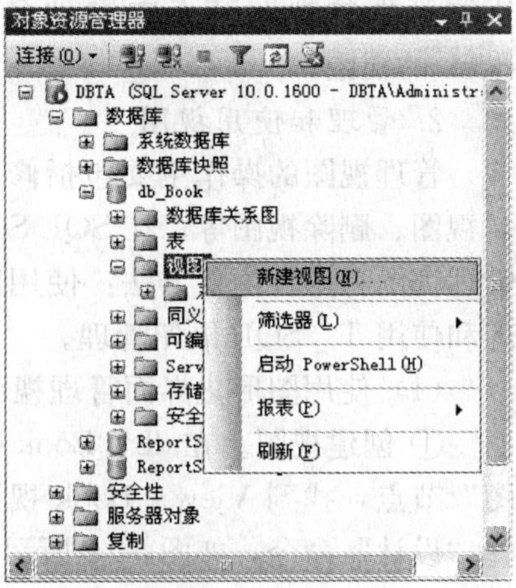

图 5-20 新建视图

② 设计视图。添加完数据表后，进入视图设计器，选择 tb_Reader 表中的借书证号、姓名，tb_BookInfo 表中图书名称和 tb_Record 表中的借阅日期，如图 5-21所示。

③ 保存视图。将新建的视图保存为 View_Book，在使用时可通过直接访问 View_Book 来获取相应的数据。

（2）使用 T_SQL 语句创建视图 View_Book

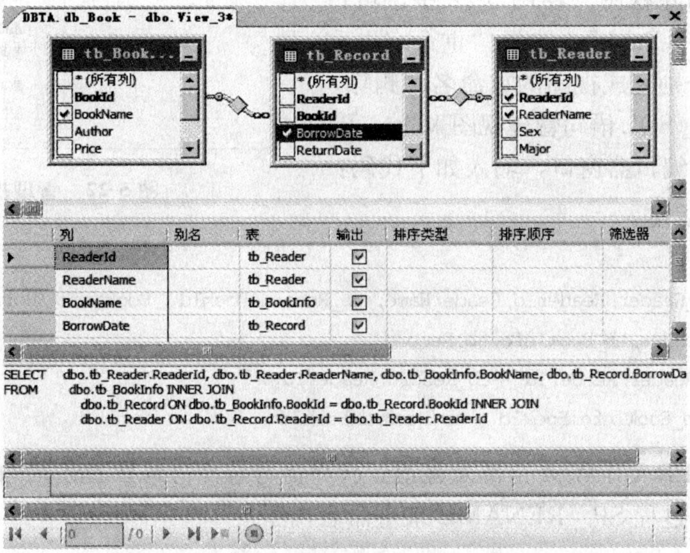

图 5-21 设计视图

① 编写代码。打开查询编辑器窗口，输入如下代码：

```
USE db_Book
CREATE VIEW View_Book
AS
    SELECT tb_Reader.ReaderId, ReaderName, BookName, BorrowDate
    FROM tb_Reader, tb_BookInfo, tb_Record
    WHERE tb_Reader.ReaderId = tb_Record.ReaderId
        AND tb_BookInfo.BookId = tb_Record.BookId
```

提示：VIEW 为视图关键字。AS 关键字必须写。

② 创建视图。单击工具栏上的“执行”按钮，完成视图的创建。创建完成后即可在

资源管理的视图节点中看到名字为 View _ Book 的视图。

2. 管理和使用视图

管理视图的操作主要包括修改视图、重命名视图、删除视图等，在 SQL Server 2008 中，管理视图有两种主要方法：使用图形化界面管理和使用 T _ SQL 语句管理。

(1) 使用图形化界面管理视图

① 创建视图。在 db _ Book 数据库的“视图”节点，找到 View _ Book 视图，右击并选择“设计”命令，如图 5-22 所示，打开视图设计环境。具体设计过程类似创建视图，可以增加或者减少字段。

② 命名和删除视图。在图 5-22 中，可以右击“dbo. View _ Book”，选择“重命名”和“删除”命令，分别完成视图的重命名和删除。

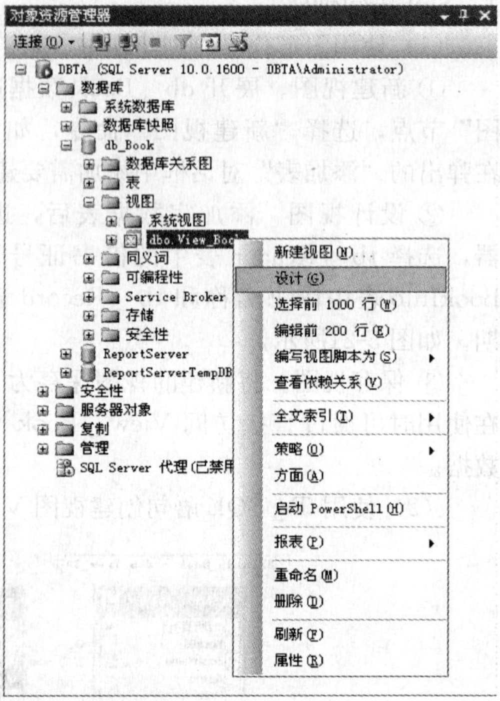

图 5-22　管理视图

(2) 使用 T _ SQL 语句管理视图 View _ Book

① 打开查询编辑器窗口，输入如下代码：

```
ALTER VIEW View_Book
AS
    SELECT tb_Reader.ReaderId,ReaderName, tb_Record.BookId , BookName ,BorrowDate
    FROM tb_Reader,tb_BookInfo,tb_Record
    WHERE tb_Reader.ReaderId = tb_Record.ReaderId
        AND tb_BookInfo.BookId = tb_Record.BookId
```

提示：ALTER VIEW 表示修改视图。代码运行后即可修改视图的内容。

② 使用存储过程 SP _ RENAME 来重命名视图。

```
SP_RENAME View_Book,View_Bookinfo
```

其中，SP _ RENAME 用于重命名存储过程，为系统存储过程。存储过程为一组为了完成特定功能的 SQL 语句集，经编译后存储在数据库中，用户通过指定存储过程的名字并给出参数（如果该存储过程带有参数）来执行它。存储过程将在后面章节中具体介绍。

③ 使用 DROP VIEW 命令来删除视图。

```
DROP VIEW View_Book
```

(3) 使用视图

① 在工具栏中单击“新建查询”按钮，打开查询编辑器窗口，输入如下代码来使用视图：

```
SELECT * FROM View_Book
```

② 执行查询，得到查询结果。

3. 创建名为 Index _ Author 的索引

在 SQL Server 2008 中，创建索引有两种主要方法：使用图形化界面创建和使用 T _ SQL 语句创建。

（1）使用图形化界面创建索引

① 新建索引。在“对象资源管理器”中展开 tb _ BookInfo 表，选择“索引”，右击，在弹出的快捷菜单选择“新建索引”命令，如图 5-23 所示。

② 设置索引。进入“新建索引”对话框，在索引名称文本框中输入 Index _ Author，单击“添加”按钮，在弹出的对话框中选择 Author 字段，如图 5-24 所示。

③ 连续两次单击“确定”按钮，完成索引的创建。

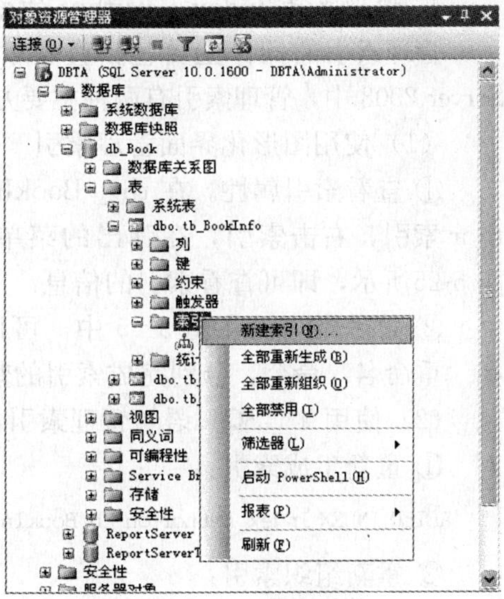

图 5-23 新建索引

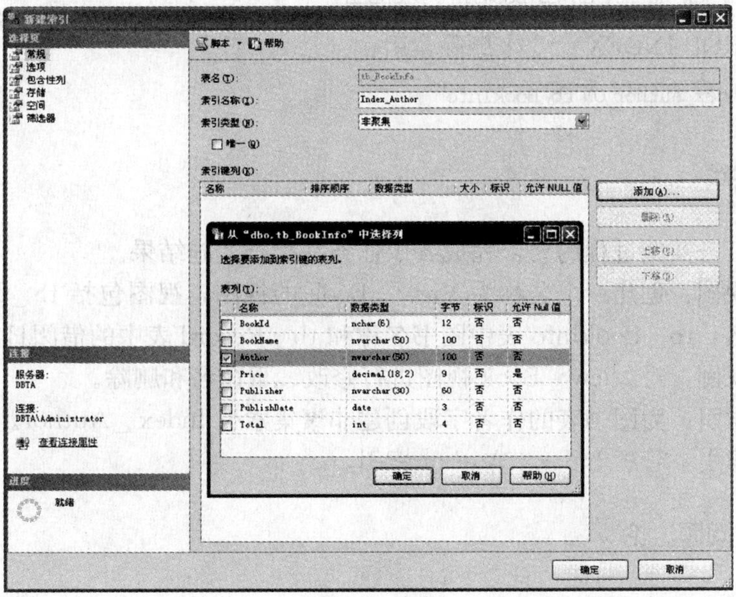

图 5-24 设置索引

（2）使用 T _ SQL 语句创建索引 Index _ Author

打开查询编辑器窗口，输入如下代码：

```
CREATE NONCLUSTERED INDEX Index_Author
ON tb_BookInfo(Author)
```

NONCLUSTERED 表示创建的索引为非聚集索引。

4. 管理名为 Index _ Author 的索引

管理索引的操作主要包括查看索引的信息、修改索引、禁止/启用索引等，在 SQL Server 2008 中，管理索引有两种主要方法：使用图形化界面管理和使用 T _ SQL 语句管理。

（1）使用图形化界面管理索引

① 查看索引属性。在 tb _ BookInfo 表中，找到 Index _ Author 索引，右击索引，在弹出的菜单中选择“属性”命令，如图 5-25所示，即可查看索引的信息。

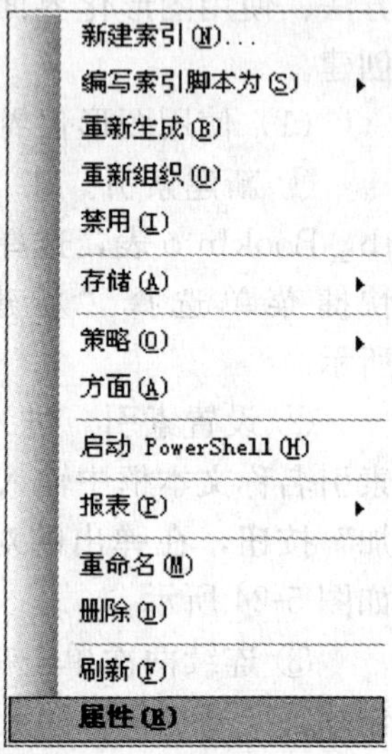

图 5-25　管理索引

② 管理索引。在图 5-25 中，可以右击索引，选择“禁用”和“重命名”命令，分别完成索引的禁用和重命名。

（2）使用 T _ SQL 语句管理索引 Index _ Author

① 重新生成索引：

```
ALTER INDEX Index_Author on tb_BookInfo REBUILD
```

② 重新组织索引：

```
ALTER INDEX Index_Author on tb_BookInfo REORGANIZE
```

③ 禁用索引：

```
ALTER INDEX Index_Author on tb_BookInfo DISABLE
```

④ 使用 DROP INDEX 命令来删除索引：

```
DROP INDEX Index_Author ON tb_BookInfo
```

课堂实践

（1）按照任务实施过程的要求完成各子任务并检查实施结果。

（2）创建视图：创建一个名称为 View _ Book 的视图，视图包括 tb _ Reader 表中的借书证号、姓名，tb _ BookInfo 表中图书名称和 tb _ Record 表中的借阅日期。

（3）管理视图：对 View _ Book 视图进行修改、重命名和删除。

（4）创建索引：为图书表的作者字段创建非聚集索引 Index _ Author。

（5）管理索引：管理 Index _ Author 索引。

检查与问题讨论

（1）检查并相互检查课堂实践的完成情况，提出存在问题，根据问题进行小组讨论。

（2）基本知识（关键字）讨论：视图、索引。

（3）任务实施情况讨论：视图和索引的作用，视图和索引的建立。

技术基础

1. 视图

（1）视图的作用

① 为最终用户减少数据库呈现的复杂性。客户端只要对视图写简单的代码，就能返

回所需要的数据，一些复杂的逻辑操作，可以放在视图中来完成。

② 防止敏感的列被选中，同时仍然提供对其他重要数据的访问。

③ 对视图添加一些额外的索引，来提高查询的效率。

视图其实没有改变任何事情，只是对访问的数据进行了某种形式的筛选。考虑一下视图的作用，应该能看到视图如何为缺乏经验的用户简化数据（只显示他们关心的数据），或者不给予用户访问基础表的权利，但授予他们访问不包含敏感数据视图的权力，从而提前隐藏敏感数据。

（2）视图的分类

视图分为标准视图、索引视图和分区视图。

标准视图也就是普通视图，存储的是 SELECT 查询语句。索引视图是一种特殊的视图，它是物理化的视图，包含经过计算的物理数据，因此会占用一定的存储空间。分区视图将分布在服务器间的分区数据进行连接而组成视图。在分区视图中，数据看起来好像来自同一个数据表。

（3）创建视图和管理视图

创建视图可以通过 Management Studio 创建，也可以通过使用 T _ SQL 的 CREATE VIEW 语句创建。

T _ SQL 使用命令 CREATE VIEW 创建视图，其基本格式为：

```
CREATE VIEW
[ 〈database_name〉. ] view_name [ (column [ ,...n ] ) ]
AS
select_statement
[ WITH CHECK OPTION ]
```

各参数的含义说明如下。

view _ name 表示视图名称。

select _ statement 构成视图文本的主体。利用 SELECT 命令从表或视图中选择列构成新视图的列。但在 SELECT 语句中，不能使用 ORDER BY、COMPUTE、COMPUTE BY 语句，不能使用 INTO 关键字，不能使用临时表。

WITH CHECK OPTION 表示对视图进行 UPDATA、INSERT、DELETE 操作时，要保证更新、插入或删除的记录满足视图定义中子查询的条件表达式。

T _ SQL 使用命令 ALTER VIEW 更改视图，其基本格式为：

```
ALTER VIEW
[〈database_name〉. ] view_name [ (column [ ,...n ] )]
AS
select_statement
```

在数据库中更改视图的名称可以使用存储过程 sp _ rename，但更改对象名的任一部分都可能破坏脚本。

T _ SQL 使用命令 DROP VIEW 删除视图，其基本格式为：

```
DROP VIEW view_name [ (column [ ,...n ] )]
```

2. 索引

（1）建立索引的一般原则

使用索引要付出一定的代价，因此为表建立索引时，要根据实际的情况，选择是否建立索引，建立索引的一般原则如下：

① 在经常需要搜索的列上创建索引；

② 对数据表中的主键建立索引，此索引系统会自动建立；

③ 对数据表中的外键建立索引；

④ 对经常用于连接的字段建立索引。

下列情况一般不使用索引：

① 在查询中很少涉及的字段；

② 有大量重复值的字段；

③ 更新性能比查询性能更重要的列，因为在被索引的字段上修改数据时，系统将更新相关的索引，维护索引需要较多的资源开销，会影响系统性能；

④ 定义为 text、ntext 和 image 数据类型的字段。

（2）索引的类型

在 SQL Server 2008 系统中，有两种基本类型的索引：聚集索引和非聚集索引。此外，还有唯一索引、包含索引、索引视图、全文索引、XML 索引。在这些索引类型中，聚集索引和非聚集索引是基本类型。

聚集索引是一种指明表中数据物理存储顺序的索引。在聚集索引中，表中各记录的物理顺序与键值的逻辑顺序相同。只有在表中建立了一个聚集索引后，数据才会按照索引值指定的顺序存储到指定表中。由于一个表中数据只能按照一种顺序存储，所以在一个表中只能建立一个聚集索引。

非聚集索引的数据存储在一个位置，索引存储在另外一个位置，索引带有指针指向数据的存储位置。索引中的项目按索引值的顺序存储，而表中的信息按另外一种顺序存储。

在 SQL Server 2008 中每个表可以创建的非聚集索引最多为 249 个，其中包括 PRIMARY KEY 或者 UNIQUE 约束创建的任何索引，但不包括 XML 索引。

非聚集索引可以通过以下几种方法实现：

① PRIMARY KEY 和 UNIQUE 约束；

② 独立于约束的索引；

③ 索引视图的非聚集索引。

（3）创建索引

在 SQL Server 2008 中，创建索引可以通过 Management Studio 创建，也可以通过使用 T _ SQL 的 CREATE INDEX 语句创建。

T _ SQL 使用命令 CREATE INDEX 创建索引，其基本格式为：

```
CREATE [ UNIQUE ][ CLUSTERED|NONCLUSTERED]
INDEX index_name ON table_name (column_name [ ASC|DESC ][,...n])
```

其中：

UNIQUE 用来指定创建的索引是唯一索引。

CLUSTERED | NONCLUSTERED 指定被创建索引的类型。使用 CLUSTERED 创建聚集索引，使用 NONCLUSTERED 创建非聚集索引。

实训 5 查询图书信息数据库

实训目的与要求

(1) 掌握简单查询的基本方法；
(2) 掌握统计查询的基本方法；
(3) 掌握连接查询的基本方法；
(4) 掌握子查询的基本方法；
(5) 掌握操作查询的基本方法；
(6) 掌握建立视图与索引的基本方法；
(7) 通过小组学习讨论，培养团队合作精神和交流能力。

实训内容与过程

(1) 小组学习讨论大作业 2（图书信息系统）的实训任务和要求（见附录 B)；
(2) 建立图书信息系统数据库的查询；
(3) 小组讨论图书信息数据库查询的优化问题；
(4) 建立图书信息系统数据库的索引；
(5) 建立图书信息系统数据库的视图；
(6) 小组讨论索引建立与视图应用问题。

项目总结

1. 基本技能

(1) 建立简单查询、统计查询、连接查询、子查询及操作查询；
(2) 建立视图与索引。

2. 基本知识

查询、SELECT 语法、GROUP BY、HAVING、ORDER BY、IN 子查询、比较子查询、EXISTS 子查询、INSERT SELECT、SELECT INTO、UPDATE、视图、索引。

3. 相关技术知识

TOP 关键字、计算列、联合查询、交查询、差查询。

思考练习 5

一、选择题

1. 在 SELECT 语句中，下列子句用于对分组统计进一步设置条件的子句为（　　）。

A. ORDER BY　　B. GROUP BY

C. WHERE　　D. HAVING

2. SQL 查询语句中 ORDER BY 子句的功能是（　　）。

A. 对查询结果进行排序　　B. 分组统计查询结果

C. 限定分组检索结果　　D. 限定查询条件

3. SQL 查询语句中 HAVING 子句的作用是（　　）。

A. 指出分组查询的范围　　B. 指出分组查询的值

C. 指出分组查询的条件　　D. 指出分组查询的字段

4. 采用 SQL 查询语言对关系进行查询操作，若要求查询结果中不能出现重复元组，可在 SELECT 子句后增加保留字（　　）。

A. DISTINCT　　B. UNIQUE

C. NOT NULL　　D. SINGLE

5. 一个查询的结果成为另一个查询的条件，这种查询被称为（　　）。

A. 连接查询　　B. 内查询

C. 自查询　　D. 子查询

6. 在 SELECT 语句中使用 *，表示（　　）。

A. 选择任何属性　　B. 选择所有属性

C. 选择所有元组　　D. 选择主键

7. 在 SQL 语句中，谓词“EXISTS”的含义是（　　）。

A. 全称量词　　B. 存在量词

C. 自然连接　　D. 等值连接

8. INSERT SELECT 语句的功能是（　　）。

A. 向新表中插入数据　　B. 执行插入查询

C. 修改数据　　D. 删除数据

9. 在关系数据库系统中，为了简化用户的查询操作，而又不增加数据的存储空间，常用的方法是创建（　　）。

A. 另一个表　　B. 游标

C. 视图　　D. 索引

10. 为了对表中的各行进行快速访问，应对此表建立（　　）。

A. 约束　　B. 规则

C. 索引　　D. 视图

二、填空题

1. 在 SQL Server 2008 中，使用（　　）关键字，用于查询时只显示前面几行数据。

2. 在查询条件中，可以使用另一个查询的结果作为条件的一部分，例如判定列值是否与某个查询的结果集中的值相等，作为查询条件一部分的查询称为（　　）。

3. EXISTS 谓词用于测试子查询的结果是否为空表。若子查询的结果集不为空，则 EXISTS 返回（　　），否则返回（　　）。EXISTS 还可以与 NOT 结合使用，即 NOT EXISTS，其返回值与 EXISTS 刚好相反。

4. 不能在一个表上创建（　　）聚集索引。如果已经建过聚集索引，SQL Server 将给出不能创建的信息。

5. 使用视图的原因有两个：一是出于（　　）上的考虑，用户不必看到整个数据库结构而隐藏部分数据；二是符合用户日常业务逻辑，使他们对数据更容易理解。

三、简答题

1. HAVING 子句与 WHERE 子句中的条件有什么不同？

2. 举例说明什么是内连接、外联接和交叉连接？

3. 子查询主要包括哪几种？

4. 创建视图的作用是什么？

5. 索引的类型有哪些？

项目 6　编程图书借阅数据库

教学目标

- 学会在 T _ SQL 中合理地定义变量和常量；
- 学会在 T _ SQL 中合理地使用表达式；
- 学会在 T _ SQL 中合理地使用流程控制语句；
- 学会在 T _ SQL 中使用函数的方法；
- 学会存储过程及触发器的设计和使用方法；
- 理解 SQL Server 中存储过程及触发器的概念及运行机制。

教学任务

【任务 6.1】图书借阅数据库的编程
【任务 6.2】图书借阅数据库的存储与触发

任务 6.1　图书借阅数据库的编程

任务描述

（1）简单数据库编程。在图书借阅数据库中根据输入的图书名称得到图书的出版社。

（2）带逻辑结构的数据库编程。在图书借阅数据库中根据输入的图书名称判断图书是否存在，对不存在的图书给出提示信息，而对存在的图书则输出其作者和出版社名称。

（3）带数据更新的数据库编程。在图书借阅数据库中根据输入的出版社名称，计算属于该出版社的图书的平均数量，并对平均数量进行判断，如果平均数量小于 10 则将出版社的图书的数量加 1。

任务准备

（1）数据库编程：SQL Server 采用 T _ SQL（Transact _ SQL）来进行数据库编程。T _ SQL 的全称是结构化查询语言，是微软在标准 SQL 的基础上定义的新的语言。T _ SQL 提供了丰富的编程结构，用户可以通过灵活地使用这些编程结构来实现任意复杂的应用规则，从而可以得到任意复杂的查询语句。SQL Server 中，用户还可以使用 T_SQL 语句编写由变量以及流程控制语句等组成的服务器端程序，并用这些程序来实现复杂的程序逻辑以及特定的功能。

（2）变量：T_SQL 中的变量分为全局变量和局部变量。全局变量采用@@开头，由 SQL Server 系统提供并赋值，用户不能建立全局变量，也不能给全局变量赋值。局部变量可以由用户定义，用来存储指定数据类型的单个数据值的对象，因此在数据库编程中主要使用局部变量。局部变量用 DECLARE 语句声明，初始值为 NULL，由 SET 或 SELECT 赋值，只能用在声明该变量的过程实体中，其名称采用@符号开头。定义局部变量的语法如下：

```
DECLARE @变量名称 变量类型
```

（3）表达式和运算符：表达式是由变量、常量、运算符以及函数等组成的语句。运算符是一种符号，用来指定要在一个或多个表达式中执行的操作。最基本的运算符有算术运算符、赋值运算符以及比较运算符等。

（4）流程控制语句：和其他的计算机编码语言一样，T_SQL 也提供了用于编写过程性代码的语法结构，可以用来进行顺序、分支、循环、存储过程、触发器等程序设计，编写结构化的模块代码。基本的流程控制语句如下。

① BEGIN…END　用来定义语句块，让语句块作为一个整体执行，其语法如下：

```
BEGIN
  语句序列
END
```

② IF…ELSE　用来根据条件执行相应的语句或语句序列，其语法如下：

```
IF 条件表达式
   语句序列 1
[ELSE
   语句序列 2]
```

③ WHILE　用来重复执行语句或语句序列，其语法如下：

```
WHILE 布尔表达式
BEGIN
  语句序列
END
```

任务实施

1. 简单数据库编程

要求：在图书借阅数据库中根据输入的图书名称得到图书的出版社。

（1）打开 SSMS。启动 SQL Server Management Studio 并建立与数据库引擎的连接。

（2）打开查询编辑器。在 SSMS 的工具栏中单击“新建查询”按钮，进入查询编辑器窗口。与建立数据库查询一样，数据库编程也是在 SQL Server 的查询分析器中进行的。

(3) 编写 T_SQL 代码。根据本任务步骤的要求，在查询编辑器中编写相应的 T_SQL代码，代码如下：

```
USE db_Book
--打开数据库 db_Book
GO
DECLARE @bookName nvarchar(50),@publisher nvarchar(30)
--使用 DECLARE 定义变量@bookName 和@publisher 来分别保存图书名称和出版社名称
SET @bookName = '机械创新设计'
--使用 SET 对变量@bookName 赋值
SELECT @publisher = Publisher FROM tb_BookInfo WHERE BookName = @bookName
--使用 SELECT 在完成查询的同时对变量@publisher 赋值
PRINT @publisher
--使用 PRINT 将变量@publisher 的值输出
```

(4) 执行 T_SQL 代码。在查询编辑器中编写好代码后，可以直接执行代码。与数据库查询一样，可以通过单击查询编辑器工具栏上的✔来对代码进行语法分析，以确定所编写的代码是否存在语法问题。同样，通过单击“执行”即可执行所编写的代码。

(5) 查看执行结果。代码执行后，可以看到如图 6-1 所示的执行结果。在“消息”栏中，可以看到变量“@publisher”的输出内容，即书名为“机械创新设计”的图书所属的出版社是“机械工业出版社”。

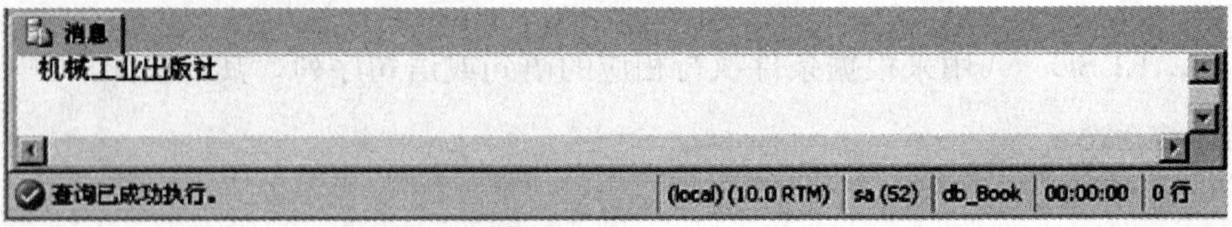

图 6-1　代码执行结果

提示：在 T_SQL 编程中，可以使用“--”和“/ * … * /”两种方式来对代码进行注释。其中，“--”用来进行单行注释，而“/ * … * /”则用来对多行代码进行注释。

(6) 相关问题验证与分析。

问题 1：使用 SELECT 可以对变量@bookName 进行赋值吗？

问题 2：比较数据库查询与数据库编程从建立到执行的过程，两者有什么区别和联系？

2. 带逻辑结构的数据库编程

要求：根据输入的图书名称判断图书是否存在，对不存在的图书给出提示信息，而对存在的图书则输出其作者和出版社名称。

(1) 编写 T_SQL 代码。根据本任务步骤的要求，在查询编辑器中编写相应的 T_SQL代码，代码如下：

```
USE db_Book
GO
```

```
DECLARE @bookName nvarchar(50),@author nvarchar(50),@publisher nvarchar(30)
SET @bookName = '机械创新设计'
IF EXISTS (SELECT * FROM tb_BookInfo WHERE BookName = @bookName)
--在 IF 条件中使用 EXISTS 来判断书名为@bookName 的图书是否存在
BEGIN
--BEGIN 表示语句序列的开始
    SELECT @author = Author,@publisher = Publisher FROM tb_BookInfo
    WHERE BookName = @bookName
    PRINT '作者:' + @author + ' 出版社:' + @publisher
/* 使用 PRINT 输出变量@author 和@publisher 的值,并使用连字符" + "将变量和说明性的字符串
'作者:'和' 出版社'连接起来 */
END
--END 表示语句序列的结束
ELSE
    PRINT '没有找到相应的图书'
--在没有找到对应图书的情况下,输出提示信息
```

（2）执行代码并查看结果。首先，将变量“@bookName”的图书名称赋值为“Access教程”，执行代码后可以看到如图 6-2 所示的结果，表示图书“Access 教程”在数据库中不存在。

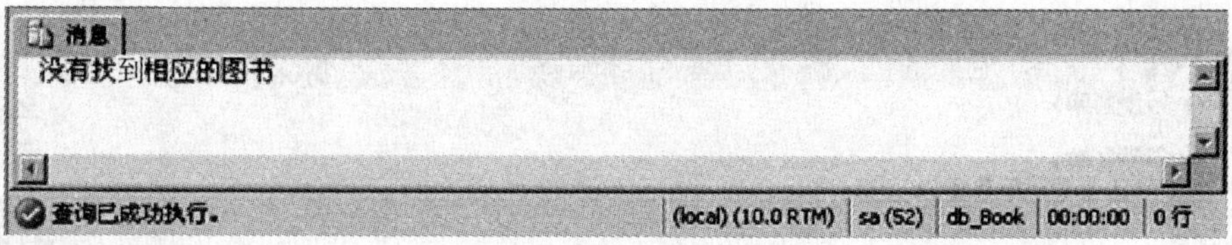

图 6-2 代码执行结果

接下来将变量“@bookName”的图书名称赋值为“机械创新设计”，然后再执行代码后即可看到如图 6-3 所示的查询执行结果。

图 6-3 代码执行结果

提示：在使用 T_SQL 进行编程时，要合理地使用缩进来控制代码的格式以便代码的编写和阅读，这种习惯在代码量增大时显得尤为重要。

（3）相关问题验证与分析。

问题 1：除了使用 EXISTS，还有其他的办法来判断图书是否存在吗？

问题 2：“+”除了表示求和，还有其他的作用吗？

问题 3：什么时候使用 BEGIN？什么时候可以不使用？

3. 带数据更新的数据库编程

要求：根据输入的出版社名称，计算属于该出版社的图书的平均数量，并对平均数量进行判断，如果平均数量小于10则将该出版社图书的数量加1。

（1）编写 T _ SQL 代码。根据本任务步骤的要求，在查询编辑器中编写相应的T _ SQL代码，代码如下：

```
USE db_Book --打开数据库
GO
DECLARE @publisher nvarchar(30),@num int,@avgNum int
SET @num = 10
SET @publisher = '清华大学出版社'
WHILE (SELECT AVG(Total) FROM tb_BookInfo WHERE Publisher = @publisher)<10
--使用 WHILE 循环对该出版社图书的平均数量进行比较
BEGIN
    UPDATE tb_BookInfo SET Total = Total + 1 WHERE Publisher = @publisher
--使用 UPDATE 在每次循环时将该出版社的每本图书的数量增加 1,直到平均数量大于 10 才停止
END
SELECT @avgNum = AVG(Total) FROM tb_BookInfo WHERE Publisher = @publisher
PRINT '修改后的图书平均数量为:' + CONVERT(varchar,@avgNum)
```

（2）执行代码并查看结果。执行代码后可以看到如图 6-4 所示的结果。

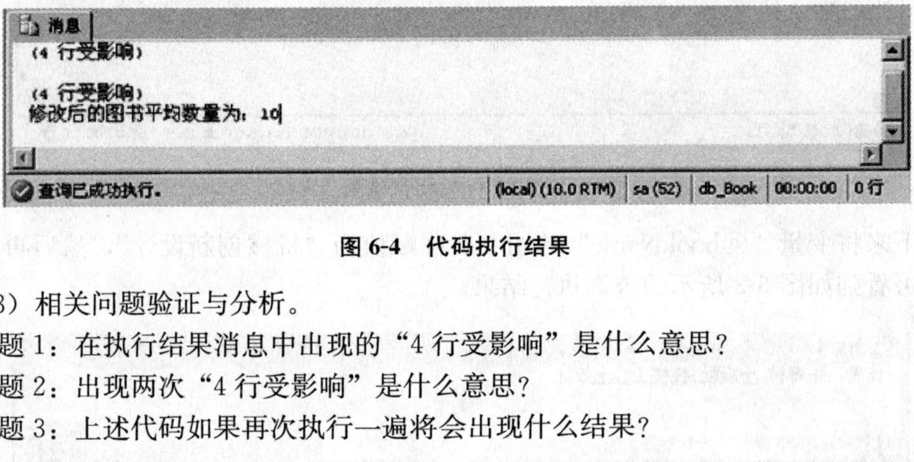

图 6-4 代码执行结果

（3）相关问题验证与分析。

问题 1：在执行结果消息中出现的“4 行受影响”是什么意思？

问题 2：出现两次“4 行受影响”是什么意思？

问题 3：上述代码如果再次执行一遍将会出现什么结果？

课堂实践

（1）按照任务实施过程的要求完成各子任务并检查执行结果。

（2）根据输入的借书证号，获取读者的姓名、专业等相关信息。要求采用变量来存储输入输出数据。

（3）根据输入的院系名称，进行相应的数据更新。要求：采用变量来存储输入输出数据；进行院系名称的判断，对于存在的院系来进行数据更新；列出属于该院系的专业名称，使用运算符和判断对专业名称进行处理。对于专业名称长度大于 5 个字的截取前 5 个字并在后面加上“...”，否则直接输出专业名称。

检查与问题讨论

（1）检查并相互检查课堂实践的完成情况，提出存在问题，根据问题进行小组讨论。

（2）讨论在数据库编程中使用变量来存储输入输出数据所带来的好处。

（3）T_SQL 中的运算符与表达式有哪些？各自的作用是什么？

（4）讨论分支语句和判断语句的异同点以及它们各自的使用范围。

（5）常用函数讨论：了解常用函数的分类，以及主要的函数。

技术基础

1. 常量

常量也称字面值或标量值，是表示一个特定数据值的符号。常量的格式取决于它所表示的值的数据类型。

（1）字符串常量

字符串常量括在单引号内并包含字母、数字字符（a～z、A～Z 和 0～9）以及特殊字符，如!、@、#。空字符串用中间没有任何字符的两个单引号表示。例如，'chiel'、'100%'。

（2）二进制常量

二进制常量具有前辍 0x 并且是十六进制数字字符串。这些常量不使用引号。例如，0xAE、0x12Ef、0x69048AEFDD010E。

（3）实型常量

实型常量有定点表示和浮点表示两种方式，定点表示如 200.32、－23.24，浮点表示如－12E3、0.23E－5。

（4）整型常量

整型常量是指没有小数点和指数 E 的常量，如 2012，11。

（5）日期常量

日期常量使用单引号括起来。例如，'April 15，1998'、'09/25/2012'、'2012-12-20'、'2012 年10 月 10 日'、'20121123'。

（6）货币型常量

货币型常量以前缀为可选的小数点和可选的货币符号的数字字符串来表示。例如，＄33.22。

2. 全局变量

在 SQL Server 中，全局变量是一种特殊类型的变量，是由 SQL Server 系统提供并赋值的变量，其作用范围并不局限于某一程序，而是任何程序均可随时调用。全局变量不能由用户定义和赋值，引用全局变量必须以“@@”符号开始。

大部分全局变量的值用来报告本次 SQL Server 启动后系统的活动状态。SQL Server 提供两种全局变量：一种是与 SQL Server 连接有关的全局变量，另一种是与系统内部信息有关的全局变量。SQL Server 中常用的全局变量如表 6-1 所示。

表 6-1 SQL Server 常用的全局变量

全局变量名称	功　能
@@connections	返回当前服务器的连接的数目
@@rowcount	返回上一条 T _ SQL 语句影响的数据行数
@@error	返回上一条 T _ SQL 语句执行后的错误号
@@procid	返回当前存储过程的 ID 号
@@remserver	返回登录记录中远程服务器的名字
@@servername	返回运行 SQL Server 的本地服务器的名称
@@spid	返回当前服务器进程的 ID 标识
@@version	返回当前 SQL Server 服务器的版本和处理器类型
@@language	返回当前 SQL Server 服务器的语言
@@CPU _ busy	返回 SQL Server 自上次启动后的工作时间

3. 运算符

SQL Server 2008 使用下列几类运算符：算术运算符、赋值运算符、位运算符、比较运算符、逻辑运算符、字符串串联运算符、一元运算符。

(1) 算术运算符（见表 6-2）

表 6-2 常用算术运算符

运 算 符	含　义
+（加）	加法
-（减）	减法
*（乘）	乘法
/（除）	除法
%（模）	返回一个除法的余数。例如，12 % 5 = 2，12 除以 5，余数为 2

算术运算符在两个表达式上执行数学运算，这两个表达式可以是数字数据类型分类的任何数据类型。

加（+）和减（-）运算符可用于对 datetime 及 smalldatetime 值执行算术运算。

(2) 赋值运算符

T _ SQL 有一个赋值运算符，即等号（=）。在下面的示例中，创建了 @MyCounter 变量。然后，赋值运算符将 @MyCounter 设置成一个由表达式返回的值。

```
DECLARE @MyCounter INT
SET @MyCounter = 1
```

也可以使用赋值运算符在列标题和为列定义值的表达式之间建立关系，即通过 SELECT语句赋值。前面的内容已经介绍了，这里不再赘述。

(3) 位运算符

位运算符在两个表达式之间执行位操作，这两个表达式可以是整型或二进制字符串数据类型分类中的任何数据类型（但 image 数据类型除外），位运算符如表 6-3 所示。

表 6-3 位运算符

<table>
<tr><th>运 算 符</th><th>含 义</th></tr>
<tr><td>&（按位 AND）</td><td>按位 AND（两个操作数）</td></tr>
<tr><td>|（按位 OR）</td><td>按位 OR（两个操作数）</td></tr>
<tr><td>^（按位异或）</td><td>按位异或（两个操作数）</td></tr>
</table>

（4）比较运算符

比较运算符测试两个表达式是否相同。除了 text、ntext 或 image 数据类型的表达式外，比较运算符可以用于所有的表达式，比较运算符如表 6-4 所示。

表 6-4 比较运算符

运 算 符	含 义
＝（等于）	等于
＞（大于）	大于
＜（小于）	小于
＞＝（大于或等于）	大于等于
＜＝（小于或等于）	小于等于
＜＞（不等于）	不等于
！＝（不等于）	不等于（非 SQL-92 标准）
！＜（不小于）	不小于（非 SQL-92 标准）
！＞（不大于）	不大于（非 SQL-92 标准）

比较运算符的结果是布尔数据类型，它有三种值：TRUE、FALSE 及 UNKNOWN。返回布尔数据类型的表达式称为布尔表达式。

和其他 SQL Server 数据类型不同，不能将布尔数据类型指定为表列或变量的数据类型，也不能在结果集中返回布尔数据类型。

（5）逻辑运算符

逻辑运算符对某个条件进行测试，以获得其真实情况。逻辑运算符和比较运算符一样，返回带有 TRUE 或 FALSE 值的布尔数据类型，逻辑运算符如表 6-5 所示。

表 6-5 逻辑运算符

运 算 符	含 义
ALL	如果一系列的比较都为 TRUE，那么就为 TRUE
AND	如果两个布尔表达式都为 TRUE，那么就为 TRUE
ANY	如果一系列的比较中任何一个为 TRUE，那么就为 TRUE
BETWEEN	如果操作数在某个范围之内，那么就为 TRUE
EXISTS	如果子查询包含一些行，那么就为 TRUE
IN	如果操作数等于表达式列表中的一个，那么就为 TRUE
LIKE	如果操作数与一种模式相匹配，那么就为 TRUE
NOT	对任何其他布尔运算符的值取反
OR	如果两个布尔表达式中的一个为 TRUE，那么就为 TRUE
SOME	如果在一系列比较中，有些为 TRUE，那么就为 TRUE

（6）字符串串联运算符

字符串串联运算符允许通过加号（＋）进行字符串串联，这个加号称为字符串串联运算符。其他所有的字符串操作都可以通过字符串函数（例如 SUBSTRING）进行处理。例如，将'abc' ＋ '' ＋'def' 存储为 'abide'。

（7）一元运算符

一元运算符只对一个表达式执行操作，这个表达式可以是数字数据类型分类中的任何一种数据类型，一元运算符如表 6-6 所示。

表 6-6　一元运算符

运 算 符	含　义
＋（正）	数值为正
－（负）	数值为负
～（按位 NOT）	返回数字的补数

（8）运算符的优先顺序

当一个复杂的表达式有多个运算符时，运算符优先顺序决定了执行运算的先后次序。执行的顺序可能严重地影响所得到的值。在较低等级的运算符之前先对较高等级的运算符进行求值。

运算符有下面的优先等级（从高到低）：

＋（正）、－（负）、～（按位 NOT）

*（乘）、/（除）、%（模）

＋（加）、＋（串联）、－（减）

＝、＞、＜、＞＝、＜＝、＜＞、! ＝、! ＞、! ＜（比较运算符）

^（位异或）、&（位与）、|（位或）

NOT

AND

ALL、ANY、BETWEEN、IN、LIKE、OR、SOME

＝（赋值）

当一个表达式中的两个运算符有相同的运算符优先等级时，基于它们在表达式中的位置来对其从左到右进行求值。

4. SQL Server 常用函数

SQL Server 2008 提供了许多系统定义函数，这些函数可以完成许多特殊的操作，增强了系统的功能，提高了系统的易用性。可以把 SQL Server 2008 中的系统定义函数分为 14 种类型，每一种类型的内置函数都可以完成某种类型的操作，这些类型的函数的名称和主要功能如表 6-7 所示。

表 6-7　内置函数类型和描述

函数类别	描　述
聚合函数	将多个数值合并为一个数值，例如，计算合计值
配置函数	返回当前配置选项配置的信息
加密函数	支持加密、解密、数字签名和数字签名验证等操作
游标函数	返回有关游标状态的信息
日期和时间函数	可以执行与日期、时间数据相关的操作
数学函数	执行对数、指数、三角函数、平方根等数学运算

续表

函数类别	描　述
元数据函数	用于返回数据库和数据库对象的属性信息
排名函数	可以返回分区中的每一行的排名值
行集函数	可以返回一个可用于代替 T _ SQL 语句中表引用的对象
安全函数	返回有关用户和角色的信息
字符串函数	可以对字符数据执行替换、截断、合并等操作
系统函数	对系统级的各种选项和对象进行操作或报告
系统统计函数	返回有关 SQL Server 系统性能统计的信息
文本和图像函数	用于执行更改 TEXT 和 IMAGE 值的操作

(1) 日期和时间函数

日期和时间函数对日期和时间输入值执行操作，返回一个字符串、数字或日期和时间值，常用的日期和时间函数如表 6-8 所示。

表 6-8　常用的日期和时间函数

函　数	说　明
GETDATE( )	以标准格式返回当前系统的日期和时间，返回值的格式是 DATETIME
YEAR( )	返回指定日期的“年”部分的整数
MONTH( )	返回指定日期的“月”部分的整数
DAY( )	返回指定日期的“天”部分的整数
DATENAME( )	返回表示指定日期的指定日期部分的字符串
DATEPART( )	返回表示指定日期的指定日期部分的整数
DATEADD( )	返回给指定日期加上一个时间间隔后的新 datetime 值
DATEDIFF( )	返回两个指定日期的日期边界数和时间边界数

日期的组成部分如表 6-9 所示。

表 6-9　日期组成部分

日期组成部分	缩　写	说　明	取值范围
year	yy，yyyy	年份	1753～9999
quarter	qq，q	季度	1～4
month	mm，m	月份	1～12
dayofyear	dy，y	年内天数	1～366
day	dd，d	月内天数	1～31
week	wk，ww	年内周数	1～53
hour	hh	小时	0～23
minute	mi，n	分钟	0～59
second	ss，s	秒	0～59
millisecond	ms	毫秒	0～999

例如，要获取当前的日期时间，可以输入代码 PRINT GETDATE( )；要获取当前的年份，则可以输入代码 PRINT DATEPART(yy，GETDATE( ))。

(2) 字符串函数

对输入的字符串进行各种操作的函数称为字符串函数。SQL Server 2008 系统提供的

23 个字符串函数及其功能如表 6-10 所示。

表 6-10 字符串函数

字符串函数	描　述
ASCII	ASCII 函数，返回字符串表达式中最左端字符的 ASCII 代码值
CHAR	ASCII 代码转换函数，返回指定 ASCII 代码的字符
CHARINDEX	用于确定字符位置的函数，返回指定字符串中指定表达式的开始位置
DIFFERENCE	字符串差异函数，返回两个字符表达式的 SOUNDEX 值之间的差别
LEFT	左子串函数，返回指定字符串中从左边开始指定个数的字符
LEN	字符串长度函数，返回指定字符串表达式中字符的个数
LOWER	小写字母函数，返回指定表达式的小写字母，将大写字母转换为小写字母
LTRIM	删除前导空格函数，返回删除了前导空格的字符表达式
NCHAR	Unicode 字符函数，返回指定整数代码的 Unicode 字符
PATINDEX	模式定位函数，返回指定表达式中指定模式第一次出现的起始位置。0 表示没有找到指定的模式
QUOTENAME	返回带有分隔符的 Unicode 字符串
REPLACE	替换函数，用第三个表达式替换第一个字符串表达式中出现的所有第二个指定字符串表达式的匹配项
REPLICATE	复制函数，以指定的次数重复字符表达式
REVERSE	逆向函数，返回指定字符串的逆向表达式
RIGHT	右子串函数，返回字符串表达式中从右边开始指定个数的字符
RTRIM	删除尾随空格函数，返回删除所有尾随空格的字符表达式
SOUNDEX	相似函数，返回一个由 4 个字符组成的代码，用于评估两个字符串的相似性
SPACE	空格函数，返回由重复的空格组成的字符串
STR	数字向字符转换函数，返回由数字转换过来的字符串
STUFF	插入替代函数，删除指定长度的字符，并在指定的起点处插入另外一组字符
SUBSTRING	子串函数，返回字符表达式、二进制表达式等的指定部分
UNICODE	UNICODE 函数，返回指定表达式中第一个字符的整数代码
UPPER	大写函数，返回指定表达式的大写字母形式

例如，要获取字符串“SQL Server”的长度，可以输入代码：PRINT LEN（'SQL Server'）；而要获取字符串“SQL Server”左边的 3 个字符，则可以输入代码：PRINT LEFT（'SQL Server'，3）。

（3）系统函数

系统函数可以访问系统表中的信息。建议使用系统函数来获得系统信息，而不要直接查询系统表。部分常用的系统函数如表 6-11 所示。

表 6-11 常用系统函数

系统函数	描　述
APP_NAME	返回当前会话的应用程序名称
CASE	计算条件列表，返回多个候选结果表达式中的一个表达式
CAST	将一种数据类型的表达式显式转换为另外一种数据类型的表达式，同 CONVERT 函数
CURRENT_USER	返回当前用户的名称，等价于 USER_NAME 函数

续表

系统函数	描　述
@@ERROR	返回已经执行的上一个 T _ SQL 语句的错误号
HOST _ ID	返回工作站标识符
HOST _ NAME	返回工作站名称
ISDATE	确认输入的表达式是否为有效的日期
ISNULL	使用指定的替换表达式替换空值
ISNUMERIC	确认输入的表达式是否为有效的数值
SESSION _ USER	返回当前数据库中当前上下文中的用户名
SYSTEM _ USER	返回当前登录名
@@TRANCOUNT	返回当前连接的活动事务数

例如，执行代码 PRINT APP _ NAME( ) 就可以在执行结果看到消息“Microsoft SQL Server Management Studio — 查询”，表示当前的应用程序是 SSMS。

5. 其他流程控制语句

(1) CASE

CASE 语句可以在 SELECT 语句中有列名的任何地方使用，用来根据条件表达式值的不同而返回对应的结果；如果所有条件都不满足，则返回 ELSE 分支的结果。CASE 语句有如下两种格式。

① 简单格式。将一个测试表达式与一组简单测试值进行比较，从而返回相应结果，其语法如下：

```
CASE 测试表达式
WHEN 测试值 THEN 结果表达式
…
WHEN 测试值 THEN 结果表达式
[ELSE 结果表达式]
END
```

② 搜索格式。CASE 后面不跟任何表达式，在各个 WHEN 关键字后面跟条件表达式，其语法如下：

```
CASE
WHEN 条件表达式 THEN 结果表达式
…
WHEN 条件表达式 THEN 结果表达式
[ELSE 结果表达式]
END
```

(2) 其他语句

表 6-12 列出了 T _ SQL 中的一些其他控制流程语句。

表 6-12 其他控制流程语句

控制流语句	描述
BREAK	退出 WHILE 或 IF…ELSE 语句中最里层的循环。如果 END 关键字作为循环结束标记，那么执行 BREAK 语句后将执行出现在 END 关键字后面的任何语句
GOTO	使 T _ SQL 批处理的执行跳至指定标签的语句。也就是说，不执行 GOTO 语句和标签之间的所有语句。由于该语句破坏了结构化语句的结构，应该尽量少用该语句
CONTINUE	重新开始一个新的 WHILE 循环
RETURN	无条件终止查询、存储过程或批处理的执行。存储过程或批处理中 RETURN 语句后面的所有语句都不再执行。当在存储过程中使用 RETURN 语句时，可以使用该语句指定返回给调用应用程序、批处理或过程的数值。如果 RETURN 语句未指定值，则存储过程的返回值是 0
WAITFOR	悬挂起批处理、存储过程或事务的执行，直到发生以下情况为止：已超过指定的时间间隔、到达一天中指定的时间、指定的 RECEIVE 语句至少修改一行数据。该语句通过暂停语句的执行而改变语句的执行过程

任务 6.2 图书借阅数据库的存储与触发

任务描述

（1）简单存储过程的设计。在图书借阅数据库中创建一个存储过程，用来返回所有的借阅记录。

（2）带参数存储过程的设计。在图书借阅数据库中创建一个存储过程，用来根据输入的读者编号来返回读者的借阅记录。

（3）简单触发器的设计。在图书借阅数据库中创建一个触发器，用来在读者表中有数据添加时进行提示。

（4）带逻辑结构触发器的设计。在图书借阅数据库中创建一个触发器，用来在读者表中有数据删除时判断数据完整性。

任务准备

（1）存储过程：存储过程是存储在 SQL Server 数据库中的由 T _ SQL 语句编写的具有特定功能的代码段。它可以被编译之后执行，也可以被客户机管理工具、应用程序、其他存储过程调用。一般将一些特定的数据库操作代码写入存储过程中由 SQL Server 数据库来执行，以提高程序的效率或实现特定的任务。存储过程的作用主要包括如下几点。

① 模块化程序设计。只需要创建过程一次并将其存储在数据库中，以后即可在程序中调用该过程任意次。

② 提高执行速度。如果某操作需要大量 T _ SQL 代码或需要重复执行，存储过程将比 T _ SQL 批代码的执行要快。因为存储过程在第一次运行后，就驻存在高速缓存存储器中。

③ 减少网络流量。一个需要数百行 T _ SQL 代码的操作由一条执行存储过程代码的单独语句就可以实现，而不需要在网络中发送数百行代码。

④ 提高安全性。对于没有直接授予某些语句操作权限的用户，也可以授予他们执行包含这些语句的存储过程的权限。

（2）触发器：触发器实际上就是一种特殊类型的存储过程，是一个在修改指定表中数据时执行的存储过程。触发器主要用于实现主键和外键所不能保证的复杂参照完整性和数据一致性。由于用户不能绕过触发器，所以可以用它来强制实现复杂的业务规则，以确保数据的完整性。触发器主要通过操作事件进行触发而被执行，当对表进行诸如 UPDATE、INSERT、DELETE 等操作时，SQL Server 就会自动执行对应的触发器。触发器的作用主要包括如下几点。

① 用于强化约束。触发器能够实现比 CHECK 语句更为复杂的约束。

② 用于跟踪变化。触发器可以检测数据库内的操作，从而实现禁用未经许可的更新。

③ 用于级联运行。触发器可以自动级联触发其他与之相关的内容。

④ 用于存储过程的调用。触发器可用于自动执行其他的存储过程。

任务实施

1. 简单存储过程的设计

要求：创建存储过程 pro _ BorrowRecord，用来返回所有的借阅记录。

（1）打开查询编辑器。在 SSMS 的工具栏中单击“新建查询”按钮，进入查询编辑器窗口。与数据库编程一样，存储过程也可以直接在查询分析中进行设计和创建。

（2）设计存储过程。根据本任务步骤的要求，在编辑器中编写相应的 T _ SQL 代码，代码如下：

```
USE db_Book
GO
CREATE PROCEDURE pro_BorrowRecord
--使用 CREATE PROCEDURE 创建名称为 pro_BorrowRecord 的存储过程
AS
--AS 后面为存储过程的内容
SELECT * FROM tb_Record
GO
--使用 GO 表示一批 T-SQL 语句结束
```

说明：在进行存储过程编码时可将自动生成的模板里面一些不需要的内容删除，然后根据自己的需要来编写代码，例如这里不需要输入参数，就可以将输入参数定义的部分直接删除。

（3）创建存储过程。代码编写好后，存储过程并没有创建。需要执行步骤（2）中的代码才能完成存储过程的创建，执行结果如图 6-5 所示。

代码执行成功后可以在“对象资源管理器”中看到刚才创建的名为“pro _ Borrow-

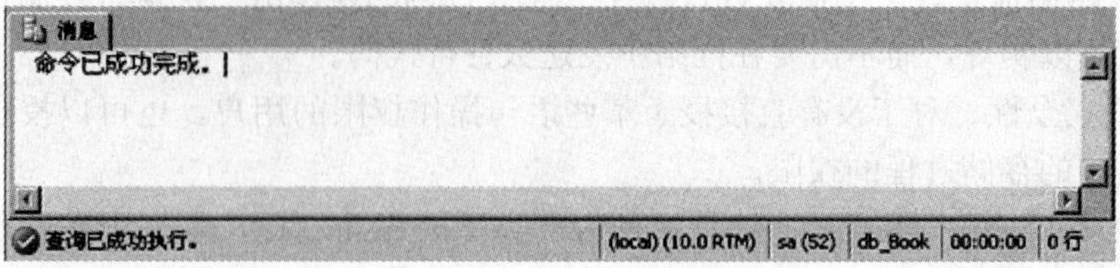

图 6-5 执行结果

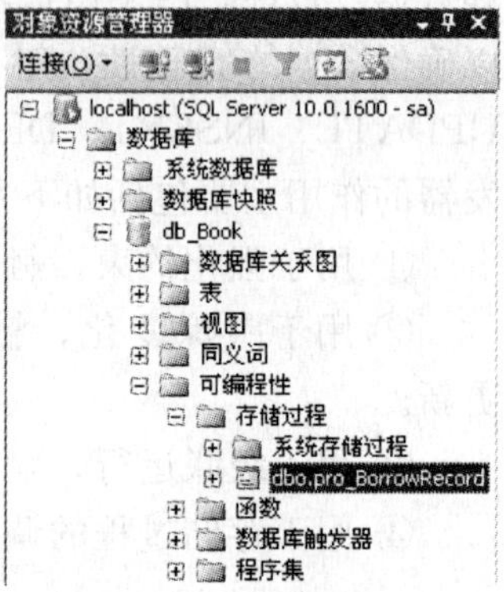

图 6-6 创建存储过程

Record”的存储过程，如图 6-6 所示。

（4）执行存储过程。

在步骤（3）中执行代码的结果是创建了新的存储过程，但是存储过程里面所包含的代码并没有执行，可以直接在查询编辑中编写如下的代码来调用存储过程：

```
EXEC pro_BorrowRecord
```

其中，EXEC 就是用来执行存储过程的命令。存储过程执行后即可看到如图 6-7 所示的结果。

这时可以看到借阅记录表中的数据都被显示出来了，存储过程成功执行。

提示：执行存储过程还有另外一种方法。在要执行的存储过程上直接用鼠标右键单击，然后选择“执行存储过程”即可执行所选的存储过程，如图 6-8 所示。

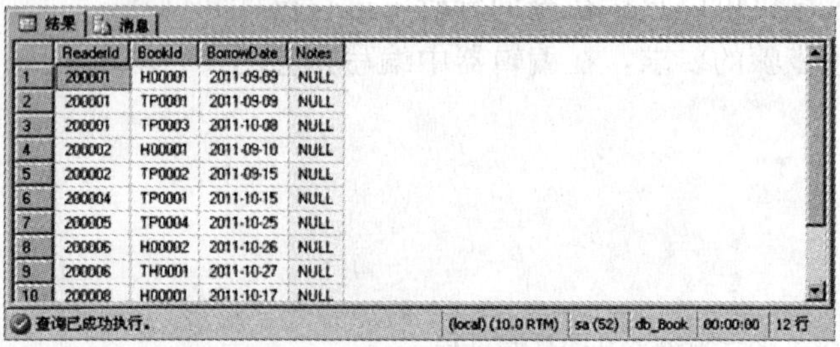

	ReaderId	BookId	BorrowDate	Notes
1	200001	H00001	2011-09-09	NULL
2	200001	TP0001	2011-09-09	NULL
3	200001	TP0003	2011-10-08	NULL
4	200002	H00001	2011-09-10	NULL
5	200002	TP0002	2011-09-15	NULL
6	200004	TP0001	2011-10-15	NULL
7	200005	TP0004	2011-10-25	NULL
8	200006	H00002	2011-10-26	NULL
9	200006	TH0001	2011-10-27	NULL
10	200008	H00001	2011-10-17	NULL

图 6-7 存储过程执行结果

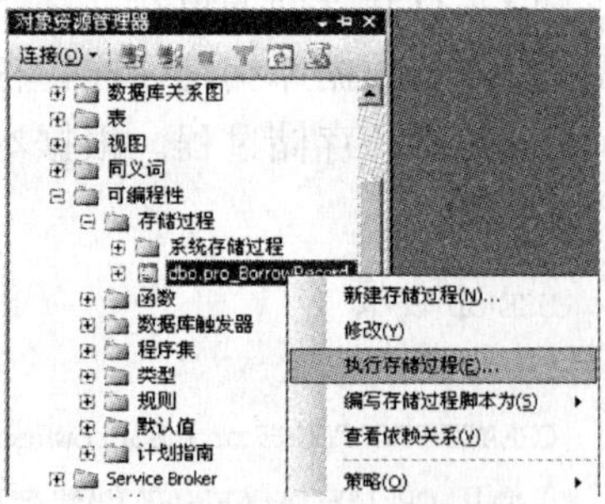

图 6-8 执行存储过程

（5）相关问题验证与分析。

问题 1：步骤（2）中的代码如果再次执行，将会出现什么结果？为什么？

问题 2：在代码中出现了两个 GO，查阅资料了解 GO 的作用。

2. 带参数存储过程的设计

要求：创建存储过程 pro _ ReaderRecord，用来根据读者编号返回读者的借阅记录。

（1）设计存储过程。根据本任务步骤的要求，在存储过程编辑器中编写相应的 T _ SQL代码，代码如下：

```
USE db_Book
GO
```

```
CREATE PROCEDURE pro_ReaderRecord
@readerId nchar(6)
--定义输入参数@readerId,用来获取外部传递的值
AS
SELECT * FROM tb_Record WHERE ReaderId = @readerId
GO
```

说明： 存储过程将会使用参数@readerId 来接收从外部传递的读者编号，然后存储过程根据这个读者编号来完成后面的操作。

（2）创建存储过程。将步骤（1）中的代码执行后，即可在数据库中创建一个名为“pro _ ReaderRecord”的存储过程。

（3）执行存储过程。由于该存储过程带有输入参数，在执行时需要给存储过程传递一个输入值，否则将会报错。执行存储过程的代码如下：

```
EXEC pro_ReaderRecord '200002'
```

存储过程名称后面所带的内容即为存储过程的传入值，这里表示需要查询读者编号为'200002'的读者的借阅记录。执行结果如图 6-9 所示。

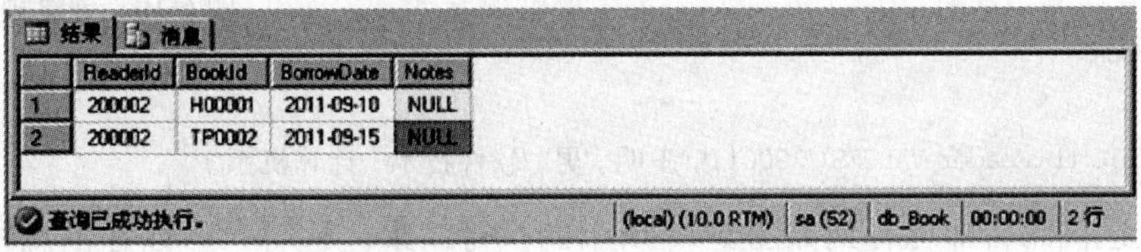

图 6-9 存储过程执行结果

（4）相关问题验证与分析。

问题 1：存储过程如果有多个参数该怎么调用？

问题 2：存储过程的多个参数之间有顺序关系吗？

3. 简单触发器的设计

要求：创建触发器 tg _ AddReader，用来在读者表有数据插入时显示提示信息。

（1）打开查询分析器。和创建存储过程一样，触发器的创建也可以直接在查询分析器中完成。

（2）设计触发器。根据本任务步骤的要求，在编辑器中编写相应的 T _ SQL 代码，代码如下：

```
USE db_Book
GO
CREATE TRIGGER tg_AddReader
--使用 CREATE TRIGGER 来创建名为 tg_AddReader 的触发器
ON tb_Reader
--使用 ON 指定该触发器的作用对象是数据表 tb_Reader
AFTER INSERT
--使用 AFTER INSERT 表明该触发器会在数据表上有 INSERT 操作时触发
```

```
AS
PRINT '成功添加读者信息'
GO
```

说明：由于该触发器的作用对象为读者表，因此在代码中使用“ON tb _ Reader”来指明操作的对象。并且使用“AFTER INSERT”来指明是在添加数据时触发。这样，当读者表中有新读者数据添加时，这个触发器就会触发。

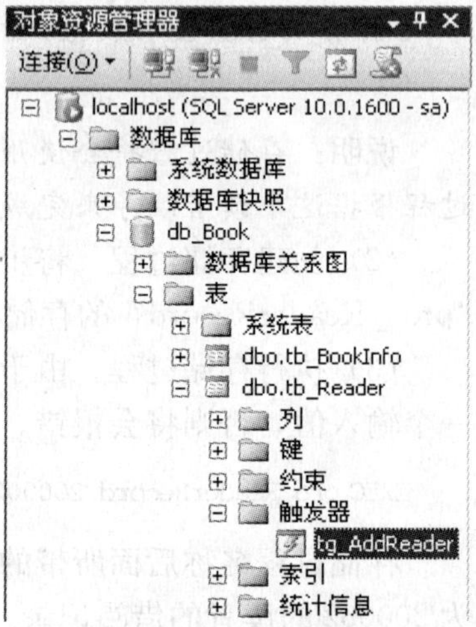

图 6-10　创建触发器

（3）创建触发器。成功执行步骤（2）中的代码即可创建触发器，可以在表 tb _ Reader 下面的“触发器”文件夹中看到新创建的触发器“tg _ AddReader”，如图 6-10所示。

（4）执行触发器。与存储过程不同，触发器不能直接执行，只能在指定的操作发生时才能执行。这里可以通过往读者表中添加新的读者数据来执行触发器。在查询编辑器中编写如下的代码来进行数据添加：

```
USE db_Book
GO
INSERT INTO tb_Reader VALUES('200011','王明','男','软件技术','计算机系')
```

执行上述代码后即可看到如图 6-11 所示的执行结果。这时，可以在消息栏中看到系统输出了“成功添加读者信息”的提示，表示触发器成功执行。

图 6-11　触发器执行结果

（5）相关问题验证与分析。

问题 1：触发器的执行过程是怎样的？

问题 2：如果同时执行两个 INSERT 语句，将会出现怎么的结果，为什么？

4. 设计带逻辑结构的触发器

要求：创建触发器 tg _ DeleteReader，用于在读者表有数据删除时进行数据完整性验证。

（1）设计触发器。根据本任务步骤的要求，在编辑器中编写相应的 T _ SQL 代码，代码如下：

```
USE db_Book
GO
CREATE TRIGGER tg_DeleteReader
```

```
ON tb_Reader
INSTEAD OF DELETE
--使用 INSTEAD OF DELETE 来指定触发器在执行 DELETE 操作前就触发
AS
DECLARE @readerId nchar(6)
--定义变量@readerId 来保存将要删除的读者编号
SELECT @readerId = ReaderId FROM DELETED
--从 DELETED 系统临时表中获取将要删除的读者编号
IF (SELECT COUNT( * ) FROM tb_Record WHERE ReaderId = @readerId)>0
--判断借阅记录表 tb_Record 中是否有该读者的借阅记录
    PRINT '不能删除读者信息'
ELSE
BEGIN
    DELETE FROM tb_Reader WHERE ReaderId = @readerId
    PRINT '成功删除读者信息'
END
GO
```

说明：在代码中使用了“INSTEAD OF”来代替“AFTER”，表示在执行操作前就对触发器进行触发。这里在删除用户信息之前就对数据库的数据完整性进行验证，如果在借阅记录表中存在该读者，则不允许删除；如果不存在则将读者信息删除。

提示：通常情况下，当用户执行 DELETE 语句时，SQL Server 从表中删除对应的记录。但是，这种行为在给表添加了 DELETE 触发器之后会有所不同。因为当激活 DELETE 触发器时，从受影响的表中删除的记录将被存放到一个特殊的 DELETED 临时表中，保留已被删除的数据的一个副本。因此，可以从 DELETED 临时表中再取出被删除的数据。

（2）创建触发器。执行步骤（1）中的代码就可以创建名为“tg _ DeleteReader”的触发器，同样可以在“对象资源管理器”中看到它。

（3）执行触发器。为了能够触发“tg _ DeleteReader”触发器，在查询编辑器中编写如下的代码来对读者表中的数据进行删除：

```
USE db_Book
GO
DELETE tb_Reader WHERE ReaderId = '200011'
```

当借阅记录表中存在读者“200011”的借阅记录时，会得到如图 6-12 所示的执行结果，而且读者“200011”的数据并未被删除。

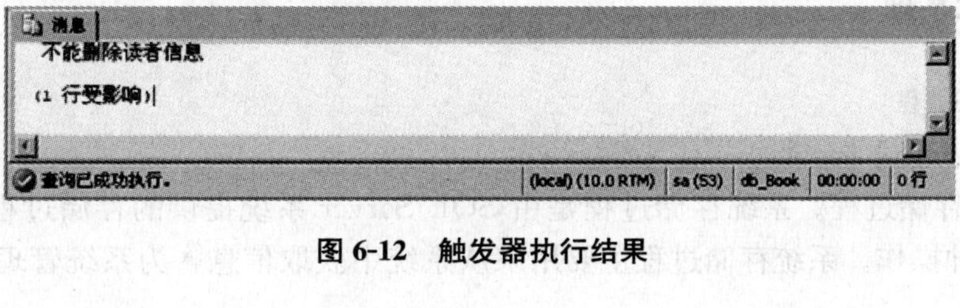

图 6-12 触发器执行结果

而当借阅记录表中不存在读者“200011”的借阅记录时，则会得到如图 6-13 所示的执行结果，而且读者“200011”的数据已被删除。

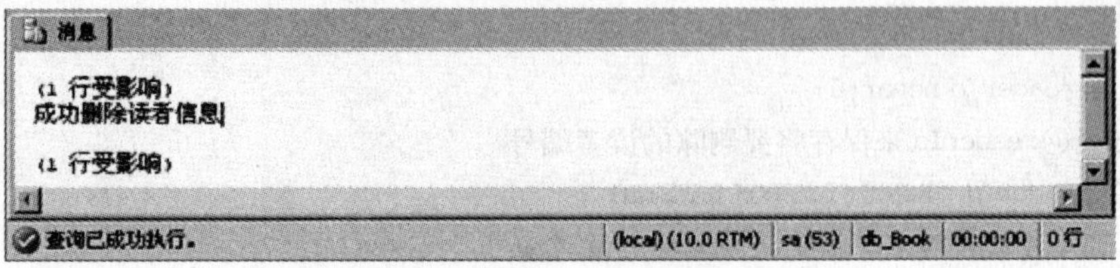

图 6-13　触发器执行结果

（4）相关问题验证与分析。

问题 1：如果将 INSTEAD OF DELETE 换成 AFTER DELETE 将会出现什么结果？

问题 2：在图 6-13 中出现了两次“1 行受影响”，是什么原因？

课堂实践

（1）按照任务实施过程的要求完成各子任务并检查实施结果。

（2）创建存储过程，根据输入的图书编号，列出该图书的借阅记录。要求：在存储过程中定义用于接收图书编号的输入参数，然后根据该参数中的图书编号从借阅记录表中查询相应的结果；显示出读者编号以及借阅时间。

（3）创建存储过程，根据输入的图书名称，列出该图书的借阅记录。要求：在存储过程中定义用于接收图书名称的输入参数，然后从图书表和图书借阅表中进行多表查询从而得到相应的结果；显示出图书名称、读者编号以及借阅时间。

（4）创建触发器，当图书表有数据删除时，根据借阅表来判断数据完整性并给出相应的提示。要求：在图书表发生图书信息删除时，判断图书借阅表中是否存在该图书的信息。如果存在，则不删除图书信息，并给出不允许删除的提示信息；如果不存在，则删除图书信息，并给出删除成功的信息。

检查与问题讨论

（1）检查并相互检查课堂实践的完成情况，提出存在问题，根据问题进行小组讨论。

（2）讨论在数据库编程中使用存储过程和触发器所带来的好处。

（3）总结讨论存储过程和触发器创建、修改以及删除的方法。

（4）总结讨论存储过程和触发器各自的使用场合。

技术基础

1. 存储过程

（1）存储过程的分类

① 系统存储过程。系统存储过程是由 SQL Server 系统提供的存储过程，可以作为命令执行各种操作。系统存储过程主要用来从系统中获取信息，为系统管理员管理 SQL

Server 提供帮助，为用户查看数据库对象提供方便，系统存储过程命令均以“sp _ ”打头。系统存储过程的类别如表 6-13 所示。

表 6-13 系统存储过程的类别

类　别	说　明
活动目录存储过程	用于在 Microsoft Windows 2000 Active Directory 中注册 SQL Server 实例和 SQL Server 数据库
目录存储过程	用于实现 ODBC 数据字典功能，并隔离 ODBC 应用程序，使之不受基础系统表更改的影响
游标存储过程	用于实现游标变量功能
数据库引擎存储过程	用于 SQL Server 数据库引擎的常规维护
数据库邮件和 SQL Mail 存储过程	用于从 SQL Server 实例内执行电子邮件操作
数据库维护计划存储过程	用于设置管理数据库性能所需的核心维护任务
分布式查询存储过程	用于实现和管理分布式查询
全文搜索存储过程	用于实现和查询全文索引
日志传送存储过程	用于配置、修改和监视日志传送配置
自动化存储过程	使标准自动化对象能够在标准 Transact _ SQL 批次中使用
通知服务存储过程	用于管理 SQL Server 2005 Notification Services
复制存储过程	用于管理复制
安全性存储过程	用于管理安全性
Profiler 存储过程	SQL Server Profiler 用于监视性能和活动
Web 任务存储过程	用于创建网页
XML 存储过程	用于 XML 文本管理

例如，执行系统存储过程 sp _ databases 即可列出当前所有可用的数据库。

② 用户定义的存储过程。用户定义的存储过程是指用户根据实际工作的需要创建的存储过程，又分为 T _ SQL 存储过程和 CLR 存储过程。T _ SQL 存储过程是指保存 T _ SQL 语句的集合，可以接受和返回用户提供的参数。而 CLR 存储过程是指对 Microsoft . NET 框架公共语言运行时方法的引用，在 . NET 框架中作为类的公共静态方法实现。

③ 扩展存储过程。扩展存储过程以“xp _ ”开头，它无缝地扩展 SQL Server 功能，使得 SQL Server 之外的动作可以很容易地触发，主要是指动态装入并按存储过程方法执行的动态连接库内的函数。

(2) 存储过程的使用

① 存储过程的创建。大多数情况下，都是采用 CREATE PROCEDURE 语句来创建存储过程。用户只能在当前数据库中创建存储过程，数据库的拥有者有默认的创建存储过程的权限，他可以将此权限转让给其他用户。具体语法如下：

```
CREATE PROC [ EDURE ] procedure_name [ ; n ]
    [ { @parameter data_type }
    [ VARYING ] [ = default ] [ OUTPUT ]] [ ,...n ]
    [ WITH{ RECOMPILE | ENCRYPTION | RECOMPILE , ENCRYPTION } ]
    [ FOR REPLICATION ]
    AS sql_statement [ ...n ]
```

其中：

procedure _ name 表示存储过程的名称。

VARYING 指定作为输出参数支持的结果集（由存储过程动态构造，内容可以变化），仅适用于游标参数。

default 为参数的默认值。如果定义了默认值，不必指定该参数的值即可执行过程。默认值必须是常量或 NULL。如果过程将对该参数使用 LIKE 关键字，那么默认值中可以包含通配符（%、_、[ ] 和 [^]）。

OUTPUT 表明参数是返回参数。该选项的值可以返回给 EXEC [UTE]。使用 OUTPUT 参数可将信息返回给调用过程。Text、ntext 和 image 参数可用做 OUTPUT 参数。使用 OUTPUT 关键字的输出参数可以是游标占位符。

提示：存储过程的新建也可以在资源管理器中完成。在“对象资源管理器”中展开图书借阅数据库中的“可编程性”项，然后用鼠标右键单击“存储过程”项，选择“新建存储过程”，如图 6-14 所示。然后就可以看到存储过程编辑窗口，SQL Server 为存储过程的创建提供了代码模板，如图 6-15 所示。

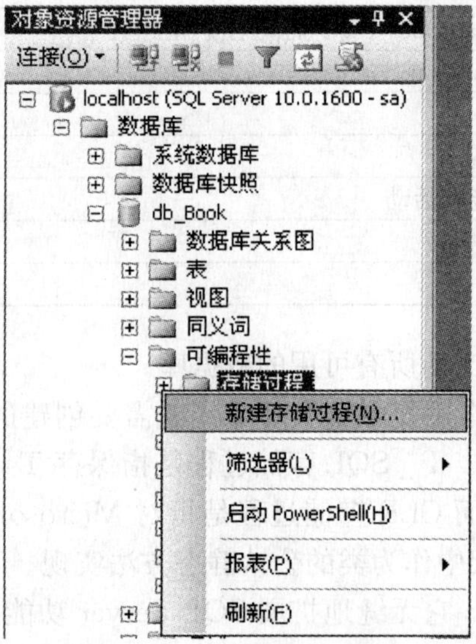

图 6-14 新建存储过程

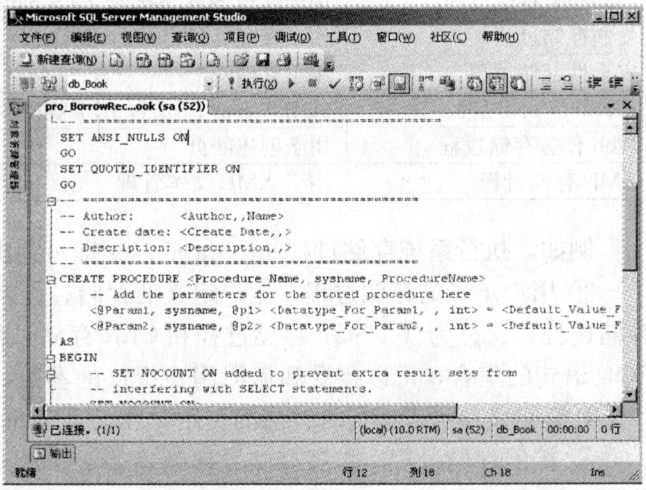

图 6-15 存储过程代码模板

② 存储过程的执行。存储过程的执行有如下几种情况。

不带参数存储过程的执行：

```
EXEC 存储过程名
```

带输入参数存储过程的执行：

```
EXEC 存储过程名 输入值 1,输入值 2
```

带输出参数存储过程的执行：

```
EXEC 存储过程名 输入值,接收输出值的变量 OUTPUT
```

③ 存储过程的修改。可以通过 ALTER 语句在查询编辑器中对用户的存储过程进行

修改，实质上是用新定义的存储过程替换原来的定义，语法如下：

```
ALTER PROC [ EDURE ] procedure_name [ ; n ]
[{ @parameter data_type }
[VARYING ] [ = 默认值 ] [ OUTPUT ]][ ,...n ]
[WITH {RECOMPILE | ENCRYPTION| RECOMPILE , ENCRYPTION}]
[FOR REPLICATION ]
AS
SQL查询语句 [ ...n ]
```

当然，也可以在“对象资源管理器”中对存储过程进行修改。

④ 存储过程的删除。另外可以通过 DROP 语句在查询编辑中对存储过程进行删除，同样也可以在“对象资源管理器”中对存储过程进行删除。

删除存储过程的语法为：

```
DROP {PROC|PROCEDURE} {procedure_name} [ …n]
```

2. 触发器

(1) 触发器的分类

在 SQL Server 2008 系统中，按触发事件的不同分为 DML 触发器和 DDL 触发器。其中 DML 触发器是指数据库服务器中发生数据操作语言（DML）事件时要执行的操作。通常所说的 DML 触发器主要包括 3 种：INSERT 触发器、UPDATE 触发器、DELETE 触发器。DDL 触发器当服务器或者数据库中发生数据定义语言（DDL）事件时将被调用，例如 CREATE、ALTER、DROP 开头的语句，都会激发 DDL 触发器。

(2) 触发器的使用

① 触发器的创建。大多数情况下，都是采用编码的形式来创建触发器。可以使用 T _ SQL 中的 CREATE TRIGGER 语句来创建触发器，其具体语法如下：

```
CREATE TRIGGER trigger_name
    ON { table | view }
    [ WITH ENCRYPTION ]
    {{ { FOR | AFTER | INSTEAD OF } { [ INSERT ] [ , ] [ UPDATE ] }
    [ WITH APPEND ]
    [ NOT FOR REPLICATION ]
    AS
    [ { IF UPDATE ( column )
    [ { AND | OR } UPDATE ( column ) ]
    [ ...n ]
    | IF ( COLUMNS_UPDATED ( ) { bitwise_operator } updated_bitmask )
    { comparison_operator } column_bitmask [ ...n ]} ]
    sql_statement [ ...n ]
    } }
```

其中：

trigger _ name 是触发器的名称。触发器名称必须符合标识符规则，并且在数据库中必须唯一。可以选择是否指定触发器所有者名称。

table | view 是在其上执行触发器的表或视图，有时称为触发器表或触发器视图。可以选择是否指定表或视图的所有者名称。

WITH ENCRYPTION 表示加密 syscomments 表中包含 CREATE TRIGGER 语句文本的条目。使用 WITH ENCRYPTION 可防止将触发器作为 SQL Server 复制的一部分发布。

AFTER 指定触发器只有在触发 SQL 语句中指定的所有操作都已成功执行后才激发。所有的引用级联操作和约束检查也必须成功完成后，才能执行此触发器。如果仅指定 FOR 关键字，则 AFTER 是默认设置。不能在视图上定义 AFTER 触发器。

INSTEAD OF 指定执行触发器而不是执行触发 SQL 语句，从而替代触发语句的操作。在表或视图上，每个 INSERT、UPDATE 或 DELETE 语句最多可以定义一个 INSTEAD OF 触发器。可以在每个具有 INSTEAD OF 触发器的视图上定义视图。

{[INSERT][,][UPDATE]} 是指定在表或视图上执行哪些数据更新语句时将激活触发器的关键字。必须至少指定一个选项。在触发器定义中允许使用以任意顺序组合的这些关键字。如果指定的选项多于一个，须用逗号分隔这些选项。对于 INSTEAD OF 触发器，不允许在具有 ON DELETE 级联操作引用关系的表上使用 DELETE 选项。同样，也不允许在具有 ON UPDATE 级联操作引用关系的表上使用 UPDATE 选项。

WITH APPEND 指定应该添加现有类型的其他触发器。

NOT FOR REPLICATION 表示当复制进程更改触发器所涉及的表时，不应执行该触发器。

AS 是触发器要执行的操作。

sql_statement 是触发器的条件和操作。触发器条件指定其他准则，以确定 DELETE、INSERT 或 UPDATE 语句是否导致执行触发器操作。

当对表进行 DELETE、INSERT 或 UPDATE 操作时，T_SQL 语句中指定的触发器操作将生效。

提示： 触发器的新建也可以在资源管理器中进行，展开要对其使用触发器的表"tb_Reader"，在"触发器"文件夹上右击，选择"新建触发器"命令，如图 6-16 所示，同样可以看到和新建存储过程类似的代码模板界面，如图 6-17 所示。

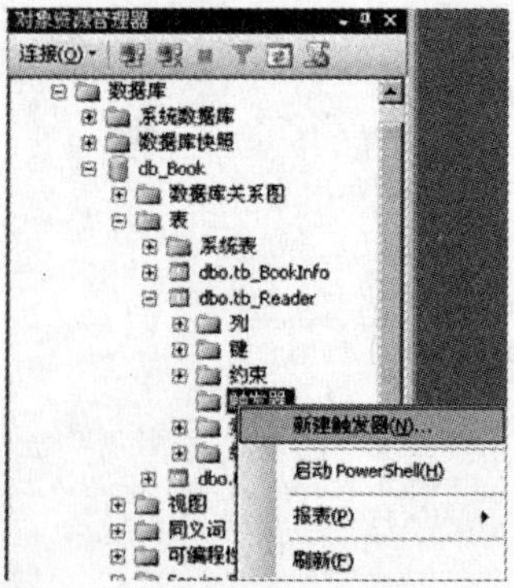

图 6-16　新建触发器

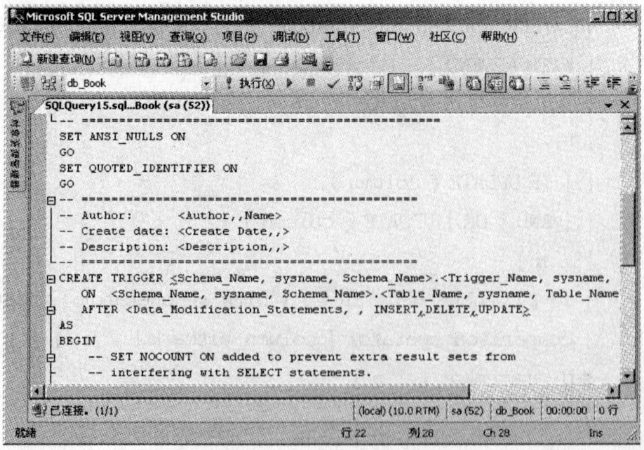

图 6-17　触发器代码模板

提示：（1）触发器是对象，必须具有数据库中的唯一名称。

（2）触发器是基于对表数据更新的一个动作或一组动作创建的。一般一个触发器可以响应几个动作（INSERT、UPDATE 或 DELETE）。一个触发器不能放置到多个表上。

（3）在没删除原有的触发器之前，不能创建另一个同名的触发器。但是可以创建另外一个触发器，执行同样的动作。

② 触发器的修改。可使用 ALTER TRIGGER 命令修改触发器，具体语法如下：

```
ALTER TRIGGER trigger_name ON {表|视图}
{FOR |AFTER|INSTER OF} {[DELETE],[INSERT],[UPDATE]}
[WITH ENCRYPTION]
AS
[IF update(列名) [and | or update(列名) ]]
sql_statement
```

触发器的删除可使用 DROP TRIGGER 命令来删除触发器，语法如下：

```
DROP TRIGGER tigger_name
```

也可以使用“对象资源管理器”来对触发器进行修改和删除。

实训 6 编程图书信息数据库

实训目的与要求

（1）掌握数据库编程的一般方法；

（2）掌握存储过程的设计和使用方法；

（3）掌握触发器的设计和使用方法；

（4）培养基础的业务逻辑分析能力和数据库编程能力。

实训内容与过程

（1）小组分析讨论大作业 2（图书信息系统数据库）的相关任务和要求（见附录 B）；

（2）在数据库中创建存储过程，实现根据读者借书证号来查询该读者的信息和借阅记录，具体要求如下：

① 判断该读者是否存在，如果不存在则给出相应的提示信息。

② 判断借阅记录中是否有该读者的信息，如果没有信息则给出相应的提示信息。

③ 显示详细查询记录，包括图书编号、借书时间、应还时间。

（3）对存储过程的执行结果进行检查并对设计过程中出现的问题进行讨论。

（4）在图书信息数据库中创建触发器，用来同步操作读者表和借阅表的数据，具体要求如下：如果所借书不在库，则取消该借书记录输入，并提示信息“对不起所借书目前不在库”，并保存成 tri. sql 脚本文件。

① 在添加借阅记录时判断图书是否存在，如果不存在则给出相应的提示信息，并取消借阅记录的输入。

② 如果图书存在，则将借阅记录写入数据库。

（5）对触发器的执行结果进行检查并对设计过程中出现的问题进行讨论。

项目总结

1. 基本技能

（1）进行数据库编程：变量的定义和使用、流程控制语句、系统函数。

（2）设计存储过程：创建存储过程、设计存储过程、使用存储过程。

（3）设计触发器：创建触发器、设计触发器、使用触发器。

2. 基本知识

数据库编程、变量、运算符、流程控制语句、存储过程、触发器。

3. 相关技术知识

常量与变量、运算符分类、常用的系统函数、存储过程的管理、触发器的管理。

思考练习 6

一、选择题

1. 要定义一个变量@bookName来保存图书的名称，则@bookName的数据类型应该为（　　）。

A. real　　B. int　　C. varchar（50）　　D. byte

2. 使用DECLARE申明一局部变量@m，则下列能对@m进行赋值的语句是（　　）。

A. @m＝100　　B. SET @m＝100

C. SELECT @m＝100　　D. DECLARE @m＝100

3. 下列运算符优先级别最高的是（　　）。

A. ALL　　B. NOT　　C. AND　　D. OR

4. 下列函数中用于将字符转换为ASCII码的函数是（　　）。

A. CHAR( )　　B. ASCII( )　　C. NCHAR( )　　D. UNICODE( )

5. 可用于返回今天属于哪个月份的T_SQL语句是（　　）。

A. SELECT DATEDIFF(mm，GetDate( ))

B. SELECT DATEPART(month，GetDate( ))

C. SELECT DATEDIFF(n，GetDate( ))

D. SELECT DATENAME(dw，GetDate( ))

6. 下列常量中不属于字符串常量的是（　　）。

A. '小明'　　B. 'what's this'　　C. '小强'　　D. 'what's your name'

7. 有下述T_SQL语句

```
DECLARE @sub varchar(10)
SET @sub = 'aaa'
SELECT @sub = SUBSTRING('HELLO SQL Server',3,3)
PRINT @sub
```

程序执行后的现实结果为（　　）。

A. 程序报错　　B. 'aaa'　　C. 'LLO'　　D. 'LO'

8. 下列关于触发器的描述，正确的是（　　）。

A. 一个触发器只能定义在一个表中

B. 一个触发器能定义在多个表中

C. 一个表上只能有一种类型的触发器

D. 一个表上可以有多种不同类型的触发器

9. 下列关于存储过程的描述不正确的是（　　）。

A. 存储过程能增强代码的重用性

B. 存储过程可以提高运行速度

C. 存储过程可以提高系统安全

D. 存储过程不能被直接调用

10. 下列字符串函数中可用于返回子字符串的是（　　）。

A. LEFT( )　　B. REPLACE( )　　C. RIGHT( )　　D. SUBSTRING( )

二、填空题

1. T_SQL 中的整数类型包括（　　）、（　　）、（　　）、（　　）。

2. T_SQL 流程控制语句中 CASE 语句分为（　　）和（　　）两种。

3. T_SQL 中的变量分为（　　）和（　　）两种。

4. 使用全局变量（　　）可返回当前服务器的数目。

5.（　　）和（　　）运算符可用于对 datetime 及 smalldatetime 类型的值执行算术运算。

6. 函数（　　）用于以标准格式返回当前系统的日期和时间。

7. 根据常量的类型不同，可分为字符串常量、二进制常量、（　　）、（　　）、（　　）、（　　）。

8. SQL Server 中的运算符可以分为算术运算符、（　　）、（　　）、（　　）、（　　）、（　　）一元运算符。

9. SQL Server 提供了大量的系统函数，常用的有聚合函数、（　　）、（　　）、（　　）等。

10. 系统存储过程保存在（　　）数据库中，都以（　　）为名称的前缀。

三、简答题

1. 简述 T_SQL 中局部变量和全局变量各自的使用原则。

2. 简述运算符的类型和优先顺序。

3. 简述常用的流程控制语句的类型和功能。

4. 简述 SQL Server 中触发器的工作机制及作用。

5. 在数据库编程中使用存储过程有哪些好处？

项目 7　维护图书借阅数据库

教学目标

- 学会在 SQL Server 中配置身份验证模式的方法；
- 学会在 SQL Server 中管理角色及权限的方法；
- 学会在 SQL Server 中备份数据库的方法；
- 学会在 SQL Server 中还原数据库的方法；
- 了解 SQL Server 2008 的安全机制；
- 理解 SQL Server 2008 的备份还原机制。

教学任务

【任务 7.1】 图书借阅数据库的安全管理

【任务 7.2】 图书借阅数据库的备份、恢复与转换

任务 7.1　图书借阅数据库的安全管理

任务描述

（1）身份验证模式设置。设置 SQL Server 的验证模式，使其能够进行 SQL Server 身份验证。

（2）登录名创建。在 SQL Server 中创建新的登录名并设置密码。

（3）数据库用户添加。在图书借阅数据库中添加新的数据库用户并关联登录名。

（4）用户权限设置。对图书借阅数据库用户进行权限设置，让用户具备制定的权限。

任务准备

（1）数据库安全：数据库安全一般包含两个方面：第一，系统运行安全，比如由于安全设置不合理导致网络不法分子通过互联网、局域网等手段入侵数据库系统，对数据进行破坏；第二，系统信息安全，黑客对数据库入侵，并盗取想要的资料。数据库系统的安全特性主要是针对数据而言的，包括数据独立性、数据安全性、数据完整性、并发

控制、故障恢复等几个方面。

(2) SQL Server 身份验证模式：身份验证模式是指 SQL Server 如何处理用户名和密码，SQL Server 提供了两种验证模式：Windows 身份验证模式和混合验证模式。

① Windows 身份验证模式。Windows 身份验证模式是指当用户通过 Windows 用户账户进行连接时，SQL Server 使用 Windows 操作系统中的信息验证账户名和密码，用户不必重复提交登录名和密码。当数据库仅在内部访问时，使用 Windows 身份验证模式可以获得最佳工作效率。

② 混合验证模式。使用混合身份验证模式，可以同时使用 Windows 身份验证和 SQL Server 身份验证。当要使用 SQL Server 登录名连接数据库时，则必须将服务器身份验证设置为：SQL Server 和 Windows 身份验证模式，一般用于外部的远程访问，比如程序开发中的数据库访问。

(3) 登录名：登录名是存放在服务器上的一个实体，使用登录名可以进入服务器，但是不能访问服务器中的数据库资源。比如"sa"就是 SQL Server 自带的一个登录名。

(4) 数据库用户名：用户名是一个或多个登录名在数据库中的映射，通过对用户名进行授权后，可以为登录名提供数据库的访问权限。比如"dbo"就是 SQL Server 自带的一个数据库用户名，当使用"sa"进行登录后就可以以"dbo"用户的身份进行数据库资源访问。

(5) 用户权限：用户权限是指使用和操作数据库对象的权利，用户权限指明了用户可以获得哪些数据库对象的使用权以及用户能够对这些对象执行何种操作。在 SQL Server 中可以通过设置属性、设置角色等方法来实现权限的设置。

任务实施

1. 身份验证模式设置

要求：将 SQL Server 的身份验证模式设置为混合模式。

(1) 打开服务器属性窗口。在"对象资源管理器"中，右击当前连接对象，在如图 7-1所示的弹出菜单中选择"属性"命令，即可打开如图 7-2 所示的服务器属性窗口。

图 7-1 选择"属性"

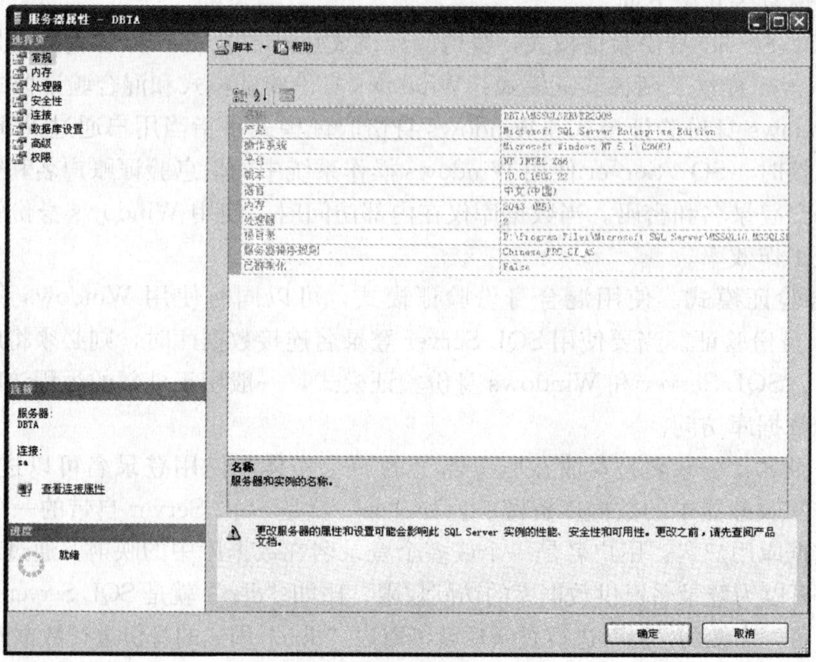

图 7-2　服务器属性

（2）设置身份验证模式。在服务器属性窗口上，选择左边标签中的“安全性”，即可看到“服务器身份验证”选项，选择“SQL Server 和 Windows 身份验证模式”单选按钮后单击“确定”按钮，即可完成对身份验证模式的设置，如图 7-3 所示。

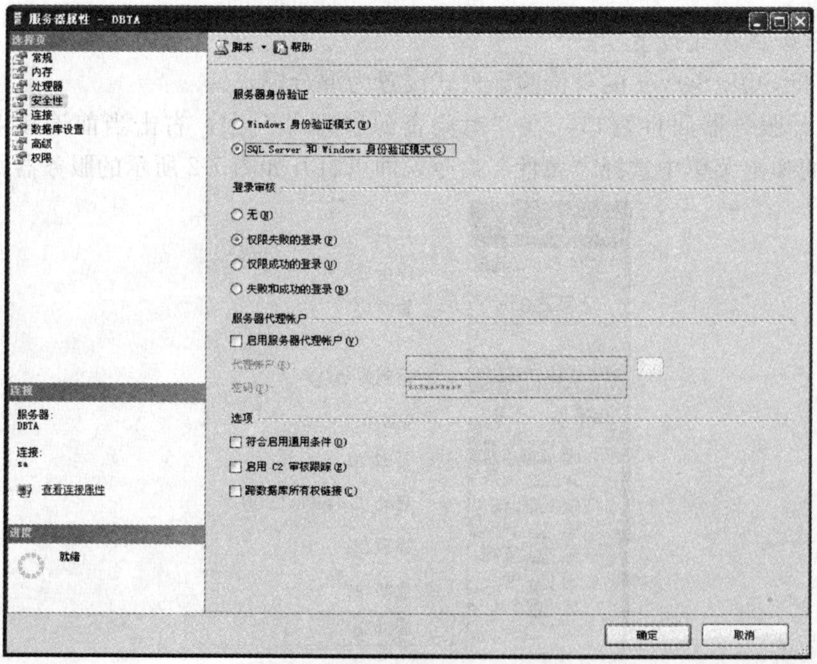

图 7-3　设置身份验证模式

通过上述两个步骤就可以完成 SQL Server 身份验证模式的设置，在登录时就可以采用 SQL Server 身份验证来进行登录。

（3）相关问题验证与分析。

问题 1：使用 SQL Server 的“sa”登录数据库。

问题 2：比较两种身份验证方式的区别。

2. 登录名创建

要求：在 SQL Server 中创建新的登录名“admin”，并设置其密码也为“admin”。

（1）打开登录名新建窗口。在“对象资源管理器”中展开“安全性”文件夹，并右击其中的“登录名”文件夹，在如图 7-4 所示的弹出菜单中选择“新建登录名”命令后，即可打开如图 7-5 所示的登录名窗口。

图 7-4 新建登录名

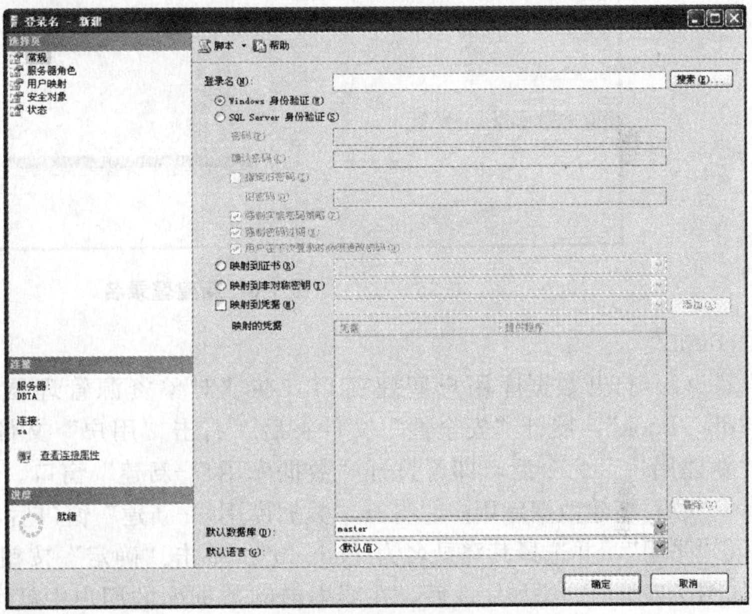

图 7-5 登录名窗口

（2）新建 SQL Server 登录名。在“登录名-新建”窗口中选择“SQL Server 身份验证”单选按钮，在“登录名”文本框中输入登录名“admin”，并在“密码”以及“确认密码”中都输入“admin”。取消“强制实施密码策略”后，单击“确定”按钮即可实现新登录名的创建，如图 7-6 所示。创建后就可以在“对象资源管理器”中看到名为“admin”的登录名。

提示：由于新建登录名的默认数据库是 master 数据库，没有其他数据库的访问权限。因此，使用 master 登录名登录后并不能访问读书借阅数据库。

（3）相关问题验证与分析。

问题 1：使用新创建的“admin”登录名登录数据库。

问题 2：使用“admin”登录和使用“sa”登录有什么区别？

3. 数据库用户添加

要求：为图书借阅数据库添加新的数据库用户“张明”，并设置其关联的登录名为

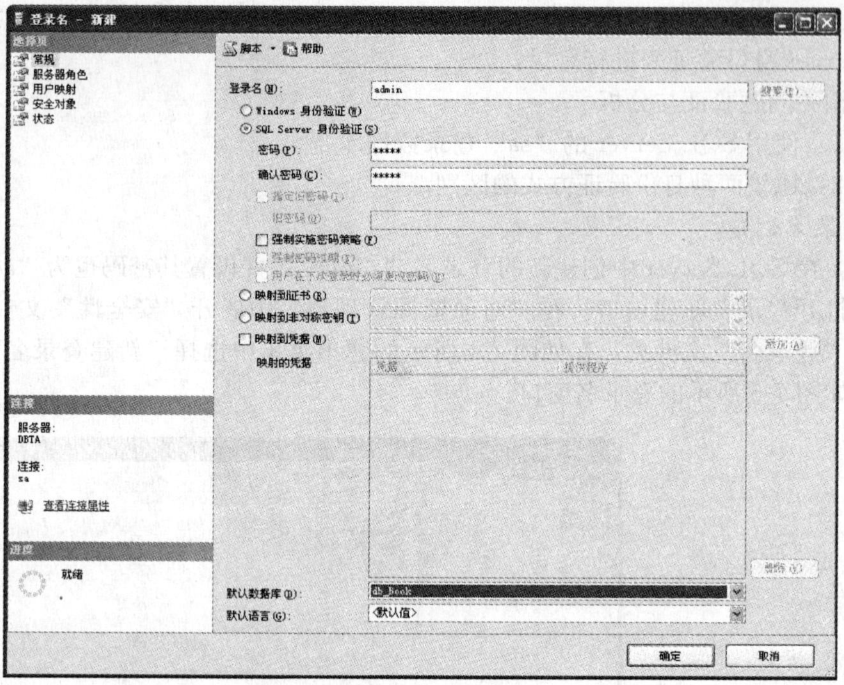

图 7-6 新建登录名

"admin"。

(1) 打开数据库用户新建窗口。在"对象资源管理器"中展开图书借阅数据库"db _ Book",展开"安全性"文件夹后,右击"用户"文件夹,在弹出的选项中选择"新建用户"命令后,即可打开"数据库用户-新建"窗口。

(2) 新建数据库用户。打开"数据库用户-新建"窗口后,在"用户名"文本框中输入"张明",并选择其登录名为"admin"。单击"确定"按钮,完成数据库用户的新建,如图 7-7 所示。添加完成后,在图书借阅数据库的用户中就可以看到名为"张明"的用户。而且,使用"admin"登录名登录数据库后就可以使用用户"张明"对图书借阅数据库进行访问了。

提示: 新建数据库用户时,在"数据库角色成员身份"列表框中,可以选择数据库角色,如果不选择,则角色默认为 public 角色。

(3) 相关问题验证与分析。

问题:使用新创建的"admin"登录名登录数据库后,能否进行数据库用户的添加和删除呢?为什么?

4. 设置用户权限

对图书借阅数据库用户进行权限设置,让用户"张明"能够对图书借阅数据库中的表进行管理。

(1) 打开用户设置窗口。在"对象资源管理器"中右击数据库用户"张明",在弹出的菜单中选择"属性"命令后,打开"数据库用户-张明"窗口。

(2) 设置用户权限。选择"数据用户-张明"窗口左边的"安全对象"标签,单击右边的"搜索"按钮后打开"添加对象"对话框。在对话框中选择"属于该架构的所有对

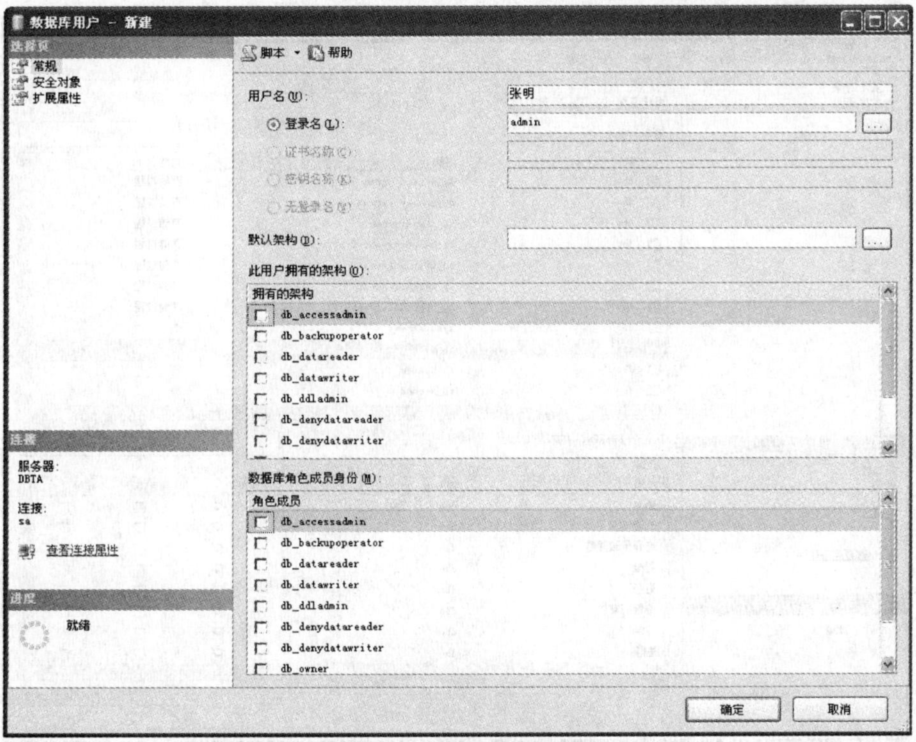

图 7-7 新建数据库用户

象”，并在下拉列表框中选择 dbo 架构，如图 7-8 所示。这时，用户“张明”就具备了 dbo 的权限，可以对读书借阅数据库进行完全控制，如图 7-9 所示。

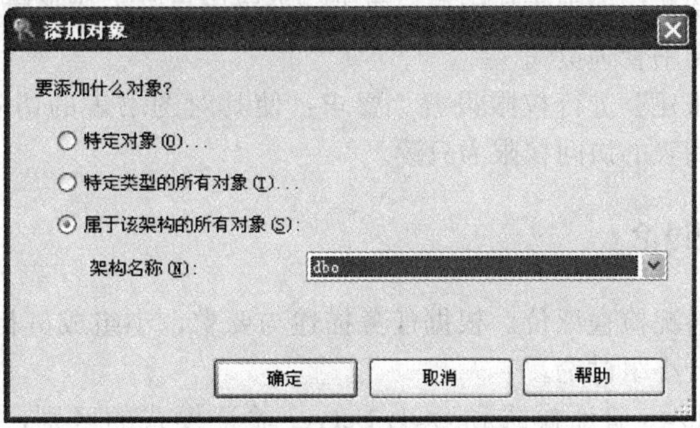

图 7-8 “添加对象”对话框

提示：其实还可以通过设置数据库对象访问权限或者用户角色的方式来设置用户的权限，这两种方式将在后面的技术知识中讲解。

课堂实践

(1) 按照任务实施过程的要求完成各子任务并检查实施结果。

图 7-9　设置数据库用户的权限

（2）在 SQL Server 中创建新的登录名。要求：设置登录名称为“图书管理员”，设置登录密码为“123456”。

（3）在图书借阅数据库中添加用户。要求：设置用户名为“张建”，指定该用户的数据库登录账户为“图书管理员”。

（4）对用户“张建”进行权限设置。要求：使其对图书表的访问权限为完全控制，使其对读者表和借阅表的访问权限为只读。

检查与问题讨论

（1）任务完成情况检查评价。根据任务描述与要求，小组成员相互检查，提出存在问题，根据问题进行小组讨论。

（2）讨论 Windows 验证模式和 SQL Server 验证模式的区别，各自的适用范围是什么？

（3）总结讨论数据库用户名和 SQL Server 登录名的区别和联系。

（4）总结讨论数据库角色的作用，有什么好处？

技术基础

1. 数据库角色

SQL Server 2008 使用角色来集中管理数据库或服务器的权限，按照角色的使用范围，可以将角色分为两类：服务器角色和数据库角色。其中，服务器角色是针对服务器级别的权限分配，数据库角色则是针对某个具体数据库的权限分配。数据库角色又分为 3 种类型：固定数据库角色、用户自定义的数据库角色和应用程序角色。

（1）固定服务器角色

SQL Server 2008 中服务器角色具有授予服务器管理的能力，是不允许被修改的，只能够使用，可以将一个登录名或者用户分配到服务器角色中。

在 SQL Server Management Studio 的“对象资源管理器”窗口中，可以查看所有的固定服务器角色，如图 7-10 所示。

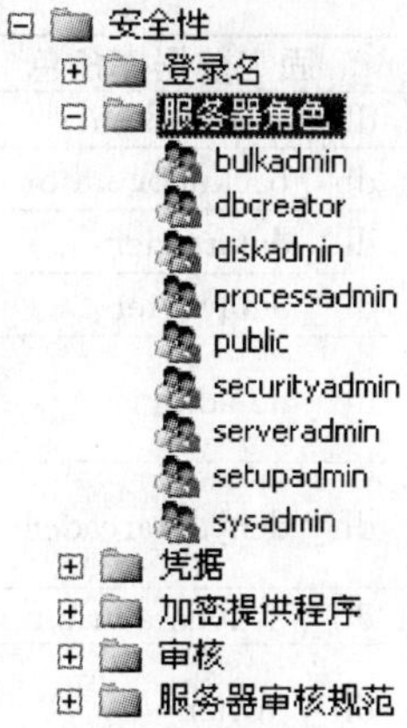

图 7-10 服务器角色

SQL Server 2008 中的固定服务器角色的功能如表 7-1 所示。

表 7-1 固定服务器角色的功能

服务器角色	功 能
bulkadmin	这个服务器角色的成员可以运行 BULK INSERT 语句，允许从文本文件中将数据导入 SQL Server 2008 数据库
dbcreator	这个服务器角色的成员可以创建、更改、删除和还原任何数据库
diskadmin	这个服务器角色的成员用于管理磁盘文件
processadmin	SQL Server 2008 能够多任务化，可以通过执行多个进程做多件事情
public	每个 SQL Server 登录名都属于 public 服务器角色。如果未向某个服务器主体授予或拒绝对某个安全对象的特定权限，该用户将继承授予该对象的 public 角色的权限。只有在希望所有用户都能使用该对象时，才在该对象上分配 public 权限
securityadmin	这个服务器角色的成员将管理登录名及其属性
serveradmin	这个服务器角色的成员可以更改服务器范围的配置选项和关闭服务器
setupadmin	这个服务器角色的成员能增加、删除和配置连接服务器，并能控制启动进程
sysadmin	这个服务器角色的成员有权在 SQL Server 2008 中执行任何任务，通常情况下，这个角色仅适合数据库管理员（DBA）

（2）固定数据库角色

固定数据库角色是在数据库级别定义的系统用户组，并且存在于每个数据库中，提供了对数据库常用操作的权限。系统管理员可以将用户加入这些角色中，固定数据库角色的成员也可将其他用户添加到本角色中。固定数据库角色本身不能被添加、修改和删除。

在 SQL Server Management Studio 的“对象资源管理器”中，可以查看所有的固定数据库角色，如图 7-11 所示。

SQL Server 2008 中的固定数据库角色的功能如表 7-2 所示。

图 7-11 数据库角色

表 7-2　固定数据库角色的功能

固定数据库角色	功　能
db _ accessadmin	该数据库角色的成员有权通过添加或删除用户来指定谁可以访问数据库
db _ backupoperator	该数据库角色的成员可以备份数据库
db _ datareader	该数据库角色的成员可以读取所有用户表中的所有数据
db _ datawriter	该数据库角色的成员可以在所有用户表中添加、更改和删除数据
db _ ddladmin	该数据库角色的成员可以在数据库中运行任何数据定义语言（DDL）命令，该角色允许创建、修改或删除数据库对象，而不必浏览里面的数据
db _ denydatareader	该数据库角色的成员不能读取数据库内用户表中的任何数据，但可以执行架构修改（如添加列）
db _ denydatawriter	该数据库角色的成员不能添加、修改或删除数据库内用户表中的任何数据
db _ owner	该数据库角色的成员可以进行所有数据库角色的活动，以及数据库中的其他维护和配置活动。该角色的权限跨越所有其他的固定数据库角色
db _ securityadmin	该数据库角色的成员可以修改角色成员身份和管理权限
public	在 SQL Server 2008 中，每个数据库用户都属于 public 数据库角色。如果未向某个用户授予或者拒绝对安全对象的特定权限时，则该用户将继承授予该安全对象的 public 角色的权限

数据库角色还有用户自定义数据库角色和应用程序角色，这里不做具体阐述。

2. 数据库权限

权限是指用户对数据库对象的使用和操作权利，用户若要进行任何涉及数据库及数据库对象的操作，则必须首先要获得拥有者赋予的权限。

（1）权限的种类

在 SQL Server 2008 中，权限分为对象权限、语句权限和隐含权限。

① 对象权限是用户对数据库对象进行操作的权限。

a. 针对表和视图的操作：SELECT、INSERT、UPDATE 和 DELETE 语句。

b. 针对表和视图的行的操作：INSERT 和 DELETE 语句。

c. 针对表和视图的列的操作：INSERT 和 UPDATE 语句。

d. 针对存储过程和用户定义的函数的操作：EXECUTE 语句。

② 语句权限用于创建数据库或者数据库中对象所涉及的操作权限。

语句权限指是否允许执行特定的语句，如 CREATE DATABASE、CREATE DEFAULT、CREATE FUNCTION、CREATE PROCEDURE、CREATE RULE、CREATE TABLE、CREATE VIEW、BACKUP DATABASE、BACKUP LOG。

③ 隐含权限是指系统定义而不需要授权就有的权限，相当于一种内置权限。

隐含权限能执行由系统预定义的固定成员或者数据库对象所执行的活动，拥有固定服务器角色成员、固定数据库角色成员和数据库对象所有者所拥有的权限。如 sysadmin 固定服务器角色成员拥有 SQL Server 的所有权限。

（2）权限的设置

在任务步骤 3 中通过设置用户的属性来对用户权限进行设置，控制用户对数据库对象的访问。还可以通过设置数据库对象的权限来控制用户的权限，具体方法如下：

① 右击要进行权限管理的数据库表，选择“属性”命令，打开“表属性”窗口。

② 在打开的“表属性”窗口中选择左边的“权限”选项，然后在窗口的右边就可以

指定用户以及用户的访问权限了，如图 7-12 所示。

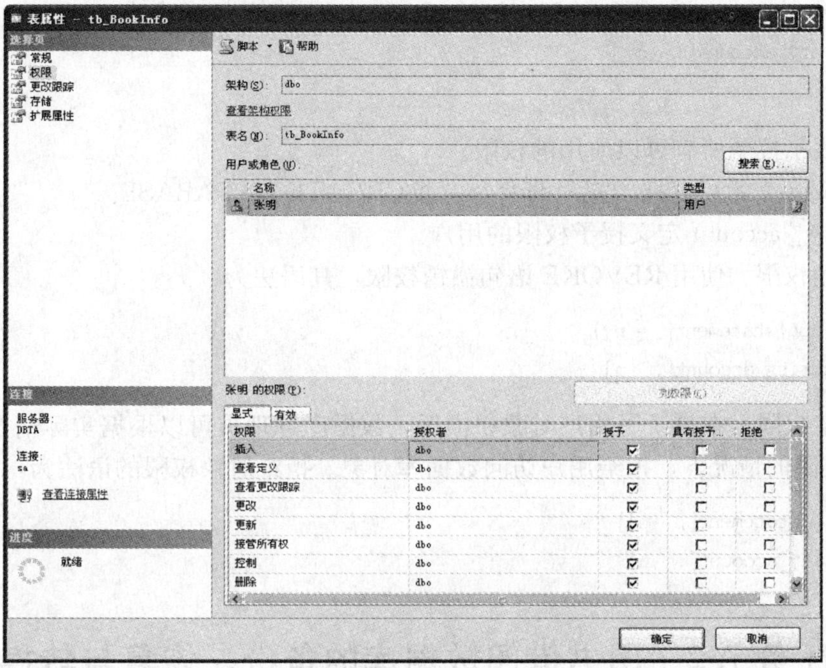

图 7-12　设置表的访问权限

另外还有一种方法是通过自定义数据角色来达到访问控制的目的，具体做法如下：

① 展开数据库的“安全性”文件夹，右击“角色”文件夹，在弹出的选项中选择“新建数据库角色”命令来打开“数据库角色-新建”窗口。

② 在“数据库角色-新建”窗口上，输入角色名称并指定所有者为“dbo”。单击“添加”按钮，弹出“选择数据库用户或角色”窗口，如图 7-13 所示。

在图 7-13 中单击“浏览”按钮，选择需要加入该角色的用户名。确定后即可完成角色的设定以及用户的添加。这时用户也就具备了角色所拥有的权限。

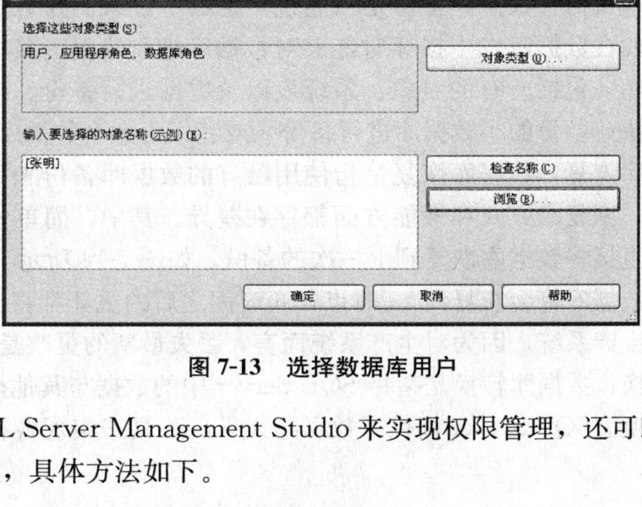

图 7-13　选择数据库用户

除了利用 SQL Server Management Studio 来实现权限管理，还可以采用 T _ SQL 语句来进行权限管理，具体方法如下。

① 授予权限。使用 GRANT 语句进行授权活动，其语法为：

```
GRANT {ALL|statement[,…n]}
TO security_account[,…n]
```

其中：

ALL 表示授予所有可以应用的权限。

statement 表示可以授予权限的命令，如 CREATE DATABASE。

security_account 定义授予权限的用户。

② 撤销权限。使用 REVOKE 语句撤销权限，其语法为：

```
REVOKE {ALL|statement[,…n]}
FROM security_account[,…n]
```

③ 拒绝权限。在授予了用户对象权限后，数据库管理员可以根据实际情况在不撤销用户访问权限的情况下，拒绝用户访问数据库对象。拒绝对象权限的语法为：

```
DENY {ALL|statement[,…n]}
TO security_account[,…n]
```

任务 7.2 图书借阅数据库的备份、恢复与转换

任务描述

（1）数据库完整备份。对图书借阅数据库进行完整备份。

（2）数据库恢复。使用数据库备份对图书借阅数据库进行恢复。

（3）数据库导出。将图书借阅数据库导出到指定的其他数据库中。

任务准备

（1）完整数据库备份：数据库备份是指通过一定的手段来制作数据库结构、对象以及数据的副本，以便在数据库发生损坏时能够对数据库进行修复。其中，完整数据库备份是指对整个数据库，包括所有的对象、系统表以及数据进行备份。一般情况下完整数据库备份用于对可快速备份的小数据库进行备份，或者作为大型数据库的初始备份。

（2）简单数据库恢复：数据库恢复是指使用已有的数据库备份来重建数据库，不同的恢复模型在备份、恢复的方式和性能方面都存在差异。其中，简单恢复模型是最便捷的一种方式，可以直接将数据库恢复到上一次的备份。如图 7-14 所示，当对 t6 处数据库进行灾难恢复时，数据库将会恢复到 t5 时点，t6 时间之后的更新都将丢失。因此，简单恢复模型并不适合生产系统，因为对生产系统而言，丢失最新的更改是无法接受的。

（3）数据库转换：数据库转换是指将 SQL Server 中的数据与其他格式的数据库或数据文件进行数据交换。SQL Server 提供了数据导入导出工具来实现各种不同格式的数据库之间的数据转换。

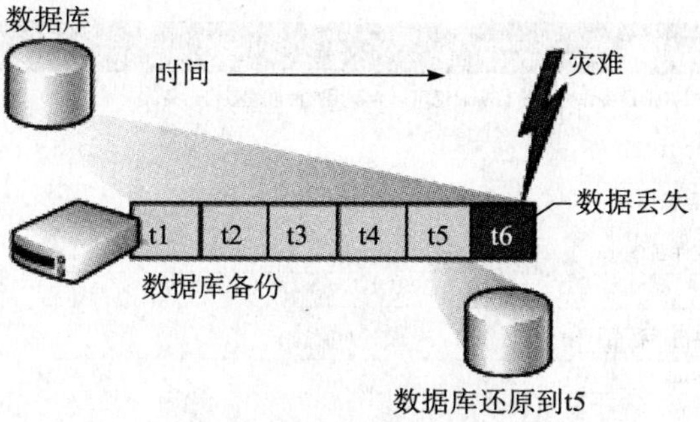

图 7-14　简单恢复模型

任务实施

1. 数据库完整备份

要求：创建数据库备份设备，使用完整备份将图书借阅数据库备份到备份设备中。

（1）创建数据库备份设备。在“对象资源管理器”中，展开“服务器对象”文件夹，右击“备份设备”文件夹，在弹出的选项中选择“新建备份设备”命令，即可打开“备份设备”窗口。在“设备名称”文本框中输入“bk _ Book”，并选择文件路径为“D：\ DBbackup \ Book”（需要先在计算机的 D 盘上创建 DBbackup 文件夹），文件名为“Book”，如图 7-15 所示。

（2）进行完整备份。在“对象资源管理器”中，右击图书借阅数据库“db _ Book”，在弹出的选项中选择“任务”→“备份”命令，打开“备份数据库”窗口。选择备份类型为“完整”，删除系统自定的备份目标。单击“添加”按钮，选择备份设备为“bk _ Book”，如图 7-16 所示。在“选择备份目标”对话框中单击“确定”按钮后返回到“备份数据库”窗口，如图 7-17 所示。

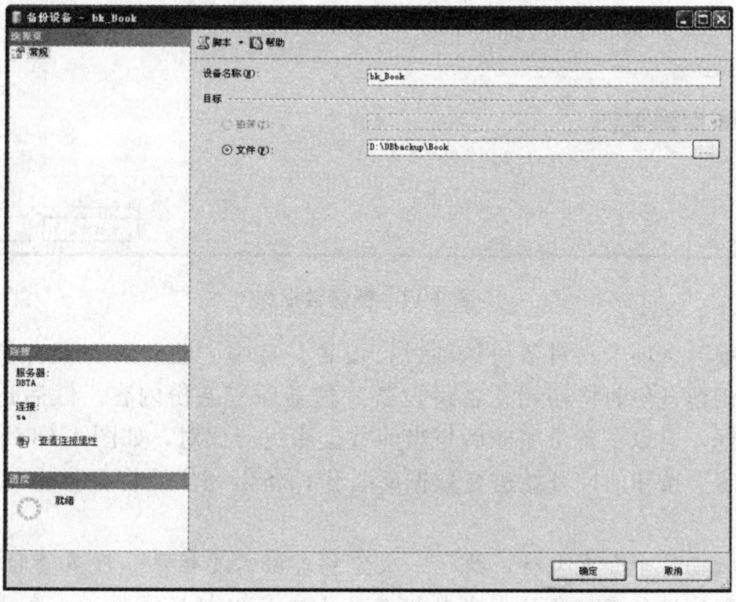

图 7-15　新建备份设备

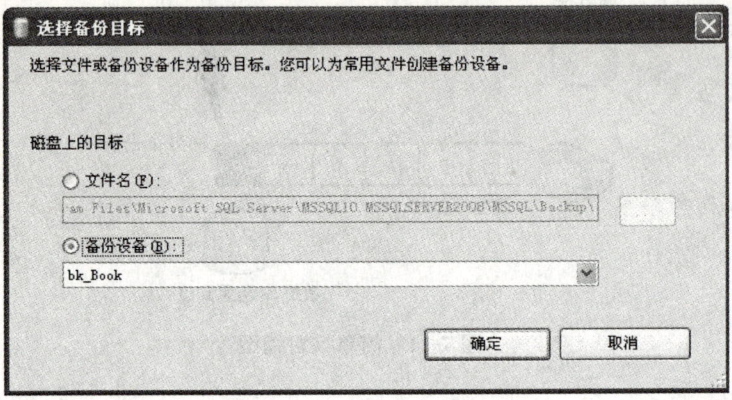

图 7-16　选择备份目标

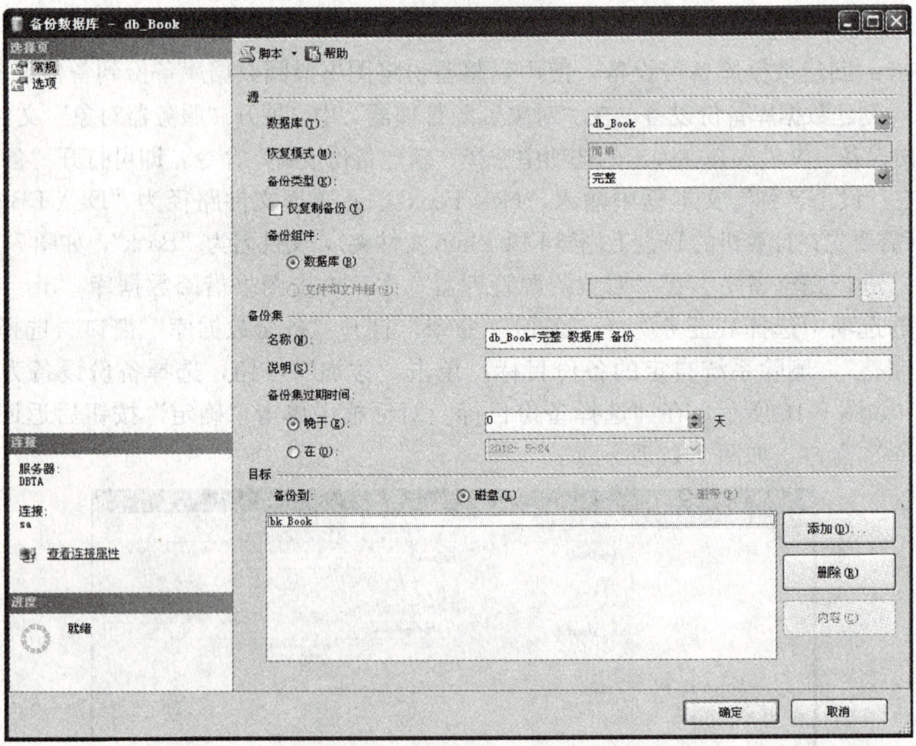

图 7-17　备份数据库

单击“选项”选项卡，对备份选项进行设置。选中“覆盖所有现有备份集”单选按钮，这样系统创建备份时将初始化备份设备并覆盖原有备份内容。然后选中“完成后验证备份”复选框，可以在备份完成后与当前数据库进行比对，如图 7-18 所示。

单击“确定”按钮后即开始进行数据库备份，备份完成后将会弹出如图 7-19 所示的提示对话框。

提示：当数据量十分庞大时，执行一次完整备份需要耗费非常多的时间和存储空间，因此不建议频繁地进行完整备份。当数据库从上次备份起只修改了一定量的数据时，可

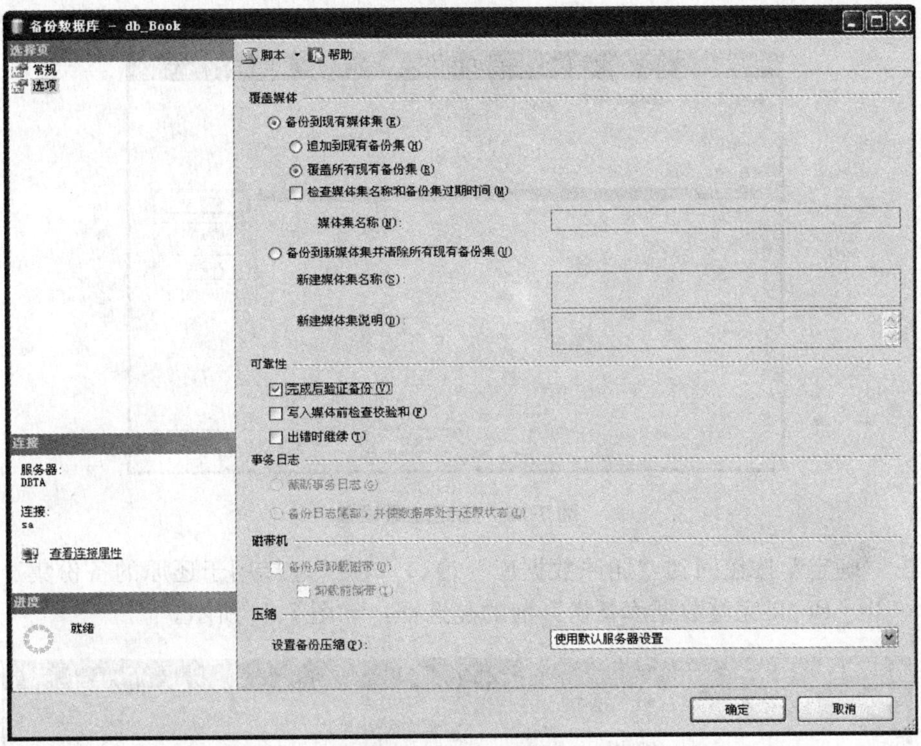

图 7-18 设置备份选项

图 7-19 备份完成

以采用差异备份来对数据库进行备份。

(3) 相关问题验证与分析。

问题：在图 7-17 的数据库备份中有一个“仅复制备份”的选项，试采用这种方式进行备份，并比较其和普通完整备份有什么区别。

2. 数据库恢复

要求：删除原有数据库，并使用备份设备中的完整数据备份对数据库进行恢复。

(1) 删除原有数据库。为了体现数据库恢复的作用，先将原有的图书借阅数据库删除。

(2) 打开还原数据库窗口。在“对象资源管理器”中，右击“数据库”文件夹，在弹出的菜单中选择“还原数据库”即可打开“还原数据库”窗口。

(3) 恢复数据库。在“还原数据库”窗口中的“目标数据库”文本框内输入“db_Book_new”。选中“源设备”单选按钮，单击后面的“浏览”按钮来打开“指定设备”对话框。然后选择“备份设备”选项，并将“bk_Book”备份设备添加进来，如图 7-20

所示。

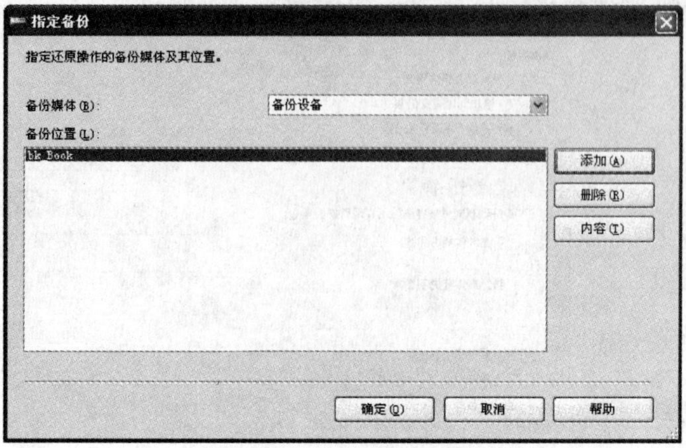

图 7-20　指定还原设备

单击“确定”按钮回到“还原数据库”窗口，在“选择用于还原的备份集”列表框中选中“db _ Book-完整数据库备份”前的复选框，如图 7-21 所示。

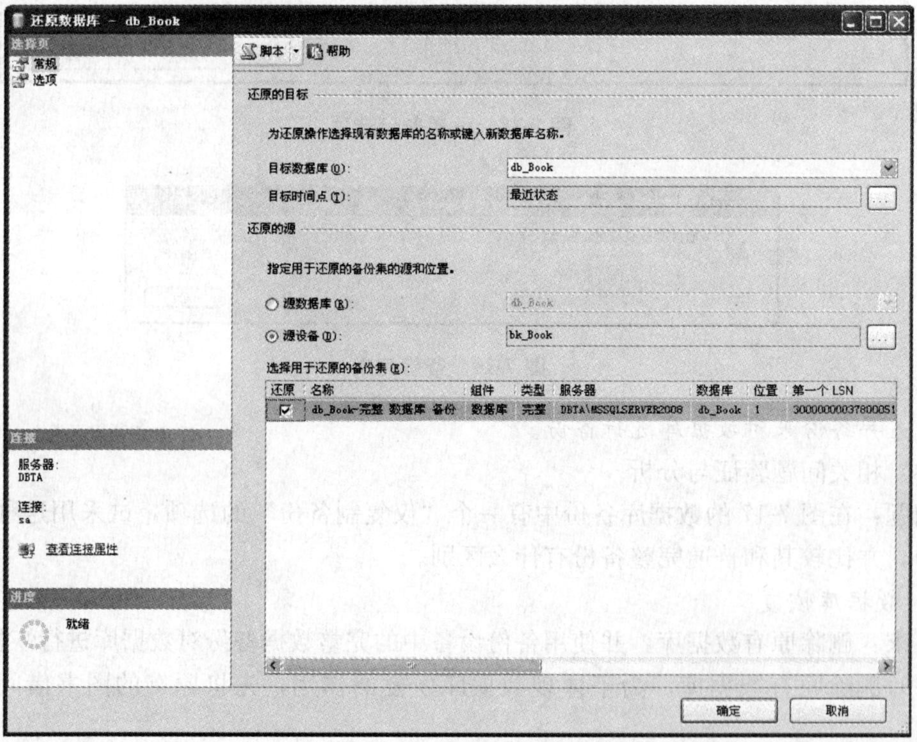

图 7-21　还原数据库

单击“确定”按钮后即可开始数据库恢复，恢复完成后将会弹出如图 7-22 所示的提示对话框。这时，可以看到“对象资源管理器”中出现了一个名为“db _ Book _ new”的数据库，如图 7-23 所示。

图 7-22 数据库恢复完成

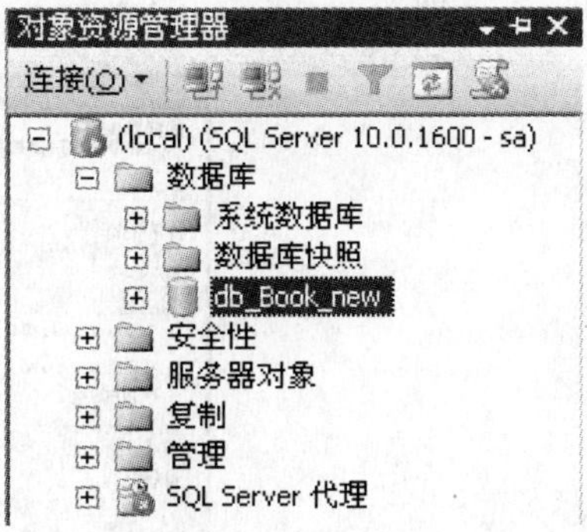

图 7-23 恢复的数据库

提示：恢复数据前，应当断开准备恢复的数据库的连接。否则不能启动恢复进程。

（4）相关问题验证与分析。

问题：恢复时能否恢复完整备份之后的数据库修改？为什么？

3. 数据库导出

用 SQL Server 的导出工具将图书借阅数据库中的数据库导出到新建的 Access 数据库中。

（1）新建 Access 数据库。在计算机上新建一个名为“Book _ Access”的 Access 数据库用来保存从 SQL Server 导出的数据。

（2）导出数据到 Access。在“对象资源管理器”中，右击图书借阅数据库，选择“任务”→“导出数据”命令，即可启动“SQL Server 导入和导出向导”，如图 7-24 所示。

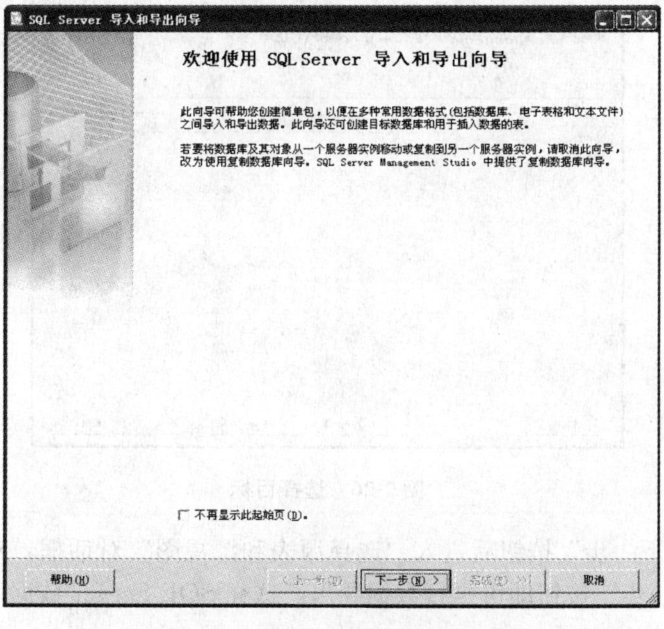

图 7-24 SQL Server 导入和导出向导

单击“下一步”按钮进入“选择数据源”对话框，设置数据库为“db _ Book”，如

图 7-25 所示。

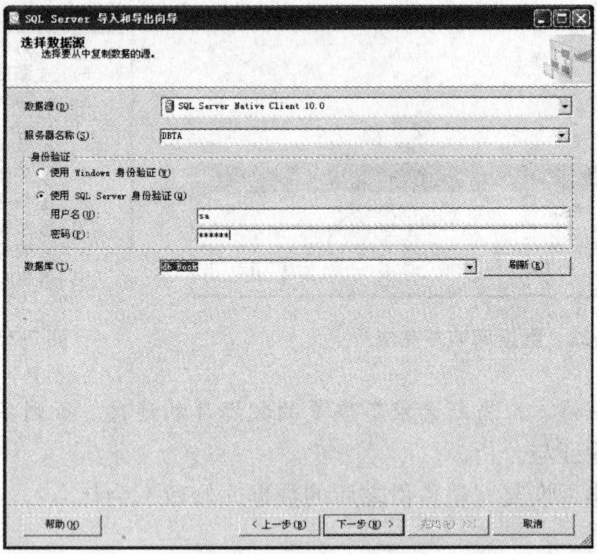

图 7-25　选择数据源

继续单击“下一步”按钮后进入“选择目标”对话框，设定“目标”选项为“Microsoft Access”并设置文件名为之前新建的 Access 数据库名，如图 7-26 所示。

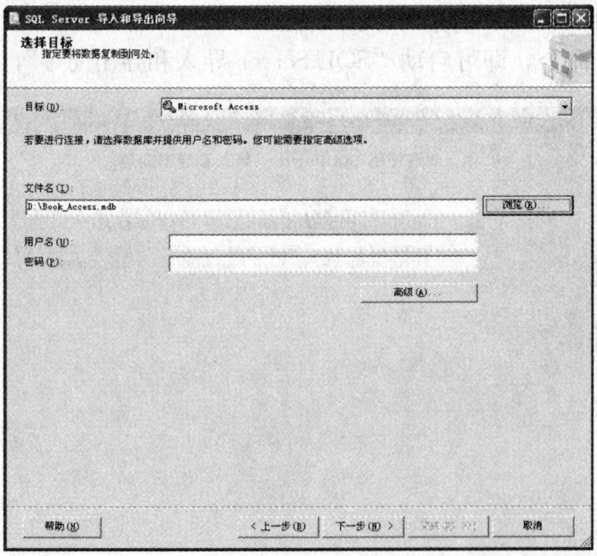

图 7-26　选择目标

继续单击“下一步”按钮后进入“选择源表和源视图”对话框，对表和视图进行选择后再单击“下一步”按钮即可进行数据导出。这样 SQL Server 数据库中的数据就可以导出到 Access 数据库中了。

（3）相关问题验证与分析。

问题：打开用于保存导出数据的 Access 数据库，查看里面的结构、类型以及数据，并和 SQL Server 中的数据库进行比较。

课堂实践

(1) 按照任务实施过程的要求完成各子任务并检查实施结果。

(2) 对图书借阅数据库进行差异化数据备份。要求：新建一个备份设备用来保存差异化备份数据，在差异化备份文件名称中包含备份日期。

(3) 从差异化数据备份中恢复图书借阅数据库。要求：从备份设备中用差异化备份对数据库进行恢复。

(4) 将 Excel 中的数据导入数据库。要求：使用 Excel 建立一个用来保存班级信息的表格并填入数据，在图书借阅数据库中新建表 tb _ Class 用来保存班级信息，将 Excel 中的数据导入 tb _ Class 表中。

检查与问题讨论

(1) 检查与评价任务完成情况。根据任务描述与要求，小组成员相互检查，提出存在问题，根据问题进行小组讨论。

(2) 讨论完整备份和差异备份各自的特点和适用的场合。

(3) 总结讨论需要采用怎样的备份措施才能尽可能维护数据库的完整性。

技术基础

1. 备份与恢复

数据备份是指将数据库中的数据进行复制后另外存放，在数据受到破坏时，用它对数据进行修复。恢复是指在数据库被意外毁坏时，利用数据库备份恢复到原来的状态。在信息的处理中，保证数据的安全性与完整性是数据库管理员最重要的工作。因数据输入错误导致数据不正确、病毒侵入导致数据被破坏、存放介质的物理损坏导致数据丢失、自然灾害造成数据丢失等，数据库管理员需要做好充分的数据备份来对数据来进行恢复。可以说备份是恢复的保障，恢复是备份的目的。

在 SQL Server 2008 中，用户数据库通常保存企业和个人的重要数据信息，并且经常更改，所以需要经常备份，发现下列 4 种情况时需要备份数据库。

(1) 在创建数据库或者装载数据后，都应该备份数据库。

(2) 清理完事务日志之后需要备份数据库。

(3) 创建索引之后，应该备份数据库。

(4) 执行大容量数据操作之后应当备份数据库。

2. 数据库备份方式

在 SQL Server 2008 系统中，提供四种备份类型：完整数据库备份、差异数据库备份、事务日志备份、文件和文件组备份。

(1) 完整数据库备份

完整数据库备份就是备份整个数据库，包括所有的对象、系统表以及数据。与事务日志备份和差异数据库备份相比，完整数据库备份需要的备份空间更多。

（2）差异数据库备份

差异数据库备份是指将最近一次完整数据库备份以后发生改变的数据进行备份。如果在完整数据库备份后将某一个文件添加到数据库，则下一个差异备份会包括该新文件。差异数据库备份比完整数据库备份小而且备份速度快，因此可以经常地备份，经常备份可以减少丢失数据的危险。

（3）事务日志备份

事务日志备份是备份上一次日志备份之后的日志记录。可以利用事务日志备份将数据库恢复到特定的时间点或恢复到故障点。

（4）文件和文件组备份

当一个数据库很大时，对整个数据库进行备份可能需要很多时间，这时可以采用文件和文件组备份，即对数据库中的部分文件或者文件组进行备份。

3. 备份设备

常见的备份设备有3种类型：磁盘备份设备、磁带备份设备和命名管道备份设备。

（1）磁盘备份设备

磁盘备份设备就是存储在硬盘或者其他磁盘媒体上的文件，与常规操作系统文件一样，磁盘备份设备可以定义在数据库服务器的本地磁盘上，也可以定义在通过网络连接的远程磁盘上。

如果磁盘备份设备定义在网络上的远程设备上，则应该使用统一命名方式（UNC）来引用该文件，例如：\\ Servername \ Sharename \ Path \ File。同定义在服务器本地磁盘上的数据库备份设备一样，远程备份设备文件必须能够被设置为可供执行备份操作的人员读、写的安全模式。

（2）磁带备份设备

磁带备份设备与磁盘备份设备的使用方式一样，但是也有区别。磁带备份设备必须直接物理地连接在运行 SQL Serve 2005 服务器的计算机上。磁带备份设备不支持远程设备备份。

（3）命名管道备份设备

命名管道备份设备为使用第三方备份软件和设备提供了一个灵活强大的通道。当用户使用命名管道备份设备进行备份和还原的操作时，需要在 BACKUP 或 RESTORE 语句中给出客户端应用程序中使用的命名管道备份设备的名称。

（4）物理设备和逻辑设备

SQL Server 2008 系统使用物理设备名称或者逻辑设备名称标识备份设备。物理设备是通过操作系统使用的路径名称来标识备份设备的，如 C:\ Backup \ BK _ Book. bak。

逻辑设备是物理备份设备的别名，通常比物理备份设备更能简单、有效地描述备份设备的特征。逻辑备份设备名称被永久保存在 SQL Server 的系统表中。

使用逻辑设备的一个优点就是比使用长路径简单。如果准备将一系列备份数据写入相同的路径或者磁带设备，则使用逻辑设备非常有用。逻辑设备对于标识磁带备份设备尤其有用。

4. 数据恢复模型

SQL Server 2008 包括 3 种恢复模型：简单恢复模型、完全恢复模型和大容量日志记录恢复模型，每种恢复模型都能够在数据库发生故障时恢复相关的数据。

（1）简单恢复模型

使用简单恢复模型可以将数据库恢复到上一次的备份。其优点在于日志的存储空间较小，能够提供磁盘的可用空间，并且也是最容易实现的模型。使用简单恢复模型的缺点是无法将数据库还原到具体的某个时间点。

（2）完全恢复模型

完全恢复模型用于需要还原到某个特定时间点的数据库恢复。如果数据库使用完全恢复模式，那么在完成第一次的完整数据库备份之后，所有对数据库所做的修改都记录在事务日志中。日志在检查点自动裁剪，直到第一个完整数据库备份完成。这是因为必须存在某些东西，以便事务中的修改可以在其上应用。在第一个完整备份之后，可以通过日志备份来释放事务日志中的空间，以保证新的事务可以正常发生。

（3）大容量日志记录恢复模型

与完全恢复模型相似，大容量日志记录恢复模型使用数据库和日志备份来恢复数据库。该模型对某些大规模或者大容量数据操作提供最佳性能和最少的日志使用空间。

大容量日志记录恢复模型允许在大容量操作发生时向事务日志写入更少的信息，不用承担时点恢复的开销，所以加速了大容量操作。只有因为大容量操作而被修改的区才写入日志备份，而不是整个操作都写入日志备份。这允许大容量操作使用更少的存储空间。因为只有修改的区被日志记录，所以必须还原整个日志备份。大容量日志操作的日志备份不支持时点恢复。

实训 7　维护图书信息数据库

实训目的与要求

（1）掌握数据库安全设置的基本方法；
（2）掌握数据库备份的基本方法；
（3）掌握数据库恢复的基本方法；
（4）掌握数据转换的基本方法；
（5）培养基础的数据库安全意识以及安全策略。

实训内容与过程

（1）小组分析讨论大作业 2（图书信息系统数据库）的相关任务和要求（见附录 B）；
（2）在数据库中分别创建用于管理和查询的登录名；
（3）在数据库中分别新建用于管理和查询的数据库用户名并赋予相应的权限；
（4）讨论现有的的登录名、数据库名以及用户权限能够满足数据库安全的需要；
（5）创建备份设备并对数据库进行完整数据备份；
（6）在完整备份的基础上对数据库进行差异化备份；
（7）从数据库备份中恢复数据库；

（8）讨论为了更好保证数据库的完整性，该如何对数据库进行不同类型的备份和恢复。

项目总结

1. 核心（基本）技能

（1）数据库安全设置：身份验证模式设置、登录名设置、数据库用户设置、权限设置。

（2）数据库备份：完整数据库备份、差异数据库备份。

（3）数据库恢复：简单数据恢复。

2. 核心（基本）知识

SQL Server 身份验证模式、登录名、数据库用户、权限、备份与恢复。

3. 相关技术知识

数据库角色、权限的种类和设置、备份设备、备份类型、恢复类型。

思考练习 7

一、选择题

1. 下列不是混合身份验证模式的优点的是（　　）。

A. 创建了 Windows 操作系统上的另外一个安全层次

B. 支持更大范围的用户

C. 一个应用程序可以使用多个 SQL Server 登录口令

D. 一个应用程序只能使用一个 SQL Server 登录口令

2. 如果要对所有的登录名进行数据库访问控制，可采用的方法是（　　）。

A. 在数据库中增加 guest 用户，并对其进行权限设置

B. 为每个登录名指定一个用户，并对其进行权限设置

C. 为每个登录名设置权限

D. 为每个登录名指定一个用户，为用户指定同一个角色，并对角色进行权限设置

3. 服务器角色中，权限最高的是（　　）。

A. processadmin　　B. securityadmin　　C. dbcreator　　D. sysadmin

4. 具有最高操作权限的数据库角色是（　　）。

A. db _ securityadmin　　B. ddladmin

C. public　　D. db _ owner

5. 最消耗系统资源的备份方式是（　　）。

A. 完整备份　　B. 差异备份　　C. 事务日志备份　　D. 文件组备份

6. 下列关于数据库备份的描述，正确的是（　　）。

A. 数据库备份可用于数据库崩溃时的恢复

B. 数据库备份可用于将数据从一个服务器转移到另一个服务器

C. 数据库备份可用于记录数据的历史档案

D. 数据库备份可用于转换数据

7. 能将数据库恢复到某个时间点的备份类型是（　　）。

A. 完整数据库备份　　B. 差异备份

C. 事务日志备份　　D. 文件组备份

8. 下列关于差异备份的描述，错误的是（　　）。

A. 备份自上一次完整备份以来数据库改变的部分

B. 备份自上一次差异备份以来数据库改变的部分

C. 差异备份必须在完整备份的基础上进行

D. 备份自上一次日志备份以来数据库改变的部分

9. 下列关于数据库角色的描述，正确的是（　　）。

A. 将具有相同访问需求或权限的用户组织起来，以提高管理效率

B. 将用户添加到 SQL Server 内置的角色中，可以实现不同的管理权限

C. 一个用户只能属于一种角色

D. 以上描述都正确

10. 假设有两个完整数据库备份：9：00 时的完整备份 1 和 11：00 时的完整备份 2，另外还有三个日志数据库备份：9：30 时基于完整备份 1 的日志备份 1、10：00 时基于完整备份 1 的日志备份 2 以及 11：30 基于完整备份 2 的日志备份 3。如果要将数据库还原到 11：15 的数据库状态，则可以采用（　　）。

A. 完整备份 1＋日志备份 3

B. 完整备份 2＋日志备份 3

C. 完整备份 1＋日志备份 1＋日志备份 2＋日志备份 3

D. 完整备份 2＋尾部日志

二、填空题

1. SQL Server 2008 的身份验证模式包括（　　）和（　　）两种。

2. 按照角色的使用范围，SQL Server 2008 的角色分为（　　）和（　　）。

3. SQL Server 2008 中的固定数据库角色有 db _ owner、（　　）、（　　）等。

4. 权限的种类包括（　　）、（　　）以及（　　）。

5. 用户在数据库中拥有的权限取决于用户账户的数据库权限和（　　）。

6. 数据库备份的类型包括（　　）、（　　）、（　　）以及（　　）。

7. SQL Server 2008 的数据恢复模型包括（　　）、（　　）以及（　　）。

8. （　　）备份可以在简单恢复模式下进行。

9. 使用（　　）可将外部数据导入 SQL Server 数据库中。

10. 新建数据库用户时，如果不指定数据库角色则默认角色为（　　）。

三、简答题

1. 数据库的安全性包括哪些因素？

2. 简述 SQL Server 两种身份验证模式各自的优点和使用条件。

3. 在数据库中进行权限设置的作用是什么？

4. 数据库备份有几种方式？各自有什么特点？

5. 简述物理设备备份和逻辑设备备份的内容及区别。

设计篇

shejipian

数据库设计是指对于一个给定的应用环境，构造最优的数据库模式，建立数据库及其应用系统，使之能够有效地存储数据，满足各种用户的应用需求（信息要求和处理要求）。

本篇以大学生公共服务平台为例，详细介绍使用 SQL Server 2008 进行后台数据库设计与开发的过程。从项目的需求分析开始，介绍后台数据库设计、数据库建立、数据库查询、数据库控制及数据库维护等内容。

教学目标

- 掌握概念模型设计的 E-R 图方法；
- 掌握关系规范化的基本方法；
- 学会建立数据库及实施完整性；
- 掌握各种数据查询方法及存储过程触发器的应用；
- 学会数据库安全性控制及备份恢复操作。

教学任务

- 设计学生公共服务平台数据库概念模型；
- 设计学生公共服务平台数据库逻辑模型；
- 建立学生公共服务平台数据库；
- 查询与操作学生公共服务平台数据库；
- 安全管理学生公共服务平台数据库；
- 备份与恢复学生公共服务平台数据库。

教学平台

- 技术平台：SQL Server 2008。
- 教学项目（课堂教学使用）：学生公共服务平台数据库系统。
- 教学项目（课外练习使用）：自选数据库课程设计。
- 教学模块：学生公共服务平台数据库设计，学生公共服务平台数据库实现，自选数据库课程设计。

项目 8　设计学生公共服务平台数据库

教学目标

- 学会概念模型设计的 E-R 图方法；
- 学会关系规范化的基本方法；
- 了解数据库设计的特点、内容及步骤；
- 了解数据库需求分析的基本方法和常用工具。

教学任务

【任务 8.1】设计学生公共服务平台数据库概念模型
【任务 8.2】设计学生公共服务平台数据库逻辑模型

任务 8.1　设计学生公共服务平台数据库概念模型

任务描述

某学校需要开发设计一个学生公共服务平台，实现学生教学选课、后勤住宿、图书借阅等公共服务功能，需要设计和建立该平台的后台数据库，具体任务如下：

（1）学生公共服务平台的需求分析。了解和掌握学生公共服务平台的工作业务流程和每个岗位、每个环节的职责，了解和掌握信息传递和转换过程，了解和掌握各种人员在整个系统活动过程中的作用；通过同用户充分地交流和沟通，决定哪些工作应由计算机来做，系统要实现哪些功能，决定各种人员对信息和处理有什么要求。

（2）设计学生公共服务平台的概念模型，即 E-R 图。

标识实体和属性：确定学生公共服务平台数据库有哪些实体，以及它们的属性。

标识实体的联系：确定数据库实体间的联系是 1 对 1、1 对多还是多对多。

设计局部 E-R 图：根据各个功能的数据流图和数据字典中相关数据，设计出各项应用的局部 E-R 图。

设计全局 E-R 图：合并各分 E-R 图，消除冲突，消除不必要冗余，得到全局 E-R 图。

任务准备

(1) 数据库设计步骤

数据库设计一般分为需求分析、概念设计、逻辑设计和物理设计 4 个步骤。

(2) 需求分析任务和方法

需求分析任务：详细调查用户要处理的对象，充分了解原系统的工作概况，明确用户的各种要求。然后在此基础上确定新系统的功能，其中包括信息要求、处理要求和完整性要求。

需求分析方法：为了明确用户的实际要求，需要跟班作业、开调查会、请专人介绍、询问、设计调查表给用户填写、查阅记录等方法。

(3) 数据库概念模型的元素

概念模型是把需求分析的结果抽象化后的整体数据库概念结构，它是概念结构设计阶段的重要任务及成果，概念模型通常利用"实体-联系法"(Entity-Relationship Approach，E-R 方法) 表达。它是 Peter Chen 于 1976 年提出的，这种方法将现实世界的信息结构用属性、实体，以及实体之间的联系，即 E-R 图来描述。

① 实体：现实世界中客观存在的并可区分识别的事物称为实体。实体可以指人和物，如学生、宿舍、图书等；可以指能触及的客观对象；可以指抽象的事件；还可以指事物与事物之间的联系，如学生选课信息等。实体名称一般是名词。

② 属性：每个实体都具有一定的特征，通过这些特征可以区分开一个个实体。例如，图书的特征有书名、作者、出版时间等。实体的特征称为属性。一个实体可以用若干个属性来描述。每个属性都有特定的取值范围，即值域，值域的类型可以是整数型、实数型、字符型等。例如性别属性的值域为（男，女），出版社的值域为（高等教育出版社，科学出版社，电子工业出版社）等。由此可见，属性是变量。属性值是变量所取的值，而值域是变量的变化范围。属性名称一般是名词。

③ 实体间的联系：现实世界中的各事物之间是有联系的，这些联系在信息世界中反映为实体内部的联系和实体之间的联系。实体内部的联系主要表现在组成实体的属性之间的联系。比如，一个学校有多个分院，一个分院有多个学生，一学生可以借阅多本图书。实体之间的联系主要表现在不同实体集之间的联系，实体间的联系是指一个实体集中可能出现的每一个实体和另一个实体集中多少个实体存在联系。联系名称一般是动词。

两个实体之间的联系有 3 种，分别是一对一联系、一对多联系和多对多联系。

一对一联系（1∶1)：如果对于实体集 A 中的每一个实体，在实体集 B 中至多有一个实体与之联系；反之亦然，则称实体集 A 与实体集 B 具有一对一联系，记为 1∶1。例如，一个学院只有一个院长，一个院长也只能任职于一个学院，则院长与学院之间的联系即为一对一联系。

一对多联系（1∶N)：如果对于实体集 A 中的每一个实体，实体集 B 中有 N 个实体（$N>0$）与之联系；反过来，对于实体集 B 中的每一个实体，实体集 A 中却至多有一个实体与之联系，则称实体集 A 与实体集 B 具有一对多联系，记为 1∶N。例如，一个专业可以有多个学生，但一个学生只能属于一个专业，则专业与学生之间是一对多联系。

多对多联系（M：N）：如果实体集 A 中的每一个实体，实体集 B 中有 N 个实体（$N>0$）与之联系；反过来，对于实体集 B 中的每一个实体，实体集 A 中也有 M 个实体（$M>0$）与之联系，则称实体集 A 与实体集 B 具有多对多联系，记为 M：N。例如，学生在借阅图书时，一个学生可以借阅多本图书，一本图书也可以被多个学生多次借阅，则学生和图书之间具有多对多联系。

（4）概念模型表示方法

概念模型通常利用实体-联系法来描述，描述出的概念模型称为实体联系模型（Entity-Relationship Model），简称为 E-R 模型。E-R 模型中提供了表示实体、实体属性和实体间联系的方法，具体方法如下：

① 矩形：表示实体，矩形内标注实体的名字，如图 8-1 所示的“图书”实体。

② 椭圆：表示实体或联系所具有的属性，椭圆内标注属性名称，并用无向边把实体与其属性联系起来，如图 8-1 所示。

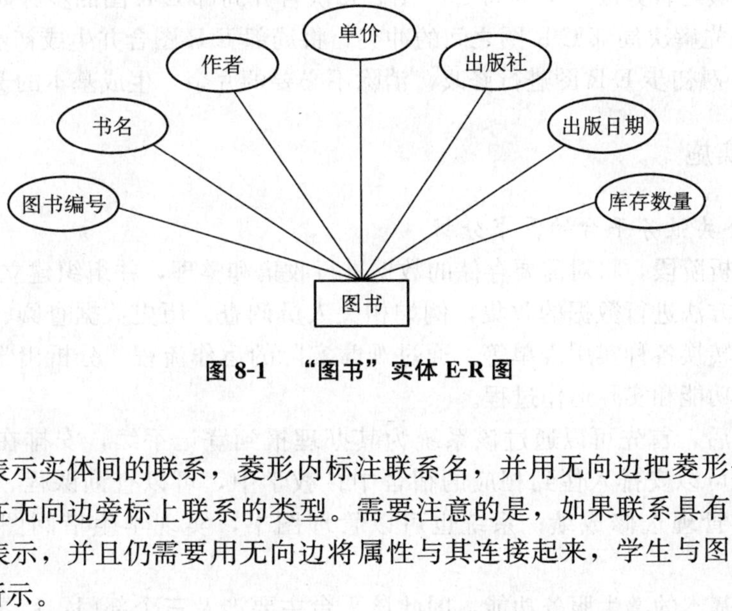

图 8-1 “图书”实体 E-R 图

③菱形：表示实体间的联系，菱形内标注联系名，并用无向边把菱形分别与有关实体联系起来，在无向边旁标上联系的类型。需要注意的是，如果联系具有属性，则该属性仍用椭圆框表示，并且仍需要用无向边将属性与其连接起来，学生与图书之间的借阅联系如图 8-2 所示。

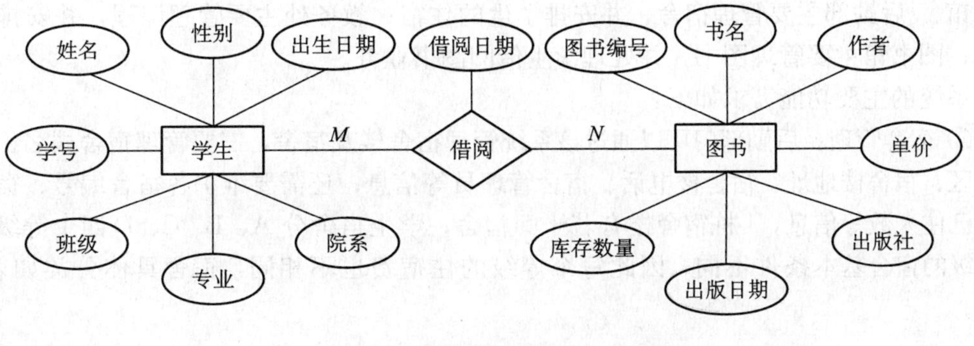

图 8-2 “学生借阅图书”E-R 图

一个学生可以借阅多本图书，一本图书可以被多个学生借阅，学生和图书之间的联系为M∶N，联系名为“借阅”。学生有学号、姓名、性别、出生日期、院系、专业、班级等属性，图书有图书编号、书名、作者、单价、出版社、出版日期、库存数量等属性。多对多的“借阅”联系还有借阅日期的属性。

（5）概念结构设计的步骤

概念结构设计的步骤有两个，首先设计局部概念模型，然后将局部概念模型合成为全局概念模型。

① 设计局部概念模型：设计局部概念模型就是选择需求分析阶段产生的局部数据流图或数据字典，设计局部 E-R 图。具体步骤如下：

a. 确定数据库所需的实体。

b. 确定各实体的属性以及实体的联系，画出局部的 E-R 图。

属性必须是不可分割的数据项，不能包含其他属性。属性不能与其他实体具有联系，即 E-R 图中所表示的联系是实体之间的联系，而属性与实体之间不能发生联系。

② 合并 E-R 图：首先将两个重要的局部 E-R 图合并，然后依次将一个新局部 E-R 图合并进去，最终合并成一个全局 E-R 图。每次合并局部 E-R 图的步骤如下：

a. 合并：先解决局部 E-R 图之间的冲突，将局部 E-R 图合并生成初步的 E-R 图。

b. 优化：对初步 E-R 图进行修改，消除不必要的冗余，生成基本的 E-R 图。

任务实施

1. 学生公共服务平台的需求分析

在需求分析阶段，将对需要存储的数据进行收集和整理，并组织建立完整的数据集。可以使用多种方法进行数据的收集，例如相关人员调查、历史数据查阅、观摩实际的运作流程，以及转换各种实用表单等。通过观摩实际的运作流程，分析出学生公共服务平台平台的主要功能和实际运作过程。

学生进校后，首先可以通过该系统为其办理报到登记手续，安排在录取的专业及班级中；然后可以安排入住到相应的宿舍中；教学中，可以查询课程、帮助学生选修的相应课程及管理选修成绩；系统也可以管理图书，实现学生借阅图书等服务管理功能。

它实现最基本的学生服务功能，因此该平台主要涉及三个部门：后勤部、教务处和图书馆 。后勤部主要管理宿舍，并安排学生的住宿；教务处主要管理课程，并安排学生选课；图书馆主要管理图书，并处理学生借阅图书业务。

系统的主要功能需求如下：

① 宿舍管理：后勤部门可以通过该系统管理宿舍楼及宿舍，需要管理宿舍楼名、宿舍楼校区、宿舍楼地址、宿舍楼电话、宿舍管理员等信息；还需要维护各宿舍编号、宿舍电话、已住人数等信息。1 栋宿舍楼有若干间宿舍；学生宿舍分 A、B、C、D 四个等级，每个等级的宿舍基本条件不同，因此每个等级的住宿费也不相同，宿舍具体分类如表 8-1 所示。

表8-1 宿舍分类

类 别	基本条件	住宿费收费标准/元（人·学年）
A类	① 每室6人，人均建筑面积不低于5平方米 ② 每人配备床、桌子、椅子、柜橱各1个 ③ 每室配备电风扇和电源插座 ④ 每楼层设有公用卫生间、盥洗室、淋浴设备	900
B类	① 每室不超过6人，人均建筑面积不低于6平方米 ② 每人配备床、桌子、椅子、柜橱、书架各1个 ③ 每居室有阳台、室内卫生间 ④ 每室配备电风扇和电源插座 ⑤ 每楼层有公共卫生间、盥洗室、淋浴设备	1100
C类	① 每室不超过5人，人均建筑面积不低于7平方米 ② 每人配备床、桌子、椅子、柜橱、书架各1个 ③ 每居室有阳台、室内卫生间 ④ 每室配备电风扇和电源插座 ⑤ 每楼层有公共卫生间、盥洗室、淋浴设备	1300
D类	① 每室不超过4人，人均建筑面积不低于8平方米 ② 每人配备床、桌子、椅子、柜橱、书架各1个 ③ 每居室有阳台、室内卫生间 ④ 每室配备电风扇和电源插座 ⑤ 每楼层有公共卫生间、盥洗室、淋浴设备	1500

② 学生注册：学生报到时，可以使用该系统为学生办理注册服务，报到注册时须填写学号、姓名、性别、出生日期、院系、专业、班级等信息。

③ 学生住宿：学生报到注册成功后，后勤部门可以安排学生入住，需要登记入住时间、入住床号等。每个学生只能安排在一个宿舍入住。

④ 课程管理：教务处通过该系统管理课程信息，需要维护课程编号、课程名、开课学期、任课教师、学时、学分等信息。

⑤ 学生选课：学生开学后，教务处可以安排学生选课，1个学生可以选修多门课程，1门课程也可以被多名学生选修。课程结束后，系统还需要记录选课成绩。

⑥ 图书管理：图书馆通过该系统管理图书信息，需要维护图书编号、书名、作者、单价、出版社、出版时间、库存数量等。

⑦ 学生借书：学生入校后，可以在图书馆借阅图书，一个学生可以借阅多本图书，最多一次可以借6本图书，一本图书也会被多个学生多次借阅；系统会记录每个学生每次的借阅日期等信息。

2. 设计学生公共服务平台的概念模型

(1) 标识实体和属性

在收集需求信息后，必须标识数据库要管理的关键对象或实体。

分析系统需求，确定学生公共服务平台具有学生、宿舍、课程和图书四个实体，它们的属性分别如下。

① 学生（Student）：学生进校后，必须办理报到注册手续，才能使用其他学校公共服务。注册时需要填写学生基本属性，包括学号、姓名、性别、出生日期、院系、专业、

班级等，其中学号是学生实体的主属性。

② 课程（Course）：教务处需要安排课程给学生选修上课，课程的基本属性包括课程编号、课程名、任课教师、开课学期、学时、学分等，其中课程编号是课程实体的主属性。

③ 图书（Book）：图书馆需要管理许多图书，为学生提供借阅服务，图书的基本属性包括图书编号、书名、作者、单价 、出版社、出版日期、库存数量等，其中图书编号是图书实体的主属性。

④ 宿舍（Dormitory）：学生进校办理报到注册手续后，后勤部门可以为学生安排宿舍，宿舍的基本属性包括宿舍编号、宿舍电话、宿舍等级、宿舍基本条件、住宿费、已住人数、宿舍楼名、宿舍楼校区、宿舍楼地址、宿舍楼管理员、宿舍楼管理电话等，其中宿舍编号是宿舍实体的主属性。

提示：对象或实体一般是名称，一个对象只描述一件事情，不能重复出现含义相同的对象。

（2）标识实体的联系

在学生、宿舍、课程和图书四个实体中，根据平台的需求分析，可以得出实体间的联系。

一个宿舍可以住宿 4～6 名学生，每个学生安排在一个固定宿舍入住，因此宿舍和学生之间存在着一对多的入住联系。学生入住后系统需要登记入住日期和入住床位号。

每个学生可以选修多门课程，每门课程可以被多个学生选修，因此学生和课程之间存在着多对多的选修联系。学生选修课程，考试结束后，系统会记录选修课程成绩。

每个学生可以借阅多本图书，每本图书可以被多个学生多次借阅，因此学生和图书之间存在的多对多借阅联系。学生借阅图书后，系统会记录借阅时间。

（3）设计局部 E-R 图

对于后勤部门，它主要涉及宿舍和学生两个实体，它们之间存在一对多（1∶N）的入住联系，并记录入住日期和入住床号，因此，后勤部门的局部 E-R 图如图 8-3 所示，学号和宿舍编号两个主属性用下画线标识。

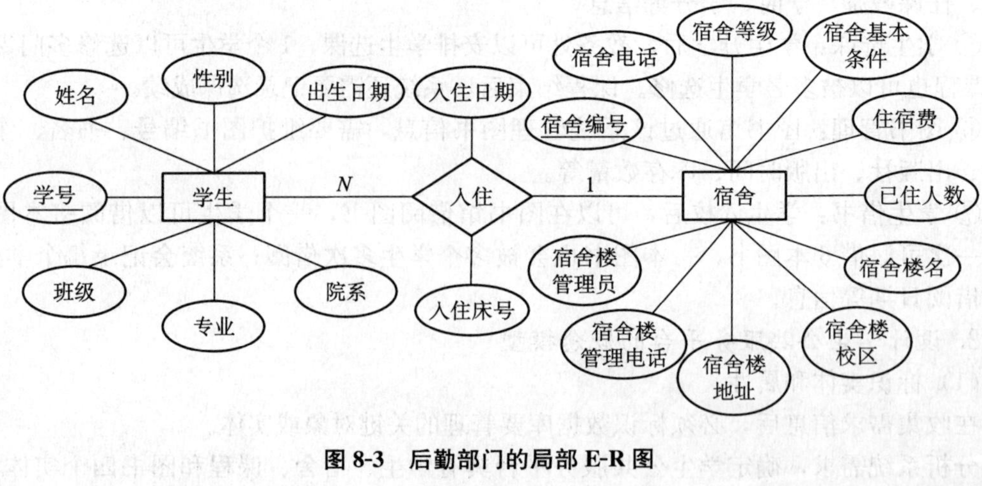

图 8-3　后勤部门的局部 E-R 图

对于教务处，它主要涉及学生和课程两个实体，它们之间存在多对多（M∶N）的选修联系，并记录选修课程的成绩，因此，教务处的局部 E-R 图如图 8-4 所示，学号和课程编号两个主属性用下画线标识。

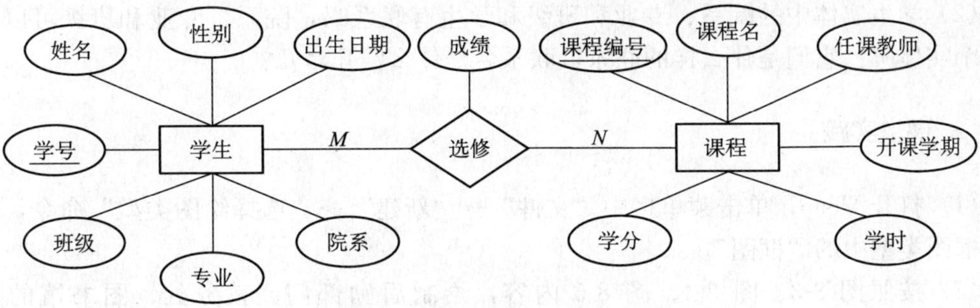

图 8-4　教务处的局部 E-R 图

对于图书馆，它主要涉及学生和图书两个实体，它们之间存在多对多（M∶N）的借阅联系，并记录借阅时间，因此图书馆的局部 E-R 图如图 8-5 所示，学号和图书编号两个主属性用下画线标识。

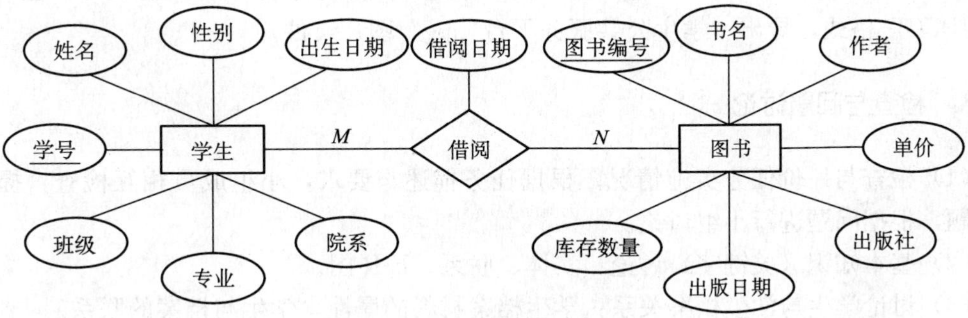

图 8-5　图书馆的局部 E-R 图

（4）设计全局 E-R 图

综合局部 E-R 图，生成总体 E-R 图。在综合过程中，同名实体只能出现一次，还要去掉不必要的联系，以便消除冗余。一般来说，从总体 E-R 图必须能导出原来的所有局部视图，包括实体、属性和联系。因此学生公共服务平台合成的总体 E-R 图如图 8-6 所示。

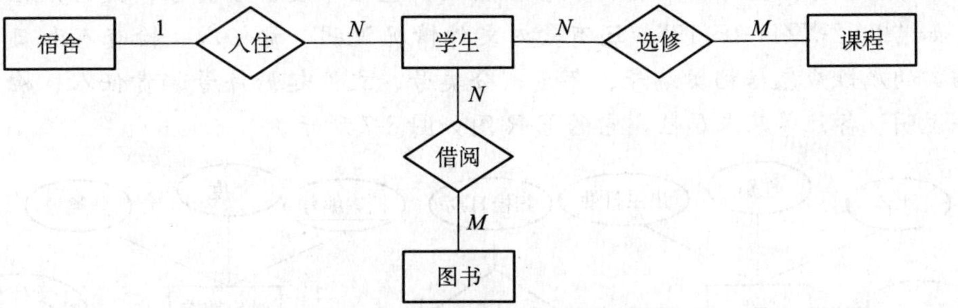

图 8-6　学生公共服务平台全局 E-R 图

提示： 在绘制数据库 E-R 图时，联系的菱形符号两端要标识实体的联系是 1∶1、1∶N 还是 M∶N。

3. 问题分析

（1）如有一个学生档案的实体，它的属性有哪些？它和学生实体是几对几的联系？

（2）学生实体中的院系、专业和班级和学生有联系吗，院系、专业和班级可以单独做一个实体吗？它们是什么样的联系，联系名是什么？几对几？

课堂实践

（1）打开 Visio，单击菜单栏中“文件”→“新建”→“选择绘图类型”命令，然后选择框图类型中的“框图”。

（2）按照图 8-3、图 8-4、图 8-5 内容，绘制后勤部门、教务处、图书馆的局部E-R图。

（3）如果学生实体和图书实体之间存在还书的关系，请绘制出该E-R图。

（4）结合步骤（2）完成内容，按照图 8-6 内容，绘制学生公共服务平台的全局E-R图。

（5）最后单击“另存为”，保存文件为“学生公共服务平台.vsd”源文件；也可以选择“JPEG”格式，导出“学生公共服务平台.jpg”图片文件。

检查与问题讨论

（1）检查与评价任务实施情况。根据任务描述与要求，小组成员相互检查，提出存在问题，根据问题进行小组讨论。

（2）基本知识（关键字）讨论：实体、联系、E-R 图。

（3）讨论学生与学生档案关系：学生档案材料的属性，学生与档案的联系。

提示：学生档案是国家人事档案的组成部分，是大学生在校期间生活、学习及各种社会实践的真实历史记录，是大学生就业及其今后各单位选拔、任用、考核的主要依据。因此每个学生进校后都有一个对应的学生档案盒（袋），里面对学生在校期间的学习、生活及各种社会实践活动材料进行归档，每个学生档案盒（袋）只保存着一个学生的记录，因此学生与学生档案是 1 对 1 的归档联系。

每个学生档案盒盒脊上准确标识各检索项，包括年度、分类号、盒内归档文件起止件号，如“2002-XZ11-1～15”，还有盒内文件情况说明、责任人、检查人和日期。因此学生档案的属性应包括档案编号、年度、分类号、文件起始件号、责任人、检查人、盒内文件说明、备注等基本属性，它的 E-R 图如图 8-7 所示。

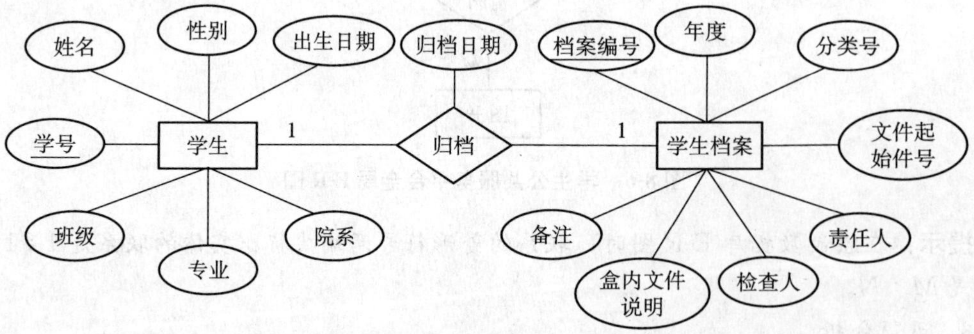

图 8-7 学生与档案 E-R 图

(4) 院系、专业、班级：是否单独建立一个实体？和学生的联系是什么？

(5) 任务实施情况讨论：后勤部门、教务处、图书馆局部 E-R 图，学生公共服务平台的 E-R 图。

技术基础

1. 数据库设计概念

数据库设计是建立数据库及其应用系统的核心和基础。它要求对于指定的应用环境，构造出较优的数据库模式，建立数据库及其应用，使系统能有效地存储数据，并满足用户的各种应用需求。数据库设计既是一项涉及多学科的综合性技术，又是一项庞大的工程项目，“三分技术，七分管理，十二分基础数据”是数据库建设的基本规律。

数据库设计一般都是从局部到全局，从逻辑设计到物理设计，即对客观世界的事物进行抽象，转换成依赖于某一个 DBMS 的数据。通常采取实体-联系的方法（E-R 方法）对用户视图进行模型化，然后汇总生成企业数据库概念模型，进而转换为数据库的逻辑模型。

(1) 数据库设计的特点

数据库设计是一种“反复探寻，逐步求精”的过程，这是由设计目标和结构与行为特性分离设计决定的，要求硬件、软件和管理的结合，结构（数据）设计和行为（处理）设计结合。

人们总是力求设计出的数据库好用，希望数据库安全、可靠、便于维护、易于扩充、具有最小的冗余，以及对不同用户的数据存取都有较快的响应速度。要实现这个目标，无疑要求结构特性好，然而结构特性是在模式和子模式中定义的；而行为特性则体现在应用程序中，因此，最佳设计不可能一蹴而就，只能是一种反复探寻的过程。图 8-8 显示了分离设计、相互参照、反复探寻的全过程。

图 8-8 可以表明，数据库设计是一种自顶向下、逐步逼近设计目标的过程。从大的方面说，可以把数据库设计过程划分为两个方面：逻辑设计和物理设计。逻辑设计的主要任务是创建数据库模式并使其能支持所有用户的数据处理，能从模式中导出子模式供应用程序使用；物理设计的主要任务是选择存储结构，实现数据存取。

(2) 数据库设计的内容

从系统开发的角度来看，数据库设计包含结构特性设计和行为特性设计两方面内容。

① 结构特性的设计。

结构特性与数据库状态，即数据模型所反映的实体及实体间联系的静态特性有关。结构设计就是设计各级数据库模式，决定数据库系统的信息内容。

结构设计是静态的，一旦成形后通常情况下不再轻易变动。

② 行为特性的设计。

行为特性与数据库状态的转换有关，即改变实体及其特性的操作。它决定数据库系统的功能，包括事务处理等应用程序的设计。行为特性是动态的，用户的行为总是使数据库的数据内容发生改变。行为特性现在多由面向对象程序给出操作界面。

从使用方便和改善性能角度考虑，结构特性必须适应行为特性。但是建立数据模型的方法并没有给行为特性的设计提供有效的工具和技巧，就是说结构设计和行为设计不

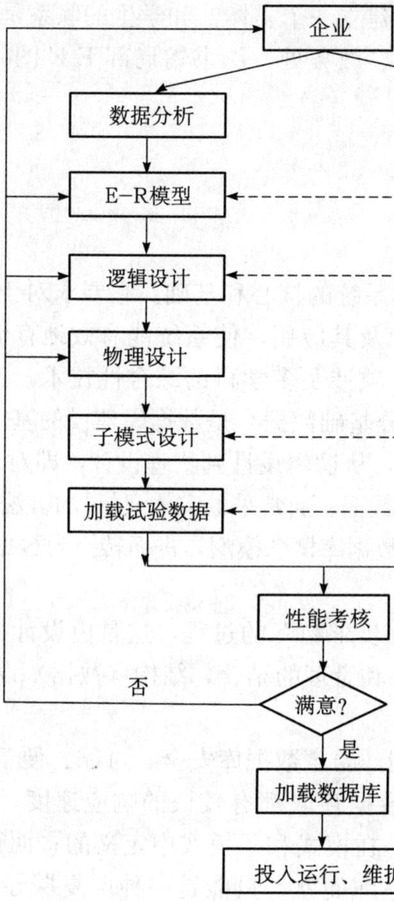

图 8-8　数据库设计过程

得不分离进行，但它们必须相互参照。

在数据库系统设计中，结构特性设计是关键，因为数据库结构框架正是从考察分析用户的操作行为所涉及的数据处理进行汇总和提炼出来的。这一点上，设计数据库与设计其他软件有很大的不同。

（3）数据库设计的步骤

整个数据库系统开发过程划分为系统分析和设计、系统实现和运行两大阶段。

第一阶段，数据库系统的分析和设计，包括以下六个步骤：①需求分析；②概念结构设计；③逻辑结构设计；④物理结构设计；⑤应用程序设计及调试；⑥性能测试确认。

第二阶段，数据库系统实现和运行，包括以下内容：①数据库实施；②数据库运行；③数据库维护；④数据库重组。

整个开发过程实际上是一个不断修改、调整的迭代过程。

2. 数据库需求分析

需求分析是整个数据库设计过程中的第一步，也是最重要的一步，是其他后继各步骤的基础。它对客观世界的对象进行调查、分析、命名、标识并构造出一个简明的全局数据视图，是整个企业信息的轮廓框架，并且独立于任何具体的 DBMS。需求分析的目的是根据企业各级管理人员和终端用户的要求，决定整个管理目标、范围及其应用性质。

（1）需求分析的任务

对现实系统要处理的对象，包括组织、部门、企业等进行详细调查，在了解现行系统的概况、确定新系统功能的过程中，收集支持系统目标的基础数据及其处理方法。需求分析是在用户调查的基础上，通过分析，逐步明确用户对系统的需求，包括数据需求和围绕这些数据和业务的处理需求。需求分析一般自顶向下地进行。

调查的重点是“数据”和“处理”，通过调查要从用户处获得对数据库的下列需求。

① 信息需求。信息需求定义未来信息系统使用的所有信息，弄清用户将向数据库输入什么样的信息数据，从数据库中要求获得什么样的信息内容，即在数据库中须存储哪些数据、对这些数据将如何处理，描述数据间本质上和概念上的联系，描述信息的内容和结构以及信息之间的联系等。

② 处理需求。处理需求定义未来系统数据处理的操作功能，描述操作的优先次序，包括操作执行的频率和场合、操作与数据之间的联系等。处理需求还包括弄清用户要完成什么样的处理功能、每种处理的执行频度、用户要求的响应时间以及处理的方式是联机处理还是批处理等，同时也要弄清安全性和完整性的约束。

（2）数据流图与数据字典

在需求分析中，通过自顶向下、逐步分解的方法分析系统。任何一个系统都可以抽象为图 8-9 所示的数据流图（Data Flow Diagram，DFD）形式。DFD 可以形象地描述事务处理与所需数据的关联。

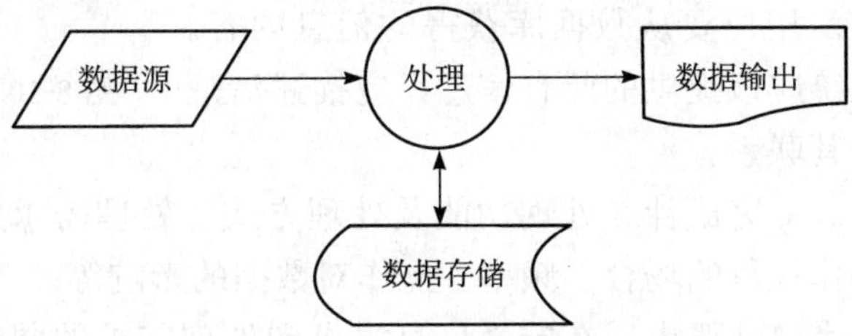

图 8-9 数据流图

数据流图是从“数据”和“处理”两方面来表达数据处理过程的一种图形化的表示方法。在数据流图中，用圆圈表示数据处理（加工）；用带箭头的线段表示数据的流动及流动方向，即数据的来源和去向；用“书形框”表示要求在系统中存储的数据。在系统分析阶段，不必确定数据的具体存储方式。在此后的实现中，这些数据的存储形式可能是数据库中的关系，也可能是操作系统的文件。

数据流图中的“处理”抽象表达了系统的功能要求，系统的整体功能要求可以分解为系统的若干子功能要求，通过逐步分解的方法，一直可以分解到将系统的工作过程表达清楚为止。在功能分解的同时，每个子功能在处理时所用的数据存储也被逐步分解，从而形成若干层次的数据流图。

除了用一套 DFD 描述数据的动态走向外，还要从原始的数据资料中分析整理出下述数据信息：

数据元素的名称、同义词、性质、取值范围、提供者（来源）、使用者（去向）、控制权限、保密要求、使用频率、数据量、数据之间联系的语义说明、各个部门对数据的要求及数据处理要求。

通过细致的调查研究，对组织的各种数据需求进行详细描述，并由此产生这个组织的数据字典。

数据字典存储有关数据的来源、说明、与其他数据的关系、用途、格式等信息，它本身就是一个数据库，存储“关于数据项的数据”。数据字典是个指南，它为数据库提供了“路线图”，而不是“原始数据”。换句话说，数据字典通常是指数据库中数据定义的一种记录，类似一个数据库的数据结构，但其内容要比数据库的数据结构描述丰富得多。

(3) 需求分析的基本步骤（见图 8-10）

① 需求的收集。

需求收集是指收集数据、发生时间、频率、发生规则、约束条件、相互联系、计划控制及决策过程等。注意不仅要注重收集弄清处理流程还要注重规约。收集方法可以采用面谈、书面填表、开调查会、查看和分析业务记录、实地考察或资料分析法等。

用户需求主要包括以下三方面：

第一，信息需求。用户要从数据库获得的信息内容。信息需求定义了新系统应该提供的所有信息，应描述清楚系统中数据的性质及其联系。

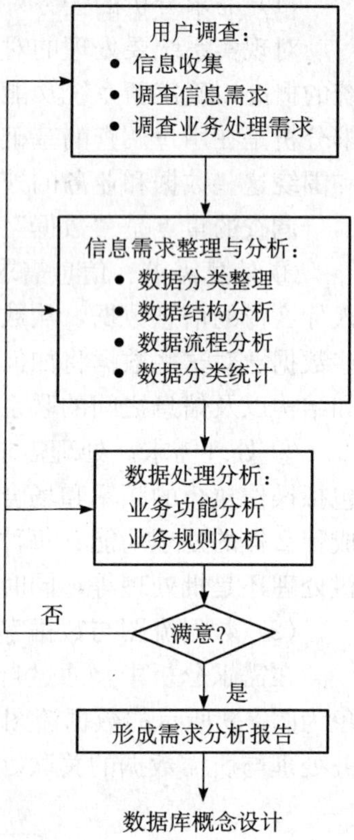

图 8-10　数据需求分析步骤

第二，处理需求。即完成什么处理功能及处理方式。处理需求定义了新系统数据处理的操作，应描述操作执行的场合、频率、操作对数据的影响等。

第三，安全性和完整性要求。在定义信息需求和处理需求的同时必须相应确定安全性、完整性约束。

② 需求的分析整理。

数据流程分析以数据流图表示。

数据分析结果描述，除 DFD 外，还有一些规范表格做补充描述。一般有数据清单（数据元素表）、业务活动清单（事务处理表）、完整性及一致性要求、响应时间要求、预期变化的影响等。它们是数据字典的雏形，主要包括如下内容。

数据项：它是数据的最小单位，包括项名、含义、别名、类型、长度、取值范围及与其他项的逻辑联系等。

数据结构：是若干数据项的有序集合，包括数据结构名、含义、组成的成分等。

数据流说明：数据流可以是数据项，也可以是数据结构，表示某一加工的输入/输出数据，包括数据流名、说明、流入的加工名、流出的加工名、组成的成分等。

数据存储说明：说明加工中需要存储的数据，包括数据存储名、说明、输入数据流、输出数据流、组成的成分、数据量、存储方式、操作方式等。

加工过程：包括加工名、加工的简要说明、输入/输出数据流等。

③ 数据分析统计。

将收集的数据按基本输入数据（包括人工录入、系统自动采集、转入等）、存储数据（包括一次性存储量、周期递增量）、输出数据（包括报表输出、转出等）分别进行统计。

最后分析围绕数据的各种业务处理功能，并以带说明的系统功能结构图形式给出。

④ 阶段成果。

需求分析的阶段成果是系统需求说明书，此说明书主要包括各项业务的数据流图DFD及有关说明、对各类数据描述的集合（即数据字典DD的雏形表格）、各类数据的统计表格、系统功能结构图和必要的说明。系统需求说明书是数据库设计全过程的重要依据文件。

3. 数据库概念结构设计

概念结构设计的目标是产生反映整个组织信息需求的整体数据库概念结构，即概念结构模型。概念结构模型不依赖于计算机系统和具体的DBMS。

（1）概念结构

表达概念结构设计结果的工具称为概念结构模型。概念结构模型应具备以下特点：

① 丰富的语义表达能力。能表达用户的各种需求，包括描述现实世界中各种对象及其复杂的联系，及用户对数据对象的处理要求等。

② 易于交流和理解。概念结构模型是DBA、应用系统开发人员和用户之间的主要交流工具。

③ 易于变动。概念结构模型要能灵活地加以改变，以反映用户的需求和环境的变化。

④ 易于向各种数据模型转换，易于从概念模型导出与DBMS有关的逻辑模型。

概念结构设计主要有以下几种：

① 自顶而下。首先定义全局概念结构的框架，再做逐步细化。

② 自底向上。首先定义每一局部应用的概念结构，然后按一定的规则把它们集成，从而得到全局概念结构。

③ 由里向外。首先定义最重要的那些核心结构，再逐步向外扩充。

④ 混合策略。混合策略是把自顶向下和自底向上结合起来的方法，它先自顶向下设计一个概念结构的框架，然后以它为骨架再自底向上设计局部概念结构，并把它们集合在一起。

这里对常用的自底向上设计策略给出数据库概念结构设计的主要步骤：

第一，进行数据抽象，设计局部概念模式。

第二，将局部概念模式综合成全局概念模式。

第三，进行评审，改进。

在概念结构设计过程中使用E-R方法的基本步骤包括：设计局部E-R图，设计全局E-R模型，优化成基本E-R图。

（2）设计局部E-R图

设计局部E-R图的任务是根据需求分析阶段产生的各个部门的数据流图和数据字典中相关数据，设计出各项应用的局部E-R图。局部E-R模型的设计步骤如图8-11所示。

下面以仓库管理为例，描述设计E-R图的方法。

第一步，确定实体类型。本问题有项目 PROJECT、零件 PART 和零件供应商 SUPPLIE-R 三个实体类型。

第二步，确定联系类型。依据需求分析结果，考查任意两个实体类型之间是否存在联系，若有联系，要进一步确定联系的类型（1：1，1：N，M：N）。在确定联系时应特别注意两点：一是不要丢掉联系的属性；二是尽量取消冗余的联系，即取消可以从其他联系导出的联系。

本问题 PROJECT 和 PART 之间是 M：N 联系，即一个项目需要使用多种零件，一种零件可用于多个项目中。PART 和 SUPPLIE-R 之间也是 M：N 联系，即一种零件可由多个供应商提供，一个供应商也可提供多种零件。分别定义联系类型为 P-P 和 P-S。

第三步，确定实体类型的属性。实体类型 PROJECT 有属性，分别是项目编号 J♯，项目名称 JNAME，项目开工日期 DATE。

实体类型 PART 的属性：零件编号 P♯，零件名称 PNAME，颜色 COLOR，重量 WEIGHT。

实体类 SUPPLIE-R 的属性：供应商编号 S♯，供应商名 SNAME，供应商地址 SADR。

第四步，确定联系类型的属性。联系类型应该至少包括与之联系的所有实体类型的键，比如联系类型 P-P 的属性为项目编号 J♯（实体类型 PROJECT 的键），需要的零件编号 P♯（实体类型 PART 的键），需要的零件数量 TOTAL。联系类型 P-S 的属性为零件号 P♯，供应商号 S♯（实体类型 SUPPLIE-R 的键），供应的数量 QUANTITY。

第五步，根据实体类型和联系类型画出 E-R 图。

（3）设计全局 E-R 图

设计全局 E-R 图是将所有局部的 E-R 图集成为全局的 E-R 图，即全局的概念模型。设计全局概念模型的过程如图 8-12 所示。

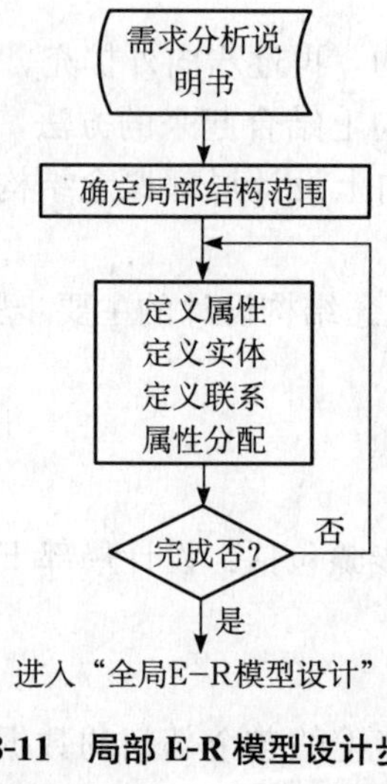

图 8-11　局部 E-R 模型设计步骤

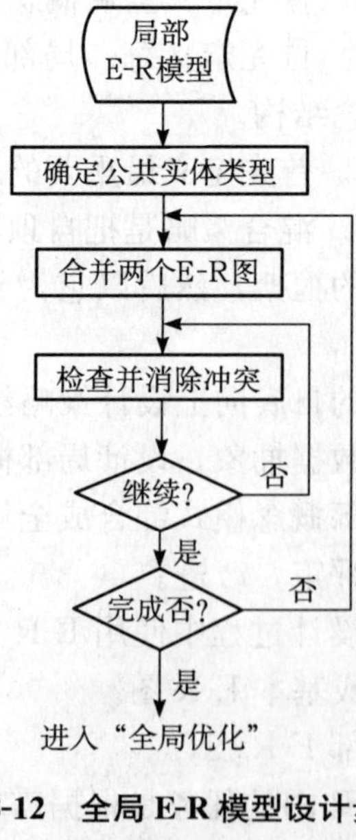

图 8-12　全局 E-R 模型设计步骤

第一步，局部 E-R 图的合并。把局部 E-R 图集成为全局 E-R 图时，为了减小合并工作的复杂性，一般采用两两集成的方法，合并从公共实体类型开始，最后再加入独立的局部结构。即，先将具有相同实体的两个 E-R 图，以该相同实体为基准进行集成，如果还有相同实体的 E-R 图，再次集成，这样一直继续下去，直到所有具有相同实体的局部 E-R 图都被集成，从而得到全局的 E-R 图。

第二步，消除冲突。当将局部的 E-R 图集成为全局的 E-R 图时，可能存在三类冲突：①属性冲突，包括类型、取值范围、取值单位的冲突。②结构冲突，如作为实体又作为联系或属性、同一实体其属性成分不一样。③命名冲突，包括实体类型名、联系类型名之间异名同义或异义同名等命名冲突。

具体调整手段可以考虑以下几种：

第一，对同一个实体的属性取各个分 E-R 图相同实体属性的并集。

第二，根据综合应用的需要，把属性转变为实体，或者把实体变为属性。

第三，实体联系要根据应用语义进行综合调整。

（4）初步 E-R 图的优化

一个好的全局 E-R 模式除能反映用户功能需求外，还应满足下列条件：①实体类型个数尽可能少；②实体类型所含属性尽可能少；③实体类型间联系无冗余。

优化就是要达到这三个目的。为此，要合并相关实体类型，一般把 1∶1 联系的两个实体类型合并，合并具有相同键的实体类型，消除冗余属性，消除冗余联系。但有时为提高效率，根据具体情况可存在适当冗余。图 8-13 是两个局部的 E-R 图，按相同实体“零件”集成全局的 E-R 图如图 8-14 所示。

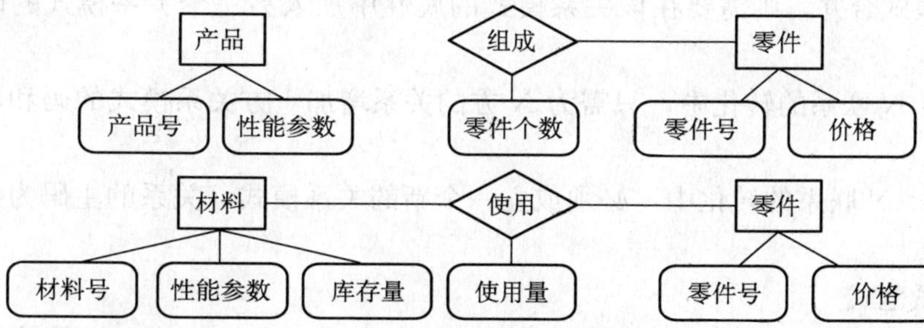

图 8-13 局部 E-R 图

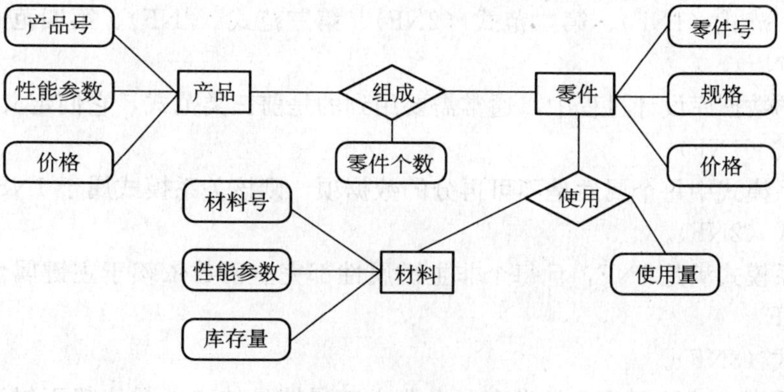

图 8-14 全局 E-R 图

任务 8.2 设计学生公共服务平台数据库逻辑模型

任务描述

（1）实体转化为关系模型。根据 E-R 模型向关系模型转换的规则，将学生公共服务平台的 E-R 模型中的各实体独立转化为关系模式。

（2）联系转化为关系模型。根据 E-R 模型向关系模型转换的规则，将学生公共服务平台的 E-R 模型中的 1 对 1、1 对多、多对多的联系分别转化为相应的关系模式。

（3）关系模型的规范化。根据关系规范化要求，把学生公共服务平台的关系模式分步规范为第一范式、第二范式，直至规范到第三范式。

任务准备

（1）E-R 模型向关系模型转换规则

一个独立实体转化为一个关系模式，其属性转化为关系的属性，实体的码就是关系的码。

对于实体间的联系，则有以下不同的情况：

① 在 1∶1 联系的转换中，可以与任意一端对应的关系模式合并，如果与某一端实体对应的关系模式合并，则需要在该关系模式的属性中加入另一个关系模式的码和联系本身的属性。

② 在 1∶N 联系的转化中，只需为 N 方的关系增加 1 方关系模式的码和联系本身的属性。

③ 在 M∶N 联系的转化中，必须成立一个新的关系模式，关系的主码为各实体码的组合。

（2）关系范式

在数据库设计过程中数据库结构必须要满足一定的规范化要求，才能确保数据的准确性和可靠性。这些规范化要求被称为规范化形式，即范式。范式按照规范化的级别分为 5 种：第一范式（1NF）、第二范式（2NF）、第三范式（3NF）、第四范式（4NF）和第五范式（5NF）。

在实际的数据库设计过程中，通常需要用到的是前三类范式，它们定义如下。

第一范式（1NF）。

如果关系模式中每个属性是不可再分的数据项，则该关系模式属于 1NF。

第二范式（2NF）。

如果关系模式满足 1NF，且每个非主键属性都完全函数依赖于主键属性，则该关系模式属于 2NF。

第三范式（3NF）。

如果关系模式满足 2NF，且没有一个非主键属性是传递函数依赖于候选键，则该关系模式属于 3NF。

1NF→2NF：消除非主键属性对主键的部分函数依赖。

2NF→3NF：消除非主键属性对主键的传递函数依赖。

任务实施

1. 实体转换为关系模型

根据 E-R 图转换为关系模式的原则，一个独立实体转化为关系，其属性转化为关系模型的属性，实体的主属性作为关系模式的主键，用下画线标识。

因此，学生实体的 E-R 图转换得到的关系模式如下：

学生（学号、姓名、性别、出生日期、院系、专业、班级）

学生档案实体的 E-R 图转换得到的关系模式如下：

学生档案（档案编号、年度、分类号、文件起始件号、责任人、检查人、盒内文件说明、备注）

宿舍实体的 E-R 图转换得到的关系模式如下：

宿舍（宿舍编号、宿舍电话、可住人数、已住人数、宿舍楼名、宿舍楼校区、宿舍楼地址、宿舍楼管理电话、宿舍楼管理员）

课程实体的 E-R 图转换得到的关系模式如下：

课程（课程编号、课程名、任课教师、开课学期、学时、学分）

图书实体的 E-R 图转换得到的关系模式如下：

图书（图书编号、书名、作者、单价、出版社、出版日期、库存数量）

2. 联系转化为关系模型

对于实体间的联系可以分为以下几种情况。

(1) 1∶1 联系

学生实体与学生档案实体是 1∶1 的归档联系，归档联系有一个归档时间的属性，联系的转换有三种方法。

① 把学生实体集的主关键字加入学生档案实体集对应的关系中，归档联系的属性归档时间也一并加入，表示这是哪个学生的档案，学号是学生档案的外关键字，用波浪线标识，因此学生档案的关系模式如下：

学生档案（档案编号、年度、分类号、文件起始件号、责任人、检查人、盒内文件说明、备注、学号、归档时间）

② 把学生档案实体集的主关键字加入学生实体集对应的关系中，归档联系的属性归档时间也一并加入，表示这个学生对应着哪一个学生档案，档案编号是学生的外关键字，用波浪线标识，因此学生的关系模式如下：

学生（学号、姓名、性别、出生日期、院系、专业、班级、档案编号、归档时间）

③ 归档联系建立第三个关系，关系中包含学生与学生档案两个实体集的主关键字，归档联系的属性归档时间也一并加入。

归档（学号、档案编号、归档时间）

通常使用第一种和第二种方式比较多，这里选择合并到学生档案实体这一端的方法，因此学生档案关系模式确定为：

学生档案（档案编号、年度、分类号、文件起始件号、责任人、检查人、盒内文件说明、备注、学号、归档时间）

（2）1：*N* 联系

宿舍和学生两实体集间存在 1：*N* 入住联系，可将"一方"实体（宿舍）的主关键字纳入"*N* 方"（学生）实体集对应的关系中作为"外部关键字"，同时把联系的属性（入住日期、入住床号）也一并纳入"*N* 方"（学生）对应的关系中，表示该学生住在哪一个宿舍，宿舍编号是学生实体的外关键字，用波浪线标识，因此学生的关系模式如下：

学生（学号、姓名、性别、出生日期、院系、专业、班级、宿舍编号、入住日期、入住床号）

（3）*M*：*N* 联系

对于学生与课程、学生与图书两实体集间分别存在 *M*：*N* 选课与借阅联系，必须对选课与借阅的多对多"联系"单独建立一个关系，用来联系双方实体集。选课与借阅的关系属性中至少要包括被它所联系的双方实体集的"主关键字"（分别是学号和课程号、学号和图书编号），并且选课联系的属性成绩、借阅联系的属性借阅日期，都要归入这个单独关系中，新关系的主键为它所联系的双方实体集的"主关键字"的组合，因此选课与借阅联系的关系模式如下：

选课（学号、课程编号、成绩）

借阅（学号、图书编号、借阅日期）

因此最后学生公共服务平台的 E-R 图转换为的关系模式如下：

学生（学号、姓名、性别、出生日期、院系、专业、班级、宿舍编号、入住日期、入住床号）

学生档案（档案编号、年度、分类号、文件起始件号、责任人、检查人、盒内文件说明、备注、学号、归档时间）

宿舍（宿舍编号、宿舍电话、宿舍等级、宿舍基本条件、住宿费、已住人数、宿舍楼名、宿舍楼校区、宿舍楼地址、宿舍楼管理电话、宿舍楼管理员）

课程（课程编号、课程名、任课教师、开课学期、学时、学分）

选课（学号、课程编号、成绩）

图书（图书编号、书名、作者、单价、出版社、出版日期、库存数量）

借阅（学号、图书编号、借阅日期）

3. 关系模式的规范化

问题分析：关系模式设计后，很可能结构不合理，如表 8-2 的宿舍表会出现哪些异常问题？

经过分析，宿舍表会出现如下问题：

第一，会出现数据冗余。如果多个宿舍在同一个宿舍楼，则该宿舍楼的信息（宿舍楼名、宿舍楼校区、宿舍楼地址、宿舍楼管理电话、宿舍楼管理员）必须存储多次，造成数据冗余。

第二，会出现修改异常。由于数据冗余，当修改某些数据项（如宿舍楼名＝3 号楼）的地址信息，则必须修改所有宿舍楼名＝3 号楼的行，但这过程中可能有一部分有关记录被修改，而另一部分有关记录却没有被修改。

第三，会出现插入异常。若要增加一栋新的宿舍楼时，首先必须给这个宿舍楼安排好宿舍信息。或者为了添加一栋新宿舍楼的数据，要先给整栋宿舍楼分配好各个宿舍号，宿舍电话等。因为主关键字不能为空，因此该宿舍楼的信息不能在数据库中存储。

第四，会出现删除异常（丢失有用信息）。如果要删除某个宿舍信息，而目前该宿舍楼只安排了这间宿舍（例如表中的 4201 宿舍所在 4 号宿舍楼），那么，该宿舍楼的信息也一起被删除了。

表 8-2 宿舍信息表

宿舍编号	宿舍电话	宿舍等级	宿舍基本条件	住宿费	已住人数	宿舍楼名	宿舍楼校区	宿舍楼地址	宿舍管理电话	宿舍管理员
3301	2785	B	六人房有卫生间	1100	6	3 号楼	北校区	莫枝路 5 号	8695	王英
3302	2896	B	六人房有卫生间	1100	5	3 号楼	北校区	莫枝路 5 号	8695	王英
3303	2584	B	六人房有卫生间	1100	6	3 号楼	北校区	莫枝路 5 号	8695	王英
3304	2685	C	五人房有卫生间	1300	5	3 号楼	北校区	莫枝路 5 号	8695	王英
4201	2789	D	四人房有卫生间	1500	3	4 号楼	南校区	甬丰路 8 号	8782	张云
5505	2213	B	六人房有卫生间	1100	6	5 号楼	南校区	甬丰路 10 号	8964	刘丽

数据重复保存，简称数据的冗余，这对数据的增删改查带来很多后患，所以需要审核是否合理，就像施工图设计好后，还需要其他机构进行审核图纸设计是否合理一样。数据库设计是否合理？需要数据库范式理论指导，并进行关系规范化，使得数据库设计合理。

（1）规范到第一范式（1NF）

学生、学生档案、宿舍、课程、选课、图书、借阅等关系模式的每个属性不再可分，也不存在数据的冗余，因此它们满足 1NF。

（2）规范到第二范式（2NF）

这里重点分析宿舍关系模式。

宿舍（<u>宿舍编号</u>、宿舍电话、宿舍等级、宿舍基本条件、住宿费、已住人数、宿舍楼名、宿舍楼校区、宿舍楼地址、宿舍楼管理电话、宿舍楼管理员）

首先宿舍的每个属性已经不可再分，符合 1NF。宿舍编号能唯一标识出每间宿舍，所以宿舍编号为主关键字。对于宿舍编号“3301”，就会有一个“2785”的宿舍电话，所以“宿舍电话”属性依赖于宿舍编号。同样可以看出宿舍等级、宿舍基本条件、住宿费、已住人数属性依赖于宿舍号。

但是宿舍楼名、宿舍楼校区、宿舍楼地址、宿舍楼管理电话、宿舍楼管理员它们都描述的是宿舍楼信息，都依赖着宿舍楼名，即非主键（宿舍楼校区、宿舍楼地址、宿舍楼管理电话、宿舍楼管理员）依赖另一非主键（宿舍楼名），所以宿舍关系模式不符合 2NF。

修改宿舍关系模式使其满足 2NF。把宿舍楼名、宿舍楼校区、宿舍楼地址、宿舍楼管理电话、宿舍楼管理员这些属性单独成立一个新的关系模式，即宿舍楼，宿舍楼编号为宿舍楼的主键，宿舍关系模式去掉这些属性，而在宿舍中增加一个宿舍楼编号属性作为外键，参照宿舍楼中的宿舍楼编号，这样保证满足 2NF。宿舍楼与宿舍之间存在着 1 对多的组成联系，即一栋宿舍楼由多间宿舍组成，每个宿舍都隶属于某栋宿舍楼，新关系模式如下：

宿舍楼（宿舍楼编号、宿舍楼名、宿舍楼校区、宿舍楼地址、宿舍楼管理电话、宿舍楼管理员）

宿舍（宿舍编号、宿舍电话、宿舍等级、宿舍基本条件、住宿费、已住人数、宿舍楼编号）

学生、学生档案、课程、选课、图书、借阅等关系模式满足 2NF。

提示： 第二范式要求每列必须和主键相关，不相关的列放入别的关系模式，即要求一个关系模式只描述一件事情。这里可以直接查看该关系模式描述了几件事情，然后一件事情创建一个关系模式。

(3) 规范到第三范式（3NF）

下面再分析宿舍关系模式。

宿舍（宿舍编号、宿舍电话、宿舍等级、宿舍基本条件、住宿费、已住人数、宿舍楼编号）

其中（宿舍编号→宿舍等级），（宿舍等级→宿舍基本条件、住宿费），（宿舍编号→宿舍基本条件、住宿费），即宿舍住宿费与宿舍等级有关，宿舍等级又与宿舍编号有关，即宿舍住宿费与宿舍编号有关。该模式存在传递依赖关系，需要进一步拆分宿舍关系模式，可把宿舍等级、宿舍基本条件、住宿费这些属性单独成立一个新的关系模式，即宿舍等级，宿舍关系模式中除去宿舍基本条件、住宿费属性，保留宿舍等级属性作为外键，这样保证满足 3NF。宿舍等级与宿舍之间存在着 1 对多的从属联系，即有多间宿舍属于同一等级，每个宿舍都有一个宿舍等级。新的关系模式如下：

宿舍等级（宿舍等级、宿舍基本条件、住宿费）

宿舍（宿舍编号、宿舍电话、宿舍等级、已住人数、宿舍楼编号）

学生、学生档案、课程、选课、图书、借阅等关系模式满足 3NF。

最后，经过规范化的学生公共服务平台关系模式如下：

学生（学号、姓名、性别、出生日期、院系、专业、班级、宿舍编号、入住日期、入住床号）

学生档案（档案编号、年度、分类号、文件起始件号、责任人、检查人、盒内文件说明、备注、学号、归档时间）

宿舍等级（宿舍等级、宿舍基本条件、住宿费）

宿舍楼（宿舍楼编号、宿舍楼名、宿舍楼校区、宿舍楼地址、宿舍楼管理电话、宿舍楼管理员）

宿舍（宿舍编号、宿舍电话、宿舍等级、已住人数、宿舍楼编号）

课程（课程编号、课程名、任课教师、开课学期、学时、学分）

选课（学号、课程编号、成绩）

图书（图书编号、书名、作者、单价、出版社、出版日期、库存数量）

借阅（学号、图书编号、借阅日期）

需要注意的是，为了满足三大范式，在规范化表格时就会拆分出越来越明细的表格。但客户喜欢综合的信息，为了满足客户要求，又需要把这些表通过连接查询还原为客户喜欢的综合数据，这与从一张表中读出数据相比，会影响数据库的查询性能。

所以，有时为了满足性能要求，需要适当牺牲规范化的要求，来提高数据库的性能。为满足某种商业目标，数据库性能比规范化数据库更重要。

例如，通过在给定的关系中添加额外的字段，以大量减少需要从中搜索信息所需的时间。例如，可以在宿舍关系模式中加入宿舍的住宿费、宿舍楼名、宿舍楼地址，以方便用户查询。也可以在给定的表中插入计算列（如成绩总分），以方便查询。

课堂实践

设某商业集团数据库中有三个实体集。一是“商店”实体集，属性有商店编号、商店名、地址等；二是“商品”实体集，属性有商品号、商品名、规格、单价等；三是“职工”实体集，属性有职工编号、姓名、性别、业绩等。

商店与商品间存在“销售”联系，每个商店可销售多种商品，每种商品也可放在多个商店销售，每个商店销售每种商品，均有月销售量；商店与职工间存在着“聘用”联系，每个商店有许多职工，每个职工只能在一个商店工作，商店聘用职工有聘期和月薪。

（1）试画出 E-R 图，并在图上注明属性、联系的类型。

（2）将 E-R 图转换成关系模式，并注明主键和外键。

（3）关系规范化练习，假设有下列关系模式：

学生（学号、姓名、性别、出生日期、院系编号、院系名称、院系主任、专业代码、专业名称、学制、班级编号、班级名称、班主任、宿舍编号、入住日期、入住床号）

是否满足 2NF、3NF？如不满足，如何规范到 3NF？

检查与问题讨论

（1）检查与评价任务实施情况。根据任务描述与要求，小组成员相互检查，提出存在问题，根据问题进行小组讨论。

（2）基本知识（关键字）讨论：E-R 模型向关系模型转换规则、1NF、2NF、3NF。

（3）讨论联系转换：1∶1 联系转换，1∶N 联系转换，M∶N 联系转换。

（4）关系规范化讨论：完全依赖、传递依赖、关系模型优化。

（5）任务实施情况讨论：商业集团数据库 E-R 图、商业集团数据库 E-R 图转换成关系模型、关系规范化。

技术基础

1. 关系数据库逻辑设计的步骤

从概念模型导出特定的 DBMS 可以处理的数据库的逻辑结构，即数据库的模式和外模式。这些模式在功能、性能、完整性、一致性约束及数据库可扩充性等方面都满足用户的要求。

数据库逻辑设计的任务是将概念结构转换成特定的DBMS所支持的数据模型的过程。从此开始便进入了"实现设计"，需要考虑到具体DBMS的性能，具体的数据模型特点。

关系数据库的逻辑设计过程包括：导出初始关系模式，规范化处理，模式评价，优化模式，形成逻辑设计说明书。

关系数据库的逻辑设计过程如图8-15所示。

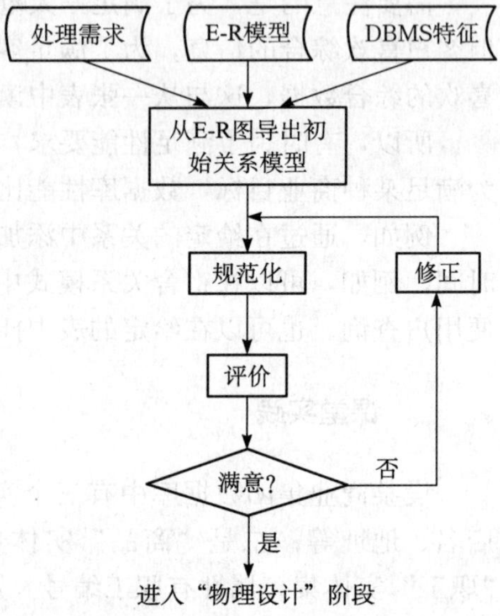

图8-15　逻辑设计过程

(1) 导出初始关系模式：将E-R图按规则转换成关系模式。

(2) 规范化处理：消除异常，改善完整性、一致性和存储效率，一般达到3NF就行。规化过程实际就是单一化的过程，即让一个关系描述一个概念，若多于一个概念，就把它分离出来。

(3) 模式评价：模式评价的目的是检查数据库模式是否满足用户的要求，它包括功能评价和性能评价。

(4) 优化模式：如模式有疏漏要新增关系或属性，如模式的性能不好则要采用合并、分解或选用另外结构等。合并和分解的解释如下。

① 合并。对具有相同关键字的关系模式，如它们的处理主要是查询操作，而且常在一起使用，可将这类关系模式合并。

② 分解。虽已达到规范化，但因某些属性过多时，可将它分解成两个或多个关系模式。这种属性组分解称为垂直分解。要注意的是，垂直分解所得到的每一关系都应包含主键。

(5) 形成逻辑设计说明书，内容包括：

① 应用设计指南，包括访问方式、查询路径、处理要求、约束条件等；

② 物理设计指南，包括数据访问量、传输量、存储量、递增量等；

③ 模式及子模式的集合。

模式和子模式可用DBMS语言描述，也可列表描述。

2. 关系模式的函数依赖

(1) 数据完整性约束条件

关系可以定义为属性值域的笛卡儿积的一个子集，它可以模拟现实世界，关系的元组表示实体和它的属性，或实体间的联系。但并非所有的子集都是有意义的，即使这些元组的每个属性值都是对的。例如，一个职工登记表的元组中，工龄为40，年龄为30是不合理的、无意义的，因此就要对关系的值加以限制，这种限制条件称为数据完整性约束条件。一般可以分为以下两类。

① 依赖于值域元素语义的限制。如上述所说的一个职工的工龄不可能大于年龄，或某人身高不可能大于4米等，这种检查主要由DBMS的完整性子系统去完成，与数据库

模式设计几乎无关。

② 依赖于值之间相互制约的限制。这类限制并不取决于某一元组的属性取什么值，而仅仅取决于两个元组的某些属性之间相互制约。这类限制统称为数据依赖，而函数依赖是其中最重要也是最基本的一种。

（2）函数依赖的定义

函数依赖普遍地存在于现实生活中，比如，描述一个学生的关系，可以有学号（SNO）、姓名（SNAME）、年龄（AGE）等属性。由于一个学号只对应一个学生，一个学生只有一个姓名和一个年龄。因而，当“学号”值确定之后，姓名和年龄的值也就被唯一确定了，就像自变量 x 确定之后，相应的函数值 $f(x)$ 也就唯一确定了一样，所以说 SNO 函数决定 SNAME 和 AGE，或者说 SNAME、AGE 函数依赖于 SNO，记为 SNO→SNAME，SNO→AGE。

函数依赖的定义：设 $R(U)$ 为属性集 U 上的关系模式，X 与 Y 是 U 的子集，若对于 $R(U)$ 的任一个关系 f 中的任意两个元组 t 和 s，只要 $t[X]=s[X]$，就必有 $t[Y]=s[Y]$（即若它们在 X 上的属性值相等，则在 Y 上的属性值也一定相等），则称“X 函数决定 Y”或“Y 函数依赖于 X”，记为 $X \to Y$，并称 X 为决定因素。

函数依赖和其数据依赖一样，是语义范畴的概念，因此只能根据语义来确定一个函数依赖。例如，姓名→年龄，这个函数依赖只有在没有同名人的条件下成立，如果允许有相同姓名，则年龄就不再函数依赖于姓名了，设计者也可以对现实世界做强制的规定。例如，规定不允许同名人出现，因而，使姓名→年龄函数依赖成立。这样，当插入某个元组时，这个元组上的属性值必须满足规定的函数依赖，若发现有同名人存在，则拒绝插入该元组。

注意，函数依赖不是指关系模式 R 的某个或某些元组满足的约束条件，而是指 R 的一切元组均要满足的约束条件。

（3）关系数据库中函数依赖的分类

关系数据库中函数依赖主要有如下几种。

① 完全函数依赖和部分函数依赖：设 $X \to Y$ 是一个函数依赖，且对于任何 $X' \in X$，$X' \to Y$ 都不成立，则称 $X \to Y$ 是一个完全函数依赖。记为 $X \Rightarrow Y$。反之，如果 $X' \to Y$ 成立，则称 $X \to Y$ 是部分函数依赖。

设有关系模式 XS（SNO，CNO，SNAME，GRADE），则有（SNO，CNO）⇒ GRADE 和（SNO，CNO）→SNAME。

② 传递函数依赖：设有关系模式 $R(A, B, C)$，若有两个函数依赖 $A \to B$ 和 $B \to C$，若函数依赖 $A \to C$ 也成立，但它不是直接的函数依赖，而是通过传递而使 $A \to C$ 成立的，则称 C 传递函数依赖于 A。

设有关系模式 XS（SNO，SNAME，DEPT，DM），其中，DEPT 为系，DM 为系负责人，则有 SNO 函数决定 DEPT，而反之不行；DEPT 函数决定 DM，因此，DM 传递函数依赖于 SNO。

3. 关系规范化与优化

（1）关系规范化

关系数据库中的关系要满足一定要求，满足不同程度要求的为不同范式，满足最低要求的叫第一范式，简称 1NF。E. F. Codd 提出了规范化的问题，并给出了范式的概念。

1971—1972 年，他系统地提出了 1NF、2NF、3NF 的概念，讨论了进一步规范化的问题。1974 年他和 Boyce 又共同提出一个新的范式的概念，即 BCNF。1976 年，Fagin 又提出了 4NF，后来又有人提出了 5NF。

第一范式、第二范式、第三范式的定义详见“任务准备”部分。

扩充第三范式：如果关系模式 R 是第三范式，且没有一个码属性是部分函数依赖或传递函数依赖于码属性，则称 R 为扩充第三范式的模式，记为 $R \in$ BCNF（Boyce Codd Normal Form）模式。

不是 1NF 的关系都是非规范化关系，满足 1NF 的关系称为规范化关系。数据库理论研究的关系都是规范化的关系。1NF 是关系数据库的关系模式应满足的最起码的条件。

关系模式的规范化过程是通过对关系模式的分解，把低一级的关系模式分解为若干个高一级关系模式。其基本思想是逐步消除关系模式中不合适的数据依赖，使模式达到某种程度的分离，即“让一个关系描述一个概念，若多于一个概念，就把它分离出来”。所以，规范化的过程也被认为是“单一化”的过程。

假设有关系模式如下：

关系名：SJ—学生基本情况，主码：S♯

属性：S♯—学生号、SN—学生名、SE—性别、SA—年龄、SD—系名、SL—该系宿舍楼、SH—家庭成员

关系名：C—课程，主码：C♯

属性：C♯—课程号、CN—课程名

关系名：SC—学生成绩，主码：S♯，C♯

属性：S♯—学生号、C♯—课程号、G—成绩。

关系名：D—系，主码：SD

属性：SD—系名、SL—该系宿舍楼、DP—系主任

关系名：CTB—备课，主码：C，T，B

属性：C—课程名、T—教师名、R—参考书

假如，每位教师能教多门课，每门课可由多位教师教，每门课都用一套书（多本书），则有：

① 关系 SJ（S♯，SN，SE，SA，SD，SL，SH）不满足第一范式，因为属性 SH 可以再分解。

② 关系 R（S♯，C♯，SD，SA，G）的主码为 S♯、C♯，关系 R 不满足第二范式，因为属性 G 虽完全依赖于主码 S♯、C♯，但属性 SD、SA 只依赖于部分主码 S♯。

③ 关系 L（S♯，SN，SD，SL）的主码为 S♯，关系 L 不满足第三范式，因为属性 SL 依赖于主码 S♯，但也可从非主码属性 SD 导出，即关系 L 存在传递依赖。

④ 通过规范化产生的关系 S（S♯，SN，SD，SA）、关系 C（C♯，CN）、关系 SC（S♯，C♯，G）、关系 D（SD，SL，DP）等都满足第三范式。

综上所述，关系模式规范化的过程是逐步消除数据依赖中的不合理部分，使模式中的各个关系达到某种范式。

关系模式规范化的过程如图 8-16 所示。

是否规范化的程度越深越好？这要根据需要决定，因为“分离”越深，产生的关系越

多，关系过多，连接操作越频繁，而连接操作是最费时间的。特别对以查询为主的数据库应用来说，频繁地连接会影响查询速度。所以规范化的程度应该适宜于具体的应用需要，一般达到 3NF 就行，学会结合实际问题和具体情况合理地选择较好的数据库模式。

1NF
↓ 消除非主属性对码的部分函数依赖
2NF
↓ 消除非主属性对码的传递函数依赖
3NF
↓ 消除主属性对码的部分和传递函数依赖
BCNF
↓ 消除非平凡且非函数依赖的多位依赖
4NF

图 8-16 关系模式的规范化过程

（2）关系数据模型的优化

为了检查数据库模式是否满足用户的要求要进行模式评价，一旦模式有疏漏或者需要增加关系或属性，就要对其进行模式优化。优化，就是对模式结构做进一步的调整和改良，以提高运行效率。优化是在性能预测的基础上进行的。一般用三方面指标来衡量：单位时间内所访问的逻辑记录个数要少，单位时间内数据传送量要少，系统占用的存储空间尽量要少。

虽然可以通过计算对性能进行预测，但实用意义不一定很大。通常采用定性判断法，大致估计不同设计方案的性能优劣；定量评估的难度很大，消耗时间，一般不采用。

关系规范化理论和关系分解方法，为优化设计提供了理论依据。最常用的优化方法就是通过对记录进行合并、分解或者选用另外结构，改善性能。

例如，在图书查询时，经常要按科技、文艺、历史、外文等类别分类查询书籍，为了改善性能，求得单位时间访问逻辑记录个数尽量少，可把原来的“图书”关系：

图书（编号，书名，作者，出版社，单价，库存量）

水平分解为：

科技图书（编号，书名，作者，出版社，单价，库存量）

文艺图书（编号，书名，作者，出版社，单价，库存量）

外文图书（编号，书名，作者，出版社，单价，库存量）

这样做大大减少了单个数据表中的数据量（记录数），因为每次操作只使用其中一个表，就可以达到减少单位时间内访问逻辑记录的个数的目的。

实训 8 设计数据库

实训目的与要求

（1）学会清楚表述数据库系统的需求。

（2）掌握正确使用E-R图表现数据库的概念模型的方法。

（3）掌握正确进行E-R模型的转换并进行规范化处理的方法。

实训内容与过程

从附录C中选择一个项目进行数据库设计，并完成以下内容。

（1）参照课程设计参考课题的“主要功能”，并结合自己实际调研或在网上查找相关资料，然后清楚完整地描述出该项目的数据库功能需求，并能使用功能模块图表现，格式请参照“课程设计参考报告”。

（2）完成该项目的数据库概念结构设计：标识系统中的实体、属性和关系，并使用Visio正确绘制数据库的E-R图。

（3）把E-R图根据规则转换相应的关系模式。

（4）对转换的关系模式进行规范化处理，并规范到满足第三范式的要求。

完成上述实训任务，并记录在《数据库课程设计报告》中。

项目总结

1. 基本技能

（1）设计数据库E-R图：标识实体、属性、联系，设计局部和全局E-R图。

（2）设计数据库概念模型：把E-R模型根据规则转换为关系模型，并进行规范化处理。

2. 基本知识

数据库设计步骤，需求分析任务和方法，数据库实体、属性、联系概念及表示方法，E-R模型向关系模型转换的规则，关系范式。

3. 相关技术知识

数据库设计的特点、内容和步骤，数据流图与数据字典，概念结构设计的要求，数据库逻辑设计的步骤，函数依赖，系规范化。

思考练习8

一、选择题

1. 在数据库设计中，用E-R图来描述信息结构但不涉及信息在计算机中的表示，它是数据库设计的（　　）阶段。

A. 需求分析　　B. 概念设计　　C. 逻辑设计　　D. 物理设计

2. E-R图是数据库设计的重要工具之一，它包括用于建立数据库的（　　）。

A. 概念模型　　B. 逻辑模型　　C. 结构模型　　D. 物理模型

3. 在关系数据库设计中，设计关系模式是（　　）的任务。

A. 需求分析阶段　　B. 概念设计阶段　　C. 逻辑设计阶段　　D. 物理设计阶段

4. 在数据库的概念设计中，最常用的数据模型是（　　）。

A. 形象模型　　B. 物理模型　　C. 逻辑模型　　D. 实体联系模型

5. 从E-R模型向关系模型转换时，一个$M:N$联系转换为关系模式时，该关系模式的关键字是（　　）。

A. M端实体的关键字　　B. N端实体的关键字

C. 两端实体关键字的组合　　D. 重新选取其他属性

6. 数据库逻辑设计的主要任务是（　　）。

A. 建立E-R图　B. 创建数据库说明　C. 建立数据流图　D. 建立数据索引

7. 数据流图（DFD）是用于数据库设计过程中（　　）阶段的工具。

A. 可行性分析　B. 需求分析　C. 概念结构设计　D. 逻辑结构设计

8. 关系数据规范化是为解决关系数据中（　　）问题而引入的。

A. 插入、删除和数据冗余　　B. 提高查询速度

C. 减少数据操作的复杂性　　D. 保证数据的安全性和完整性

9. 若两个实体之间的联系是$1:N$，则实现$1:N$联系的方法是（　　）。

A. 在"N"端实体转换的关系中加入"1"端的实体转换关系的码

B. 将"N"端实体转换关系的码加入到"1"端的关系

C. 在两个实体转换的关系中，分别加入另一个关系码

D. 将两个实体转换成一个关系。

10. 数据库概念设计的E-R图中，用属性描述实体的特征，属性在E-R图中用（　　）表示。

A. 矩形　B. 四边形　C. 菱形　D. 椭圆形

二、填空题

1. 数据库设计分为以下6个阶段：（　　）、（　　）、（　　）、（　　）、（　　）和（　　）。

2. "为哪些表，在哪些字段上，建立什么样的索引"这一设计内容应该属于数据库设计中的（　　）设计阶段。

3. 关系规范化的目的是（　　）。

4. 1NF、2NF、3NF之间是一种（　　）关系。

5. "三分（　　），七分（　　），十二分（　　）"是数据库建设的基本规律。

6. 客观存在并可相互区别的事物称为（　　），它可以是具体的人、事、物，也可以是抽象的概念或联系。

7. 实体之间的联系有（　　）、（　　）、（　　）三种。

8. 如果两个实体之间具有$N:N$联系，则将它们转换为关系模型的结果是（　　）个关系。

9. E-R模型是对现实世界的一种抽象，它的主要成分是（　　）、联系和（　　）。

10. 关系数据库的规范化理论是数据库（　　）的一个有力工具，E-R模型是数据库的（　　）设计的一个有力工具。

三、简答题

1. 某大学实行学分制，学生可根据自己的情况选修课程。每名学生可同时选修多门课程，每门课程可由多位教师讲授，每位教师可以讲授多门课程。若每名学生有一位教师，每个教师指导多名学生。请根据题意画出E-R图，并表明实体之间的联系类型。然

后再将 E-R 图转换为关系模式，实体与联系的属性自己确定。

2. 某医院病房计算机管理中需要如下信息。

科室：科室名、科室地址、科室电话、医生姓名。

病房：病房号、床位号、所属科室名。

医生：姓名、职称、所属科室名、年龄、工作证号。

病人：病历号、姓名、性别、诊断、主管医生、病房号。

其中，一个科室有多个病房、多个医生，一个病房只能属于一个科室，一个医生只能属于一个科室，但可以负责多个病人的诊治，一个病人的主管医生只能有一个。要求完成如下数据库设计：

(1) 设计该计算机管理系统的 E-R 图；

(2) 将该 E-R 图转换为关系模型结构；

(3) 指出转换结果中每个关系模式的候选码。

3. 在学校管理中，设有如下实体：

学生：学号、姓名、性别、年龄、所属教学部门、选修课程名。

教师：教师号、姓名、性别、职称、讲授课程号。

课程：课程号、课程名、开课部门、任课教师号。

部门：部门名称、电话、教师号、教师名。

上述实体中存在如下联系：一个学生可选修多门课程，一门课程可被多名学生选修。一个教师可讲授多门课程，一门课程可被多名教师讲授。一个部门可有多名教师，一个教师只能属于一个部门。请完成如下数据库设计工作：

(1) 分别设计学生选课和教师任课两个局部 E-R 图；

(2) 将两个局部 E-R 图合并成一个全局 E-R 图；

(3) 将全局 E-R 图转换为等价的关系模型表示的数据库逻辑结构。

4. 设有关系模式 $R(U, F)$，其中：

$U=\{A, B, C, D, E, P\}$，$F=\{A\rightarrow B, C\rightarrow P, E\rightarrow A, CE\rightarrow D\}$

请求出 R 的所有候选关键字。

5. 设有关系模式 $R(U, F)$，其中：

$U=\{A, B, C, D\}$，$F=\{A\rightarrow B, B\rightarrow C, D\rightarrow B\}$，现要把 R 分解成 BCNF 模式集：

(1) 如果首先把 R 分解成 $\{ACD, BD\}$，请写出两个关系模式在 F 上的投影；

(2) ACD 和 BD 是 BCNF 吗？如果不是，请进一步分解。

6. 简述数据库设计的内容和步骤。

7. 简述关系模式的规范化过程。

项目 9　实现学生公共服务平台数据库

教学目标

- 学会建立数据库的方法；
- 学会实施数据库完整性的方法；
- 学会查询与操作数据库的方法；
- 学会保护与维护数据库的方法。

教学任务

【任务 9.1】建立学生公共服务平台数据库

【任务 9.2】操作与管理学生公共服务平台数据库

任务 9.1　建立学生公共服务平台数据库

任务描述

（1）确定数据库物理结构。确定数据的存储结构和存取方法，主要包括确定数据表字段及其数据类型，确定主键、外键；确定是否使用约束、默认值、规则、是否为空等完整性约束条件，确定是否使用索引、日志、备份等存储安排与存储结构，最后得出数据库的表结构。

（2）建立数据库。使用 SSMS 默认设置创建平台数据库，名称为“DB _ StuService”，然后使用 T _ SQL 语句把数据文件大小修改为 5MB，增长方式为每次增加 15%。

（3）建立数据表。根据学生公共服务平台要求，使用 SSMS 创建各个数据表。

（4）实施完整性。根据数据库物理结构设计要求，实施表的完整性，使用 SSMS 设置各个数据表的主键、约束、默认值、规则、索引，建立数据表之间的关联（设置外键），使用 T _ SQL 语句给每个表添加三条测试记录。

任务准备

（1）用 SSMS 创建数据库和表。

（2）数据库完整性。

（3）数据添加和修改。

任务实施

1. 确定数据库物理结构

数据库物理设计阶段的任务是根据具体计算机系统（DBMS、硬件等）的特点，为给定的数据库模型确定合理的存储结构和存取方法。所谓的“合理”主要有两个含义：一个是要使设计出的物理数据库占用较少的存储空间，另一个是对数据库的操作具有尽可能高的速度。

为了设计数据库的物理结构，设计人员必须充分了解所用 DBMS 的内部特征；充分了解数据库系统的实际应用环境，特别是数据应用处理的频率和响应时间的要求；充分了解外存储设备的特性。数据库的物理结构设计大致包括：确定数据的存取方法，确定数据的存储结构，设计数据的存取路径，确定数据的存放位置，确定系统配置。

确定数据的存储结构和存取方法，包括确定关系、索引、聚集、日志、备份等存储安排与存储结构，确定系统存储参数配置。用户在设计表的结构时，应着重注意以下几点。

（1）确定数据表字段及其数据类

将逻辑结构设计的关系模式转化为特定的存储单位——表。一个关系模式转化为一个表，关系名为表名，关系中的属性转化为表中的列，结合具体的数据库管理系统，确定列的数据类型和精度。

（2）确定哪些字段允许空值（NULL）

NULL 表示空值，即数值未知，而不是“空白”或“0”，这点要切记。比较两个空值是没有任何意义的，因为每个空值都表示未知。例如宿舍楼“地址”和“联系电话”的字段，在不知道的情况下可以先不输入，这时就需要在设计字段时，将它们的数据类型设置为 NULL，以便以后输入，这样可以保证数据的完整性。

（3）确定主键

主键可唯一确定一行记录，主键可以是单独的字段，也可以是多个字段的组合，但一个数据表中只能有一个主键。

（4）确定是否使用约束、默认值、规则等

约束、默认值和规则等用于保证数据的完整性。例如，在进行数据查询时，只有满足定义的约束和规则时才能成功。在设计表结构时，应明确是否使用约束、默认值、规则等，以及在何处使用它们。

（5）确定是否使用外键

建立数据表间的关系，需要借助主键-外键关系来实现。因此，是否为数据表设置外键也是设计数据表时必须考虑的问题。

（6）是否使用索引

使用索引可以加快数据检索的速度，提高数据库的使用效率，确定在哪些字段上使用索引，以及使用什么样的索引，是用户必须考虑的问题。

创建索引的基本规则如下：

① 定义主键的数据列一定要建立索引。

② 定义有外键的数据列一定要建立索引。

③ 对于经常查询的数据列最好建立索引：需要在指定范围内的快速或频繁查询的数据列，经常用在 WHERE 子句中的数据列。

④ 对于那些查询中很少涉及的列，重复值比较多的列不要建立索引。

⑤ 对于定义为 text、image 和 bit 的数据类型的列不要建立索引。

由于表会用于不同的操作系统中，因而数据库名、表名、列名等数据库对象名应尽量使用英文名称。

2. 设计数据库

(1) 确定数据库表结构

在 SQL Server 2008 中，利用任务 8.2 的逻辑结构设计结果，对学生公共服务平台数据库（DB_StuService）进行物理结构分析。

① 宿舍等级（宿舍等级、宿舍基本条件、住宿费）

转化成的表结构如表 9-1 所示。

表 9-1 TB_RoomLevel（宿舍等级）表结构

字段名	数据类型	长度	必需	默认值	说 明
RLevel	char	4	是	B	宿舍等级，主键
RCond	Text		否		宿舍基本条件
RFee	decimal	8	是	1100.00	住宿费，保留 2 位小数

注：本学校大多数宿舍属于 B 等级，每年的住宿费是 1100 元，因此，设置宿舍等级的默认值是 B 级，住宿费是 1100.00 元。

② 宿舍楼（宿舍楼编号、宿舍楼名、宿舍楼校区、宿舍楼地址、宿舍楼管理电话、宿舍楼管理员）

转化成的表结构如表 9-2 所示。

表 9-2 TB_Dormitory（宿舍楼）表结构

字段名	数据类型	长度	必需	默认值	说 明
DorNo	smallint		是		宿舍楼编号，主键
DorName	varchar	15	是		宿舍楼名
DorCampus	varchar	15	是	北校区	宿舍楼校区
DorAddress	varchar	30			宿舍楼地址
DorTel	varchar	15	否		宿舍楼管理电话
DorAdmin	varchar	15	否		宿舍楼管理员

注：宿舍楼编号 DorNo>0 且 DorNo<100；大多数宿舍楼在北校区，因此，宿舍楼校区默认值为“北校区”。

③ 宿舍（宿舍编号、宿舍电话、宿舍等级、已住人数、宿舍楼编号）

转化成的表结构如表 9-3 所示。

表 9-3 TB_Room（宿舍）表结构

字段名	数据类型	长度	必需	默认值	说 明
RNo	int		是		宿舍编号，主键
RTel	varchar	15	否		宿舍电话

续表

字段名	数据类型	长度	必需	默认值	说 明
RLevel	char	4	是		宿舍等级、外键、参照TB_RoomLevel 表
RLiveStuNum	smallint		否		已住人数
DorNo	smallint		是		宿舍楼编号、外键、参照 TB_Dormitory 表

④ 学生（学号、姓名、性别、出生日期、院系、专业、班级、宿舍编号、入住日期、入住床号）

转化成的表结构如表 9-4 所示。

表 9-4 TB_Student（学生）表结构

字段名	数据类型	长度	必需	默认值	说 明
StuID	char	12	是		学号，主键
StuName	varchar	20	否		姓名
StuSex	char	2	是	男	性别
StuBitthday	Datetime		是		出生日期
StuDepart	char	20	是		院系
StuMajor	char	20	是		专业
StuClass	char	20	是		班级
RNo	int		否		宿舍编号、外键、参照 TB_Room 表
CheckInTime	Datetime		否		入住日期
StuBed	smallint		否		入住床号 只能为 1～8

注：本学校每个宿舍基本上住 4～6 人，最多可以放 8 张床，因此，床位号设置在 1～8 之间。

⑤ 学生档案（档案编号、年度、分类号、文件起始件号、责任人、检查人、盒内文件说明、备注、学号、归档时间）

转化成的表结构如表 9-5 所示。

表 9-5 TB_Profile（学生档案）表结构

字段名	数据类型	长度	必需	默认值	说 明
PFID	int	12	是		档案编号，主键，标识属性，从 1000 号开始
PFYear	varchar	15	是		年度
PFClassNum	varchar	15	否		分类号
PFFileNum	varchar	12	否		文件起始件号
PFDutyer	varchar	15	否		责任人
PFChecker	varchar	15	否		检查人
PFNotes	varchar	50	否		盒内文件说明
PFRemarks	Text		否		备注
StuID	char	12	是		学号、外键、参照 TB_Room 表
PFArchiveTime	smallint		是		归档时间

⑥ 课程（课程编号、课程名、任课教师、开课学期、学时、学分）

⑦ 选课（学号、课程编号、成绩）

⑧ 图书（图书编号、书名、作者、单价、出版社、出版日期、库存数量）

⑨ 借阅（学号、图书编号、借阅日期）

⑥～⑨ 它们的表结构与项目 1、项目 4 相同，这里不再重复介绍。

（2）确定物理存储位置

由于学生公共服务平台共有 9 张数据表，考虑到数据库容量不是很大，将数据库存放到计算机的数据盘上即可。

（3）确定索引

由于基本表 TB _ Room、TB _ Student 的主码 RNo、StuNo 经常在查询条件和连接操作的连接条件中出现，且它们的值唯一，考虑在两个属性上建立唯一性索引。

基本表 TB _ Student 的属性 StuName 经常在查询条件中出现，且经常出现在相等的比较条件中，考虑在其上建立非聚集索引。

TB _ Dormitory 的主码 DorNo、DorCampus、DorAddress 经常在查询条件中出现，且它们的组合值唯一，考虑在它们上建立组合索引。

所以，学生公共服务平台数据表中的索引按照“主键和外键考虑创建索引，经常作为查找条件的属性考虑创建索引”的原则处理，创建如下索引，其中每张表中带下画线的列为创建索引列。

TB _ Student（StuID，StuName，StuSex，StuBitthday，StuDepart ，StuMajor，StuClass，RNo，CheckInTime，StuBed）

TB _ Profile（PFID，PFYear，PFClassNum，PFFileNum，PFDutyer，PFChecker，PFNotes，PFRemarks，StuID，PFArchiveTime）

TB _ RoomLevel（RLevel，RCond，RFee）

TB _ Dormitory（DorNo，DorName，DorCampus，DorAddress，DorTel，DorAdmin）

TB _ Room（RNo，RTel，RLevel，RLiveStuNum，DorNo）

TB _ Course（CID，Cname，CTeacher，CTerm，CTime，CCredit）

TB _ ElectiveCourse（StuID，CID，Score）

TB _ BookInfo（BookId，BookName，Author，Price，Publisher，PublishDate，BookNum）

TB _ Borrow（StuID，BookId，BorrowDate）

3. 建立数据库

使用 SQL Server Management Studio 为学生公共服务平台创建一个名称为 DB _ StuService 的数据库，具体操作步骤如下。

（1）在“对象资源管理器”窗口中右击“数据库”选项，在弹出的快捷菜单中，选择“新建数据库”选项，然后出现“新建数据库”窗口，如图 9-1 所示。

（2）在“新建数据库”窗口的“数据库名称”文本框中输入数据库名 DB _ StuService。单击“确定”按钮，完成 DB _ StuService 数据库的创建。

问题分析：如何使用 T _ SQL 语句创建 DB _ StuService 数据库。

（3）使用 T _ SQL 语句把数据文件大小修改为 5MB，增长方式为每次增加 15%。

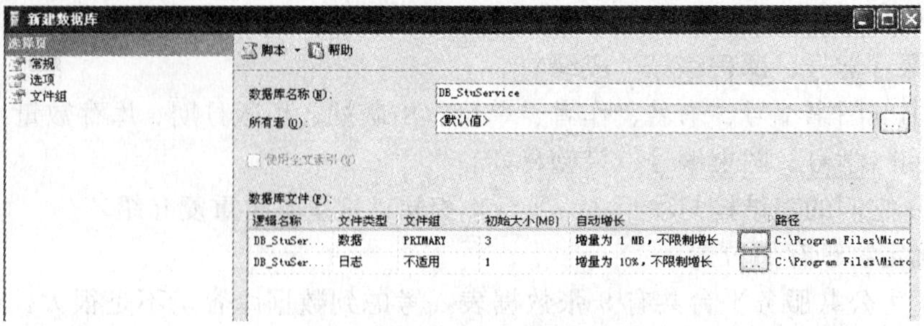

图 9-1　“新建数据库”窗口

① 在 SQL Server Management Studio 中单击工具栏上的“新建查询”按钮，或选择“文件”→“新建”→“数据库引擎查询”选项，打开一个新的查询编辑器窗口。

② 从工具栏的“可用数据库”下拉列表框中选择 DB_StuService 数据库，使 DB_StuService 数据库成为当前数据库。

③ 在查询编辑器窗口中输入如下语句。

```
ALTER DATABASE DB_StuService          --修改数据库
MODIFY FILE                           --修改文件
(
NAME = DB_StuService,                 --数据文件逻辑名称
SIZE = 5MB,                           --定义文件大小
FILEGROWTH = 15 %                     --定义文件增长方式
)
```

其中：

ALTER DATABASE 为修改数据库的关键字，后面需要跟着修改的数据库名，MODIFY FILE 关键字定义要修改的数据文件，括号里定义需要修改的内容。

④ 分析语法，执行语句。

（4）查看 DB_StuService 数据库的属性，如图 9-2 所示，数据库数据文件大小、增长方式发生了改变。

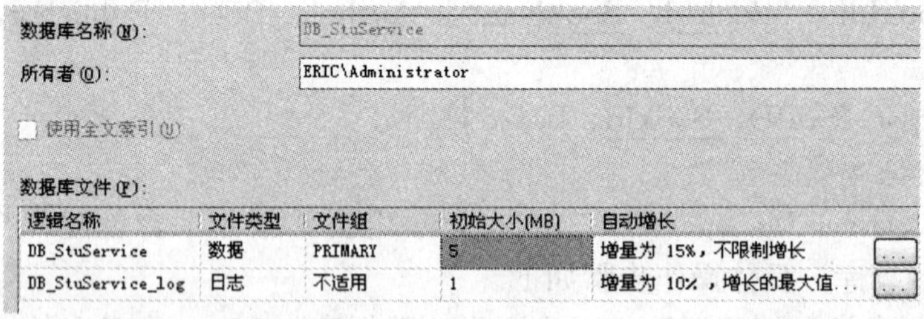

图 9-2　“DB_StuService”数据库属性发生改变

提示：使用 T_SQL 语句修改数据库，执行代码前，需要先选择要操作的数据库。

问题分析：如何再给数据库添加 1 个数据文件和 1 日志文件？如何压缩数据库？

4. 建立数据表及实施完整性

（1）启动 Management Studio。

(2) 在“对象资源管理器”窗口中，展开“数据库”→DB _ StuService→“表”节点。右击“表”节点，从弹出的快捷菜单中选择“新建表”选项，打开如图 9-3 所示的表设计器。

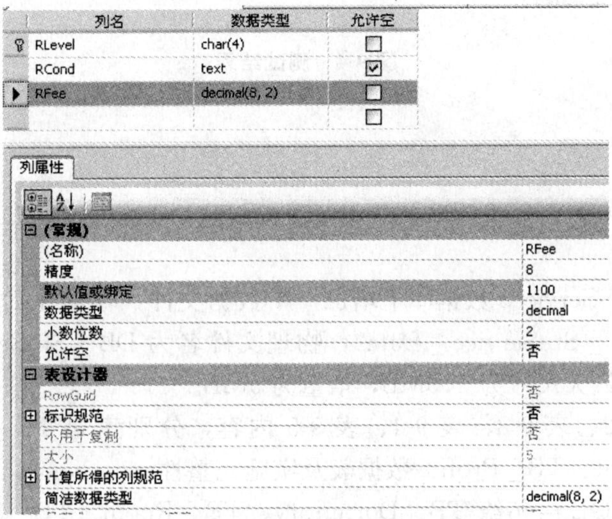

图 9-3 创建“TB _ RoomLevel”数据表

(3) 在表设计器中，在“列名”单元格输入字段名 RLevel，在同一行的“数据类型”单元格设置该字段的数据类型为 char，长度为 4，右击该列，从弹出的快捷菜单中选择“设置主键”命令，把 RLevel 字段设置为主键。

(4) 重复步骤 (3)，按照表 9-1 结构，设置 RCond、RFee 字段，并设置它们的数据类型、是否允许为空、默认值、Check 约束、外键等完整性约束条件。

(5) 选择“文件”→“保存”选项或单击工具栏上的保存按钮，在打开的对话框中输入表的名称 TB _ RoomLevel，新表的相关信息就会出现在对象资源管理器中。

问题分析：如何使用规则实现约束条件？请举例。

提示：如果表之间已经建立了参照完整性关系，输入记录时，一定要先从主表中输入记录，再从子表中输入记录，子表中的外键值一定要参照主表中的主键值。

5. 使用 T _ SQL 语句给每个表添加三条测试记录

在查询编辑器里输入以下代码：

```
USE DB_StuService
GO
INSERT INTO TB_RoomLevel
SELECT 'A','六人间,公共卫生间',900.00 UNION
SELECT 'B','六人间,独立卫生间',1100.00 UNION
SELECT 'C','五人间,独立卫生间',1300.00 UNION
SELECT 'D','四人间,独立卫生间',1500.00
```

分析语法，执行语句，最后输出如图 9-4 所示。

提示：添加、修改和删除记录操作并不总能正确执行，数据必须遵循约束规则。添加和修改过程中按 Esc 键可取消不符合约束的数据的输入。

图 9-4 测试结果

课堂实践

（1）使用 T _ SQL 语句为学生公共服务平台创建一个名称为“DB _ StuService2”的数据库。

（2）在 DB _ StuService2 数据库下增加一个数据文件，存储在 E:\ 路径下，数据文件的逻辑名称为 DB _ StuService _ Data2，物理文件名为 DB _ StuService1 _ Data2.ndf，初始大小为 5MB，最大尺寸为 100MB，增量为 5MB。

（3）按照表 9-2、表 9-3、表 9-4、表 9-5 内容，分别建立 TB _ Dormitory、TB _ Room、TB _ Student、TB _ Profile 数据表及实施完整性。

（4）使用 T _ SQL 语句给 TB _ Dormitory、TB _ Room、TB _ Student、TB _ Profile 表分别添加四条数据，要求数据与实际相符合。

检查与问题讨论

（1）检查与评价任务实施情况。根据任务描述与要求，小组成员相互检查，提出存在问题，根据问题进行小组讨论。

（2）基本知识（关键字）讨论：物理结构设计主要内容、SQL Server 数据库的组成、数据库完整性。

（3）讨论索引的建立：什么是索引，建立索引的规则。

（4）讨论数据的输入：为什么要先从主表输入数据，再从子表中输入数据，T _ SQL 语句输入数据需要注意哪些地方（如默认值、标识值的输入）。

（5）任务实施情况讨论：数据库的建立，数据表的建立，完整性的实施，数据的添加。

任务 9.2 操作与管理学生公共服务平台数据库

任务描述

（1）设计和实现数据库查询。要求查询南校区的宿舍楼信息；统计每个宿舍楼宿舍的数量；查询 3 号楼的学生信息；查询“软件 1141 班”学生的宿舍信息。

（2）建立系统存储过程和触发器。利用存储过程实现输出 3 号宿舍楼的所有学生的基本信息；创建增加宿舍楼的存储过程；创建触发器实现每一个学生入住宿舍，该宿舍的“已住人数”就增加 1。

（3）进行系统数据库安全控制。创建“班主任”和“宿舍管理员”两个角色，其中班主任有查看、修改、删除学生选修课程及住宿情况的权限；“宿舍管理员”只有查看、修改、删除学生住宿情况的权限；然后创建“王老师”、“张老师”两个用户，并让其具有“班主任”角色；创建“刘师傅”用户，具有“宿舍管理员”的角色。测试这几个用户的权限是否设置成功。

（4）实施数据库备份与恢复。使用 SMS 创建名为 DBFull _ StuService1. bak 的数据库完全备份文件；利用 T _ SQL 语句创建另一个完全备份文件，名为 DBFull _ StuService2. bak；然后删除数据库，分别在 SMS 中利用 DBFull _ StuService1. bak 恢复数据库，名为 DB _ StuService1；利用备份文件恢复数据库，名为 DB _ StuService2。

任务准备

（1）数据库查询。
（2）存储过程与触发器。
（3）数据库安全控制。
（4）数据库备份与恢复。

任务实施

1. 设计和实现数据库查询

（1）查询南校区的宿舍楼信息。在查询编辑器里执行以下代码：

```
SELECT RNo AS 宿舍编号,RTel AS 宿舍电话,RLevel AS 宿舍等级,
       dorm.DorCampus AS 宿舍校区
FROM   TB_Dormitory AS dorm,TB_Room AS room
WHERE  room.DorNo = dorm.DorNo AND dorm.DorCampus = '南校区'
```

输出结果如图 9-5 所示。

结果 | 消息

	宿舍编号	宿舍电话	宿舍等级	宿舍校区
1	4201	2789	D	南校区
2	5505	2213	B	南校区

图 9-5 查询南校区的宿舍楼信息

问题分析：是否还有其他 SQL 语句，也可以实现同样的功能？

（2）统计每个宿舍楼宿舍的数量。在查询编辑器里执行以下代码：

```
SELECT DorNo AS 宿舍楼编号,COUNT(RNo) AS 宿舍数量
FROM   TB_Room
GROUP BY DorNo
```

输出结果如图 9-6 所示。

	宿舍楼编号	宿舍数量
1	3	2
2	4	1
3	5	1

图 9-6　统计每个宿舍楼宿舍的数量

（3）查询 3 号楼的学生信息。在查询编辑器里执行以下代码：

```
SELECT StuID AS 学号,StuName AS 姓名,StuSex AS 性别,StuMajor AS 专业,StuClass AS 班级,S.RNo AS
    宿舍号,StuBed AS 床位号
FROM TB_Room as R INNER JOIN TB_Student AS S ON R.RNo = S.RNo
                 INNER JOIN TB_Dormitory AS D
                        ON R.DorNo = D.DorNo
WHERE D.DorName = '3 号楼'
```

输出结果如图 9-7 所示。

学号	姓名	性别	专业	班级	宿舍...	床位号
1101010101	王大林	男	计算机应用技术	计算机1151	3301	1
1101020102	孙大伟	男	网络技术	网络1151	3301	2

图 9-7　查询 3 号楼的学生信息

提示：连接查询需要在 ON 语句后定义表连接条件。

（4）查询“软件 1141 班”学生所住宿舍信息。在查询编辑器里执行以下代码：

```
SELECT RNo AS 宿舍号, RTel AS 宿舍电话,D.DorName AS 宿舍楼,
    D.DorCampus AS 宿舍校区,D.DorAddress 宿舍楼地址
FROM TB_Room AS R inner join TB_Dormitory AS D
    ON R.DorNo = D.DorNo
WHERE RNo IN ( SELECT RNo
            FROM TB_Student AS S
            WHERE S.StuClass = '软件' )
```

输出结果如图 9-8 所示。

	宿舍号	宿舍电话	宿舍...	宿舍校...	宿舍楼地址
1	5505	2213	5号楼	南校区	南丰路10号

图 9-8　查询“软件 1141 班”学生所住宿舍信息

问题分析：子查询可以用连接查询实现吗？连接查询可以用子查询替代实现吗？

2. 建立系统存储过程和触发器

（1）存储过程实现输出 3 号楼的所有学生基本信息。在查询编辑器里执行以下代码：

```
CREATE PROCEDURE proc_SelectStu
AS
SELECT *
FROM TB_Student
WHERE RNo IN (SELECT RNo
            FROM TB_Room AS R INNER JOIN TB_Dormitory AS D
                ON R.DorNo = D.DorNo
            WHERE D.DorName = '3 号楼')
```

然后在查询分析器里执行该存储过程：

```
EXEC proc_SelectStu
```

输出结果如图 9-9 所示。

结果 | 消息

	StuID	StuName	StuSex	StuBitthday	StuDepart	StuMajor	StuClass	RNo
1	1101010101	王大林	男	1994-02-03 00:00:00.000	工学院	计算机应用技术	计算机1151	3301
2	1101020102	孙大伟	男	1994-09-06 00:00:00.000	工学院	网络技术	网路1151	3301

图 9-9 执行存储过程

（2）创建增加宿舍楼的存储过程。在查询编辑器里执行以下代码：

```
CREATE PROCEDURE proc_insertdorm
@DNo SMALLINT,                    --定义输入参数
@Dname VARCHAR(15),
@DCampus VARCHAR(15),
@DAddress VARCHAR(30),
@DTel VARCHAR(15),
@DAdmin VARCHAR(15)
AS
    INSERT INTO TB_Dormitory
    VALUES(@DNo,@DName,@DCampus,@DAddress,@DTel,@DAdmin)
```

执行存储过程实现宿舍楼信息添加：

```
EXEC proc_insertdorm
    @DNo = 6,@Dname = '6 号楼',@DCampus = '南校区',
    @DAddress = '甬丰路号',@DTel = '8542', @DAdmin = '李红'
GO
```

问题分析：

① 调用和执行存储过程还有哪些命令方式可以实现？

② 如果输入参数@Dcampus 需要采用默认值为“南校区”，该如何定义？

（3）创建触发器实现每一个学生入住宿舍，在查询编辑器里执行以下代码实现

创建：

```
CREATE TRIGGER AddStuLive
ON TB_Student
FOR INSERT
AS
DECLARE @RID int                --定义局部变量,用来保存学生入住宿舍的房间号
SELECT  @RID = RNo
FROM    INSERTED                --入住房间号保存在 INSERTED 临时表中
UPDATE  TB_Room
SET     RLiveStuNum = RLiveStuNum + 1
WHERE   RNo = @RID
```

创建完成后，在学生表中添加一条记录，然后可以查看这名学生所在宿舍的“已住人数”是否增加了1。

3. 进行系统数据库安全控制

创建“班主任”和“宿舍管理员”两个角色，其中班主任有查看、修改、删除学生信息及住宿情况的权限；“宿舍管理员”只有查看、修改、删除学生住宿情况的权限；然后创建“王老师”、“张老师”两个用户，并让其具有“班主任”角色；创建“刘师傅”用户，具有“宿舍管理员”的角色。测试这几个用户的权限是否设置成功。

提示： 创建用户登录前，需要把服务器身份验证方式设置为“SQL Server 和 Windows 身份验证模式”。

(1) 展开“DB_StuService”数据库，选择“安全性”中的“角色”，然后右击“数据库角色”项，从弹出的快捷菜单中选择“新建数据库角色”命令，在打开的对话框中的“角色名称”文本框中输入“班主任”，如图 9-10 所示。

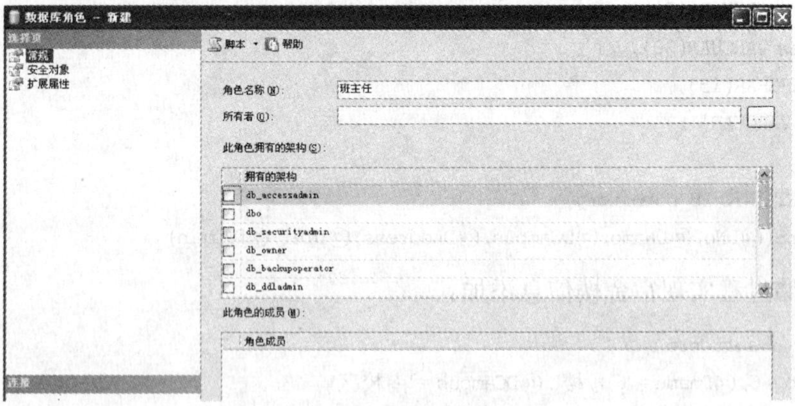

图 9-10　新建“班主任”角色

(2) 单击选择页的“安全对象”，然后在安全对象里单击“添加”按钮，打开“添加对象”对话框。在对话框里选择“特定对象”（见图 9-11），然后在打开的窗口中的“对象类型”中选择“表”，单击下方的“浏览”按钮，在“查找对象”窗口中选中要访问的表 TB_Student、TB_Room。

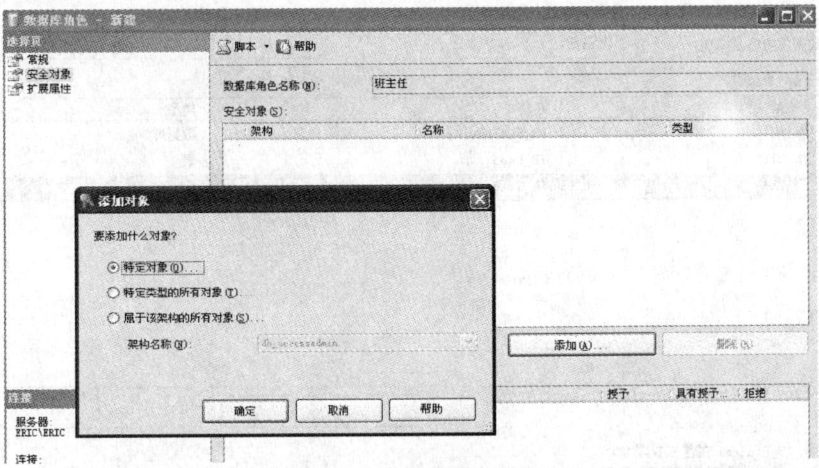

图 9-11 选择权限设置对象

然后，一直单击“确定”按钮，返回到安全对象权限设置窗口；最后在 dbo. Tb _ Student 的显示权限里勾选 Select、Update、Delete 权限的“授予”，设置“班主任”对 TB _ Student 表有查看、修改、删除学生的权限，如图 9-12、图 9-13 所示。

(3) 用同样的方法和步骤创建“宿舍管理员”角色，设置该角色只有查看、修改、删除学生住宿情况的权限，如图 9-14 所示。

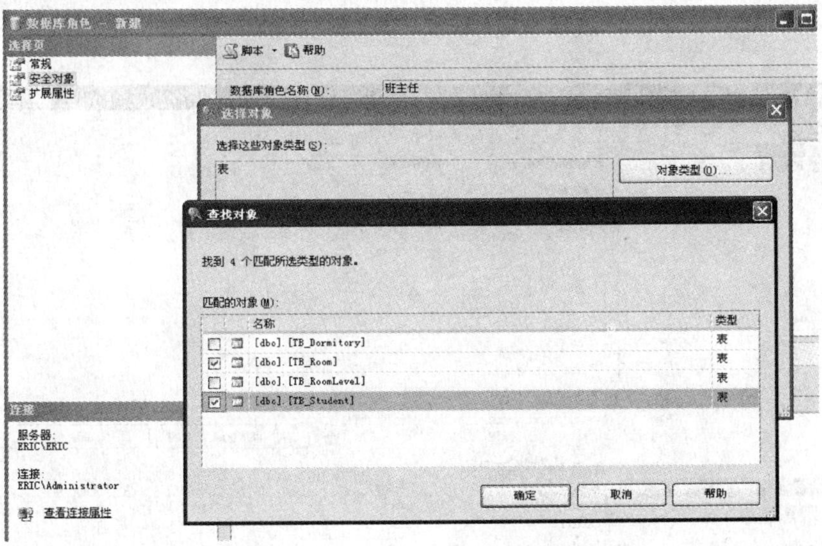

图 9-12 选择权限设置对象

(4) 创建好数据库角色后，就可以创建登录用户了，并归类为某一角色，这样登录用户就继承该角色拥有的权限。具体设置流程为：展开数据库服务器下的“安全性”（不是数据库节点下的“安全性”），右击“登录名”，从弹出的快捷菜单中选择“新建登录名”命令，在弹出窗口的“登录名”文本框中输入“王老师”，登录方式选择“SQL Server 身份验证”，密码输入“123”，不勾选“用户在下次登录时必须更改密码”，如图 9-15 所示。

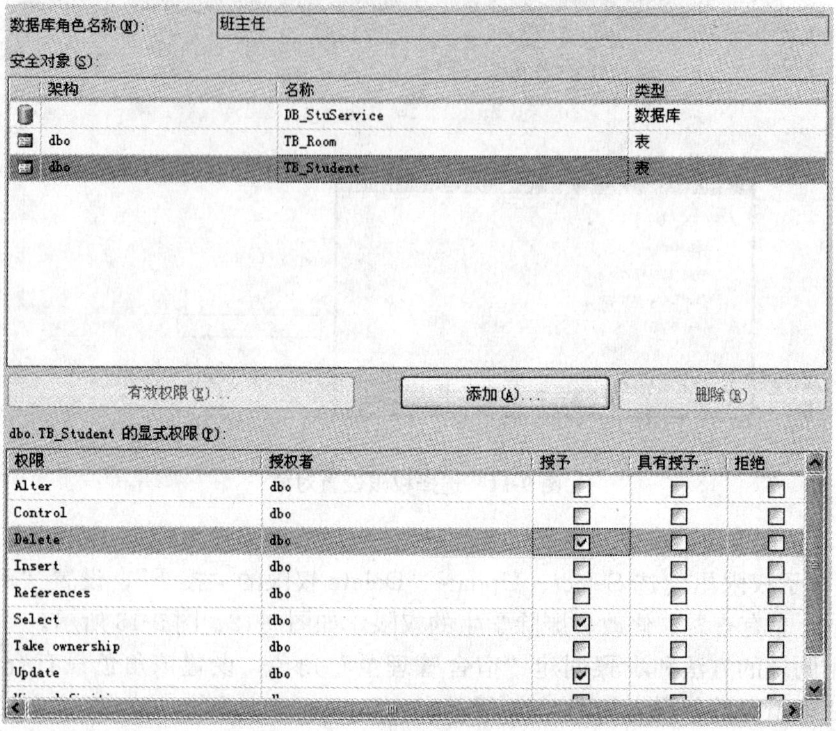

图 9-13　设置“班主任”权限

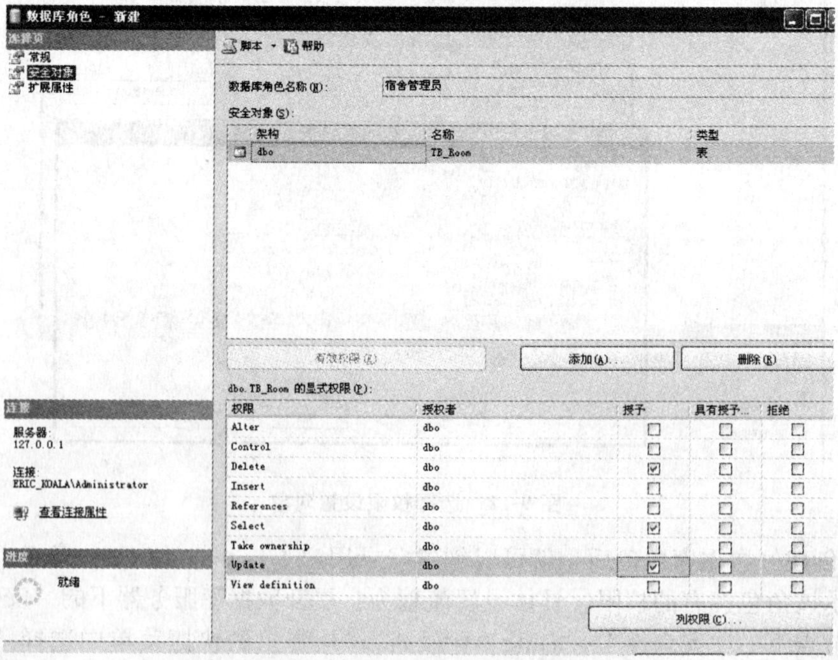

图 9-14　设置“宿舍管理员”权限

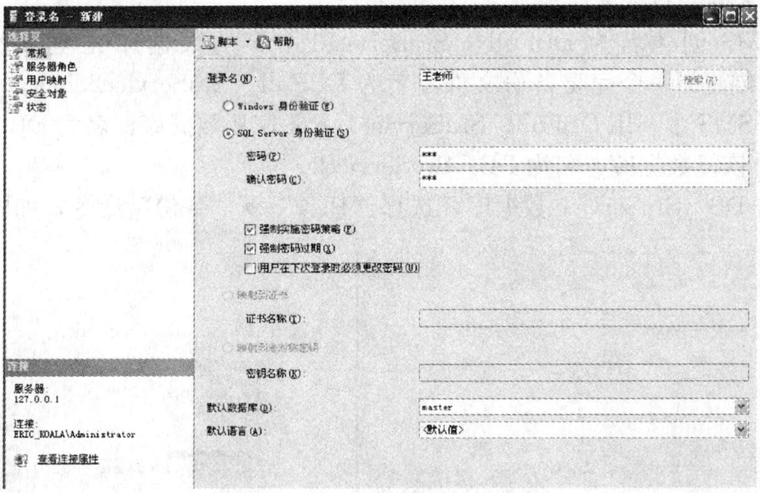

图 9-15　创建“王老师”登录用户

（5）单击选择页的“用户映射”，选择映射的数据库为 DB _ StuService，然后在数据库角色成员身份中勾选“班主任”角色，最后单击“确定”按钮，这样“王老师”就具有查看、修改、删除学生信息及住宿情况的权限了。同样，创建“张老师”登录用户并归类为“班主任”角色，如图 9-16 所示。

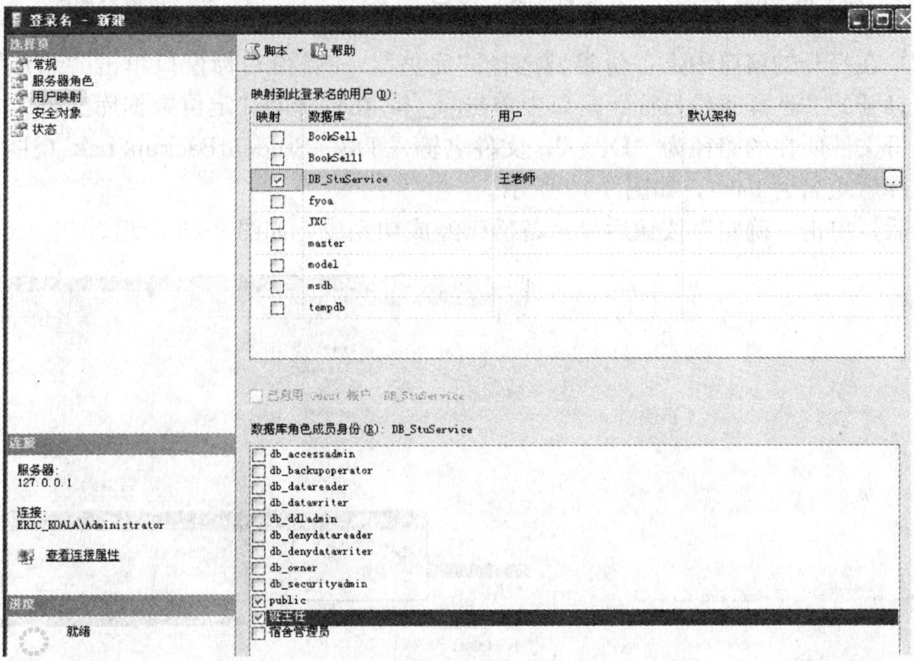

图 9-16　把“王老师”归类为“班主任”角色

（6）同样创建“张师傅”登录用户，把其归类为“宿舍管理员”角色，该用户就有查看、修改、删除住宿情况的权限了，如图 9-17 所示。

4. 数据库备份与恢复

使用 SSMS 创建名为 DBFull _ StuService1. bak 的数据库完全备份文件；利用 T _ SQL语句创建另一个完全备份文件，名为 DBFull _ StuService2. bak；然后删除数据库，分别在 SSMS 中利用 DBFull _ StuService1. bak 恢复数据库，名为 DB _ StuService1；利用备份文件恢复数据库，名为 DB _ StuService2。

（1）右击 DB _ StuService 数据库，选择“任务”→“备份”命令，如图 9-18 所示。

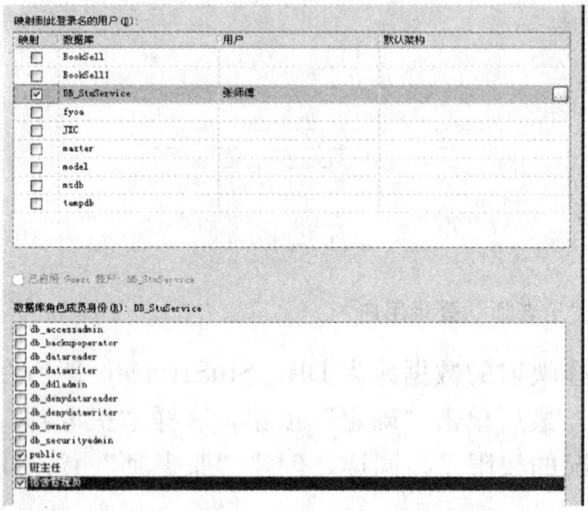

图 9-17　把“张师傅”归类为“宿舍管理员”角色

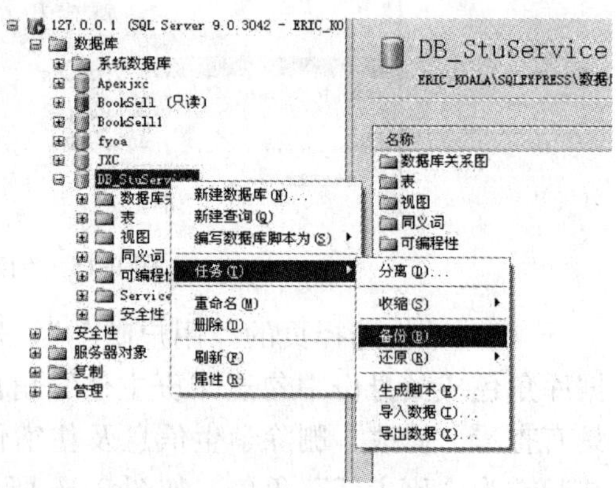

图 9-18　备份数据库

（2）在打开的窗口中，备份类型选择“完整”，在备份目标窗口单击“添加”按钮；然后在打开的“选择备份目标”窗口中单击[...]，在打开的“定位数据库文件”窗口中，设置备份文件所在的路径为“D:\”，文件名输入 DB _ StudentBackup. bak（注：数据库备份文件后缀名为 bak），如图 9-19 所示。

最后，单击“确定”按钮后显示备份已经成功完成，如图 9-20 所示。

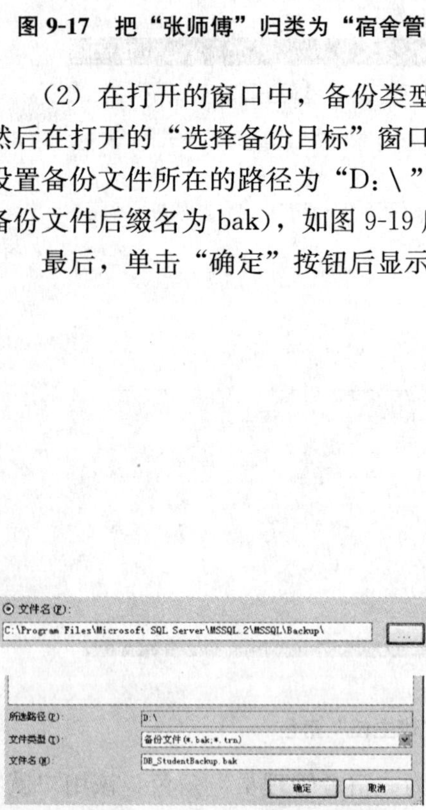

图 9-19　定义备份文件

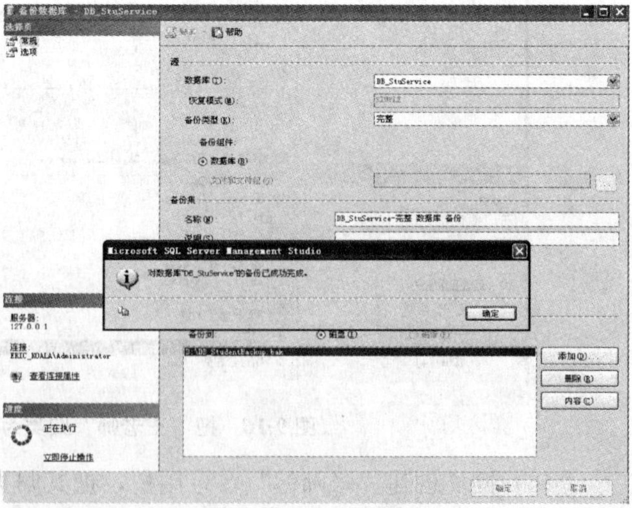

图 9-20　备份成功

（3）利用备份文件恢复数据库，名为 DB _ StuService2。操作如下：在“数据库”节点右击，选择“还原数据库”命令（见图 9-21），在打开的窗口的“目标数据库”中输入“DB _ StuService2”，“还原的源”中选择“源设备”，单击最右边的□，在打开的“指定备份”窗口中单击“添加”按钮，然后定位备份文件，选择 D 盘中的备份文件 DB _ StudentBackup. bak，如图 9-22 所示。

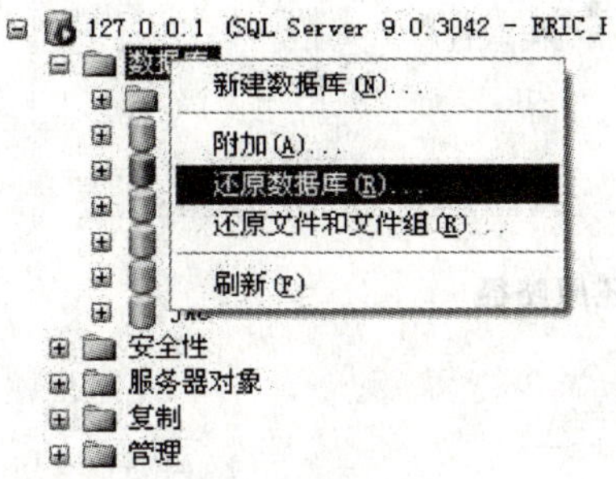

图 9-21　还原数据库

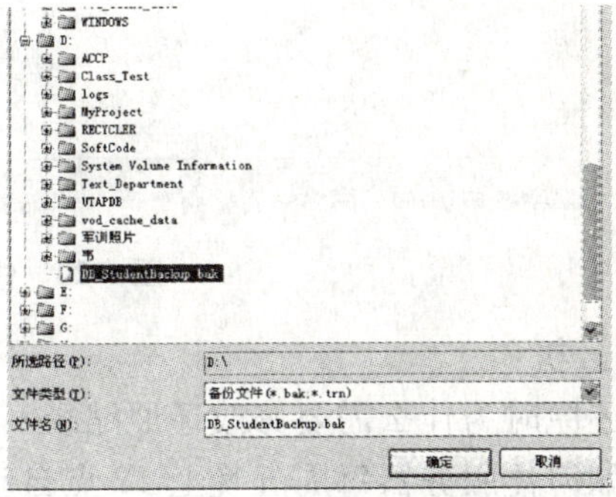

图 9-22　选择备份文件

单击“确定”按钮后，回到“还原数据库”窗口，然后在“选择用于还原的备份集”中，把刚才添加的备份文件前勾选“还原”，如图 9-23 所示。

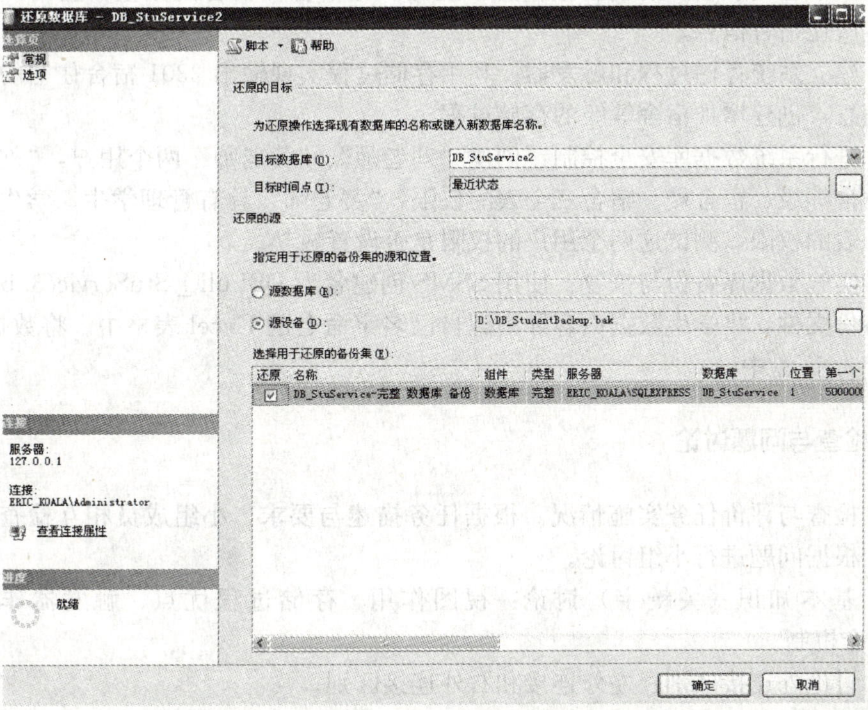

图 9-23　“还原”数据库窗口

然后，单击“选择页”的“选项”，在“将数据库文件还原为”的“还原为”一栏中数据文件和日志文件路径改为“C: \”，其他数据文件和日志文件后缀名都不变，然后单击“确定”按钮即可还原成功，如图 9-24 所示。如不能还原，可把路径修改为“D：\”。

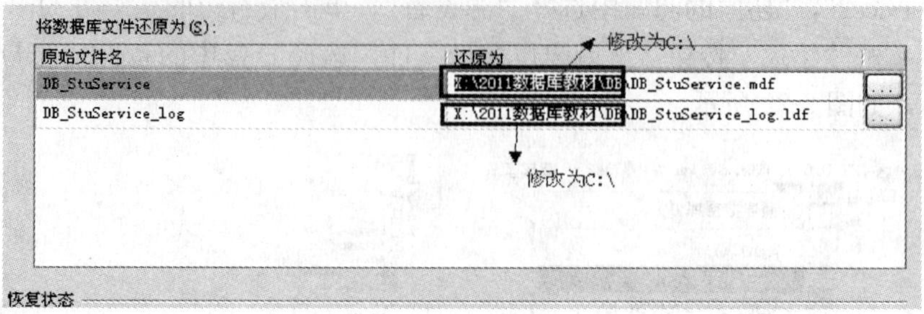

图 9-24　修改还原路径

问题分析：

（1）还原时为什么需要修改还原路径？

（2）如何让服务器每周五晚上 12 点自动执行数据库备份？

（3）如何把数据库的数据导出为 Excel 文件？

课堂实践

（1）要求查询北校区的宿舍楼信息，统计 3 号宿舍楼宿舍的数量，查询“计算机专业”学生所住宿舍信息。

（2）建立系统存储过程和触发器：利用存储过程实现输出 3301 宿舍住宿的所有学生的基本信息，创建增加宿舍等级的存储过程。

（3）进行系统数据库安全控制：创建“刘老师”、“黄老师”两个用户，“刘老师”具有管理宿舍等级、宿舍楼、宿舍三个表的权限，“黄老师”具有管理学生、学生档案、课程及选课表的权限，测试这两个用户的权限是否设置成功。

（4）实施数据库备份与恢复：使用 SSMS 创建名为 DBFull _ StuService3. bak 的数据库完全备份文件，将学生数据内容导出到自己名字命名的 Excel 表格中。将数据库分离，保存到个人 U 盘中。

检查与问题讨论

（1）检查与评价任务实施情况。根据任务描述与要求，小组成员相互检查，提出存在问题，根据问题进行小组讨论。

（2）基本知识（关键字）讨论：视图作用、存储过程优点、触发器作用、SQL Server安全机制。

（3）讨论外连接区别：左外连接和右外连接区别。

（4）数据库备份讨论：完全备份、差异备份、日志备份的使用。

（5）任务实施情况讨论：设计和实现数据库查询，建立系统存储过程和触发器，进行系统数据库安全控制，实施数据库备份与恢复。

实训9 实现数据库

实训目的与要求

（1）掌握建立和维护数据库的方法；
（2）掌握实施数据库完整性的方法；
（3）掌握数据库查询方法；
（4）掌握存储过程和触发器的使用方法；
（5）掌握数据库安全性的设置方法；
（6）掌握数据库备份与恢复的方法。

实训内容与过程

在实训8中读者已选择某个项目进行课程设计，并已经完成该项目的数据库设计部分，下面请继续完成该项目的数据库实施，实训内容如下。

（1）建立数据库：在SQL Server 2008数据库系统中，使用SSMS默认设置，创建项目的数据库，数据文件大小及增长方式根据实际情况确定。

（2）建立数据表：根据数据库设计的表结构，使用SSMS和T_SQL语句创建各个数据表，数据类型和长度根据实际情况确定。

（3）实施完整性：根据数据库物理结构设计要求，实施表的完整性，使用SSMS设置各个数据表的主键、约束、默认值、规则、索引，建立数据表之间的关联（设置外键）。使用T_SQL语句给每个表添加三条测试数据，测试数据要有实际意义。

（4）建立索引和视图：为了加快查询速度，请在相关表上适当地建立索引；而且根据业务逻辑的需要，设计并建立二三个索引。

（5）设计和实现数据库查询：根据项目业务逻辑的需要，至少设计并实现6个查询，要求至少要有2个连接查询、1个子查询，并适当运用分组查询与聚合函数。

（6）建立项目的存储过程和触发器：根据项目业务逻辑的需要，至少设计并实现1个存储过程和触发器，并写出执行存储过程的代码。

（7）进行项目的数据库安全控制：根据项目的实际需要，合理设计并创建数据库用户或角色，并分配相应的权限，最后测试用户或角色的权限是否设置成功，记录其设置过程。

（8）实施数据库备份与恢复：对项目的数据库进行完全备份，保存备份文件，然后利用备份文件恢复数据库，数据库名字另起一个，记录备份与恢复过程。

完成以上实训任务，并记录到数据库课程设计报告中。

项目总结

1. 基本技能

（1）建立数据库：使用SSMS、T_SQL语句创建数据库和数据表，建立主键、约束、默认值、外键等完整性约束。

（2）查询和操作数据库：实现单表和多表的查询；熟练添加、修改、删除数据，创建索引和视图；简单建立和运用存储过程和触发器。

（3）管理数据库：用户、角色的创建，权限的分配等数据库安全性控制；备份与恢复数据；分离与附加数据库。

2. 基本知识

创建数据库和表的 T _ SQL 语句，数据库完整性，Insert、Update、Delete、Selcet 语句，用户创建与权限分配步骤，数据库备份与恢复的方法。

3. 相关技术知识

SQL Server 数据库的组成，实体完整性，域完整性，参照完整性，并、差、笛卡儿积、投影运算，索引作用与设置，SQL 数据库安全机制，备份与恢复的类型。

思考练习 9

一、选择题

1. 表示一个字符的数据应该使用（　　）数据类型。

A. real　　B. nchar　　C. int　　D. Datetime

2. 指定某列具有默认值约束的关键字是（　　）。

A. FOREIGN KEY　　B. UNIQUE

C. PRIMARY KEY　　D. DEFAULT

3. 对分组统计结果进行条件选择的子句是（　　）。

A. GROUP BY　　B. WHERE　　C. HAVING　　D. WHEN

4. 在下列 SQL 语句中，能够完成修改表结构的命令是（　　）

A. ALTER　　B. CREATE　　C. UPDATE　　D. INSERT

5. 在下列实体联系中，属于一对一联系的是（　　）

A. 机票与座位号之间的联系　　B. 车间与工人之间的联系

C. 商店与商品之间的联系　　D. 学生与课程之间的联系

6. 在 SQL 中，删除视图的语句是（　　）。

A. ALTER VIEW　　B. DROP VIEW

C. ZAP VIEW　　D. DELETE VIEW

7. 以下约束可以用于实现参照完整性的是（　　）。

A. PRIMARY KEY　　B. UNIQUE

C. FOREIGN KEY　　D. CHECK

8. 下列角色中（　　）角色没有成员。

A. 固定服务器　　B. 数据库　　C. 应用程序　　D. public

9. SQL Server 数据库文件有 3 类，其中日志文件的后缀为（　　）。

A. . ndf　　B. . ldf　　C. . mdf　　D. . idf

10. 在 T _ SQL 语言中，用于删除表的命令的是（　　）。

A. CREATE TABLE　　B. ALTER TABLE

C. DROP TABLE　　D. TRUNCATE TABLE

二、填空题

1. 在 SQL 中建立和删除数据库的命令分别为（　　）和（　　）。

2. 在 SQL 中，PRIMARY KEY 关键字为（　　）约束，FOREIGN KEY 关键字为（　　）约束。

3. 使用 LIKE 运算符时，查找所有姓“王”或姓“赵”的人的字符匹配串为(　　)。

4. 数据库由 .mdf 文件和 .ldf 文件组成。它们的中文名称分别为数据文件和（　　）文件。

5 由概念设计进入逻辑设计时，原来的实体被转换为对应的（　　），实体的属性转换为（　）。

6. T _ SQL 语句基本表定义有（　　）、（　　）、（　　）和（　　）4 个表级约束。

7. 当指定基本表中某一列或若干列为主键时，则系统将在这些列上自动建立一个（　　）、（　　）的索引。

8. SELECT 查询语句中两个必不可少的子句是（　　）和 WHERE 子句。

9. 在 SQL Server 2008 中不仅可以通过视图检查基本表中的数据，而且还可以向基本表中添加或修改数据，但是所插入的数据必须符合基本表中的（　　）。

10. 完整性约束包括（　　）完整性、（　　）完整性、参照完整性和用户定义完整性。

三、简答题

1. 简述 SQL Server Management Studio 界面的主要功能。

2. SQL 脚本执行的结果有哪几种形式？查看 SQL 脚本的方法有哪些？

3. 如果给某用户授予更新表的权限，但该用户所属角色又拒绝了此权限，那么该用户账户是否保留更新表的权限？简述原因。

4. 创建数据库有哪几种方法？

5．简述 SQL Server 2008 的安全性控制机制。

6. 简述 UNIQUE 约束与 PRIMARY KEY 约束的区别。

7. 简述聚集索引和非聚集索引的区别。

8. 简述视图的优点。

9. 简述数据库设计过程中需求分析、概念结构设计、逻辑结构设计各个阶段所要完成的任务。

10. 存储过程与触发器有什么不同？

附录 A　Access 数据库大作业资料

1. 作业概要

结合教材入门篇内容的学习，利用课内外时间完成“学生信息管理系统”大作业。

1）基本任务

（1）建立数据库：创建数据表、建立关联、输入数据、设置完整性等。

（2）创建查询：利用数据表，创建选择查询、操作查询。

（3）创建窗体：对应数据表，创建数据浏览窗体、数据输入窗体、带子窗体的浏览窗体。

（4）编制报表：对应数据表，分别创建报表。

（5）系统集成：将查询、窗体及报表集成为一体，建成学生信息管理系统。

2）作业评价

开展小组作业完成情况交流与评价。

3）作业提交

（1）每个学生必须提交一个数据库文件，文件名为：学号前两位＋姓名，如 01 张伟。

（2）每个学生的数据库内容等与其他学生所建数据库的不同之处。

2. 数据库建立

学生信息管理数据库涉及 5 个数据表，表的结构如表 A-1～表 A-5 所示，表的内容如表 A-6～表 A-9 所示，学习简历表的内容根据自己的情况进行填写，表间关联如图 A-1 所示。

表 A-1　学生档案表设计

字 段 名	数据类型	字段大小
学号	文本	10
姓名	文本	8
性别	文本	2
出生日期	日期/时间	
政治面貌	文本	8
班级	文本	8
家庭地址	文本	40
联系电话	文本	13
备注	备注	

表 A-1 中字段要求：

（1）学号唯一，为主键。

（2）性别只有男和女，默认为男。

(3) 政治面貌包括正式党员、预备党员、团员、群众。

表 A-2 课程信息表设计

字 段 名	数据类型	字段大小
课程号	文本	6
课程名	文本	20
课程类别	文本	4
学时	数字	整型
学分	数字	整型

表 A-2 中字段要求：

(1) 课程号为主键。

(2) 课程类别为“必修”和“选修”两种。

(3) 学时默认为 64，学分默认为 4。

表 A-3 学生成绩表设计

字 段 名	数据类型	字段大小
学号	文本	10
课程号	文本	6
学年	文本	10
学期	数字	字节
成绩	数字	字节

表 A-3 中字段要求：

(1) 学号和课程号为主键。

(2) 学期只有两个值：1 和 2。

(3) 成绩值为“＞＝0 and＜＝100”。

表 A-4 第二课堂分表设计

字 段 名	数据类型	字段大小
学号	文本	10
日期	日期/时间	
活动名称	文本	40
得分	数字	单精度

表 A-4 中字段要求：

(1) 学号、日期和活动名称为主键。

(2) 得分不允许为空。

表 A-5 学生简历表设计

字 段 名	数据类型	字段大小
学号	文本	10
学历	文本	4
起止时间	文本	15
学校	文本	20
证明人	文本	8
备注	备注	

表 A-5 中字段要求：

（1）学号为主键。

（2）学历：小学、初中、高中、大学。

表 A-6 学生档案表内容

学号	姓名	性别	出生日期	政治面貌	班级编号	家庭地址	联系电话	备注
1102110101	戴兰兰	女	1994-8-9	正式党员	计技 1111	象山泗洲头镇泗联井坑村	0574-65723241	
1102110102	陈皓	男	1994-5-6	团员	计技 1111	绍兴市越城区灵芝镇全心村	0575-83247659	
1102110103	潘强	男	1995-3-5	团员	计技 1111	舟山市定海区东港浦新村	0580-8326623	
1102112201	张磊	男	1995-1-6	群众	网络 1112	宁波市北仑区大碶街道石湫	0574-53261239	
1102112202	王海龙	男	1995-3-5	预备党员	网络 1112	苍南县巴曹镇马鞍桥村	0577-83448234	
1102112203	李微微	女	1994-8-5	团员	网络 1112	绍兴诸暨枫桥镇四联村	0575-85235188	
1102111301	尹航	女	1994-5-6	群众	软件 1113	海宁市长安镇人民新村	0573-83284781	
1102111302	张越	男	1994-5-6	预备党员	软件 1113	杭州市余杭区义桥村	0571-82147643	
1102111303	张洪涛	男	1995-2-8	群众	软件 1113	浙江建德市大同镇永盛村	0571-83947127	

表 A-7 课程信息表内容

课程编号	课程名	课程类别	学时	学分
101201	数据库技术与应用	必修课	64	3
101101	大学生职业生涯规划	必修课	32	2
101301	图形图像制作	必修课	64	3
101302	网页设计与制作	必修课	64	3
111301	程序设计实践	必修课	64	3
121301	网络组建	必修课	64	3
121302	计算机组装与维护	必修课	64	3

表 A-8 学生成绩表内容

学号	课程编号	学年	学期	成绩
1102110101	101201	2011-2012	2	78
1102110101	101101	2011-2012	2	88
1102110101	101301	2011-2012	2	74
1102110101	101302	2011-2012	2	90
1102110102	101201	2011-2012	2	80
1102110102	101101	2011-2012	2	87

续表

学号	课程编号	学年	学期	成绩
1102110102	101301	2011-2012	2	56
1102110102	101302	2011-2012	2	75
1102110103	101201	2011-2012	2	60
1102110103	101101	2011-2012	2	54
1102110103	101301	2011-2012	2	78
1102110103	101302	2011-2012	2	75
1102112201	101201	2011-2012	2	68
1102112201	101101	2011-2012	2	62
1102112201	121301	2011-2012	2	63
1102112201	121302	2011-2012	2	64
1102112202	101201	2011-2012	2	79
1102112202	101101	2011-2012	2	74
1102112202	121301	2011-2012	2	72
1102112202	121302	2011-2012	2	73
1102112203	101201	2011-2012	2	74
1102112203	101101	2011-2012	2	89
1102112203	121301	2011-2012	2	45
1102112203	121302	2011-2012	2	40
1102111301	101201	2011-2012	2	72
1102111301	101101	2011-2012	2	79
1102111301	111301	2011-2012	2	75
1102111302	101201	2011-2012	2	82
1102111302	101101	2011-2012	2	67
1102111302	111301	2011-2012	2	43
1102111303	101201	2011-2012	2	67
1102111303	101101	2011-2012	2	89
1102111303	111301	2011-2012	2	58

表 A-9 第二课堂分表内容

学号	日期	活动名称	得分
1102110101	2012-3-12	植树节活动	0.08
1102110101	2012-4-5	讲座	0.08
1102110101	2012-5-4	自愿者活动	0.20
1102110102	2012-3-12	植树节活动	0.08
1102110103	2012-5-4	自愿者活动	0.20
1102110103	2012-5-9	讲座	0.08
1102112201	2012-3-12	植树节活动	0.08
1102112201	2012-5-4	自愿者活动	0.20
1102112202	2012-3-1	讲座	0.08
1102112203	2012-3-1	讲座	0.08
1102111301	2012-3-12	植树节活动	0.08
1102111302	2012-3-12	植树节活动	0.08
1102111302	2012-4-15	自愿者活动	0.20
1102111302	2012-5-4	自愿者活动	0.20
1102111303	2012-3-25	讲座	0.08

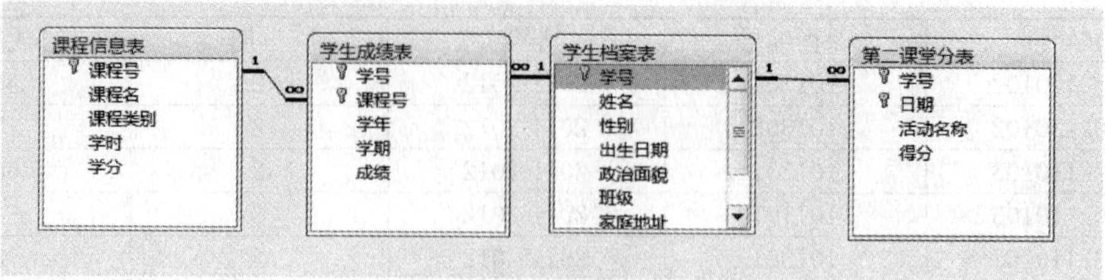

图 A-1 表间关联

3. 查询创建

根据表 A-10 所示要求建立查询。

表 A-10 查询汇总表

查询名称	查询字段	描 述
学生选课情况	班级编号、学号、姓名、所选课程（课程名）	从前三张表中查询
按班级查选课	班级编号、学号、姓名、所选课程	从学生选课情况里查询
按学号查选课	班级编号、学号、姓名、所选课程	从学生选课情况里查询
按所选课程查	班级编号、学号、姓名、所选课程	从学生选课情况里查询
更新查询	学号、课程号、学年、学期、成绩	在学生成绩表中为 60 分以下的同学加 5 分

以下几个查询为选做查询：

（1）根据学生信息管理数据库，查找生成“学生成绩生成表”，表中含有学号、姓名、性别、出生日期、课程名、成绩 6 个字段，表名为“学生成绩生成表”。

（2）在“学生成绩生成表”中，查找 1995 年出生的男生信息。

（3）在“学生成绩生成表”中，删除所有成绩低于 60 分的学生的信息。

4. 窗体创建

（1）学生信息浏览窗体：可浏览学生的基本信息，窗体中能显示学生档案表中的所有字段。要有前一项、后一项、退出等相应控制按钮。

（2）课程信息输入窗体：可输入课程信息，窗体中能显示课程信息表中的所有字段。要有添加、保存、退出等相应控制按钮。

（3）学生选课信息情况浏览窗体：可显示学生的基本信息，包括学生的选课情况。

以下几个窗体为选做窗体。

（1）学生选课窗体：可完成学生的选课。

（2）学生选课成绩登录窗体：可完成学生选课成绩的输入。

（3）第二课堂学分登录窗体：用于输入学生第二课堂学分。

（4）第二课堂学分查询窗体：用于学生第二课堂学分的查询。

（5）学生简历登录窗体：可完成学生简历信息的输入。

（6）学生简历查询窗体：可完成学生简历信息的查询。

窗体参考效果如图 A-2～图 A-4 所示。

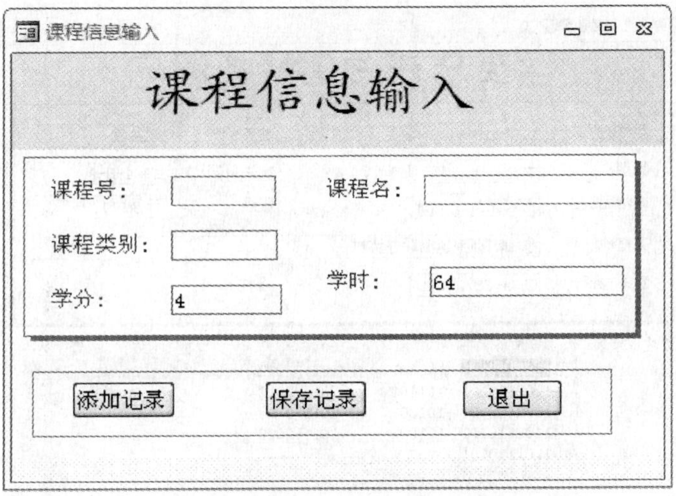

图 A-2 课程信息输入

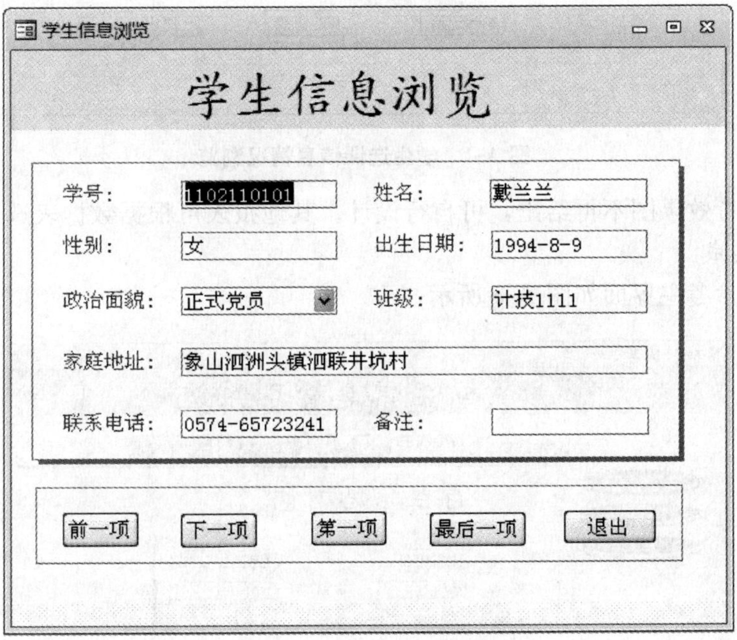

图 A-3 学生信息浏览

5. 报表编制（表 A-11）

（1）学生成绩统计表。

（2）学生基本信息表。

表 A-11 报表汇总表

报表名	描述
学生成绩统计表	姓名、班级编号、学年、学期、课程名、成绩
学生基本信息表	班级编号、学号、姓名、性别、出生日期、政治面貌、毕业学校

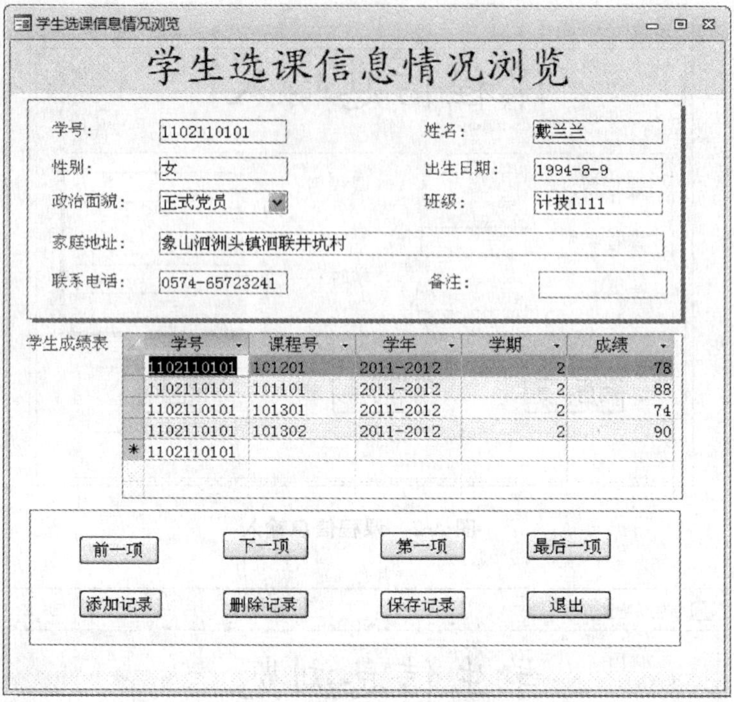

图 A-4　学生选课信息情况浏览

报表的参考效果图不再给出，可自行设计。其他报表可根据数据表选做。

6. 系统集成

系统集成参考主界面如图 A-5 所示。

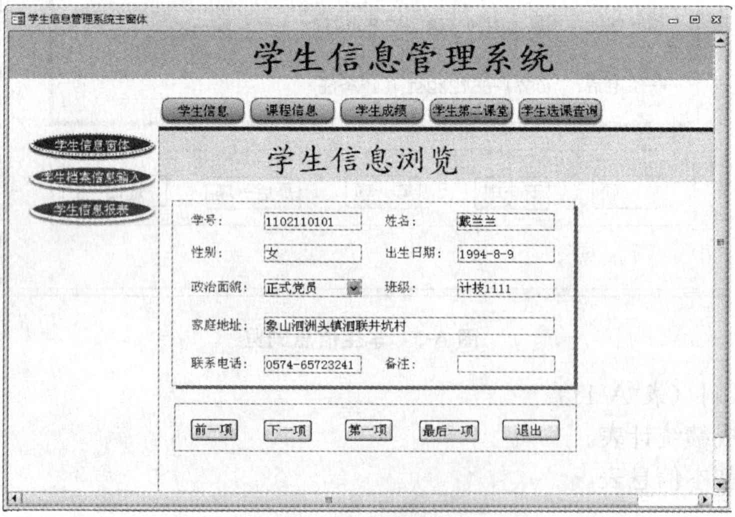

图 A-5　学生信息管理系统

附录B　SQL Server 数据库大作业资料

1. 作业概要

结合教材操作篇内容的学习，利用课内外时间完成“图书信息数据库”大作业。

1）基本任务

（1）建立数据库：创建数据表、建立关联、输入数据、设置完整性等。

（2）查询数据库：简单查询、分组统计查询、连接查询、子查询。

（3）数据库视图与索引：View _ BookInfo 视图和 Index _ Author 索引。

（4）存储过程与触发器：proc _ 1 存储过程和 trigg _ 1 触发器。

（5）数据库安全管理：创建两个用户，一个是图书管理员，一个是学生。

2）作业评价

开展小组作业完成情况交流与评价。

3）作业提交

（1）从 SQL Server 系统中分离出来的数据文件和日志文件。

（2）规定要完成的文件：select1. sql、select2. sql、select3. sql、select4. sql、select5. sql、view. sql、index. sql、proc1. sql、trigger1. sql 以及名为“safe”的 Word 文档。

（3）将上述所有文件（包含数据库文件）放在以自己的学号命名的文件夹中，压缩后提交。

2. 数据库建立

创建一个图书信息数据库（db _ Library），该数据库有 5 张表格，分别为图书表（tb _ BookInfo）、图书详细表（tb _ BookDetail）、读者表（tb _ Reader）、借阅表（tb _ Record）、工作人员表（tb _ Worker），要求完成数据库、数据表的创建。具体数据表结构如下。

（1）建立数据库后建立 5 张表结构，并完成完整性设置（表 B-1～表 B-5）。

（2）对每个表添加符合条件的数据，要求每张表不得少于 5 条记录，借阅表不得少于 10 条记录。其中，读者表中有一条包含自己姓名的记录。

表 B-1　图书表（tb _ BookInfo）的结构

列　名	数据类型	长　度	允许空值	描　述	备　注
BookId	nchar	6	×	图书编号	主键
BookName	nvarchar	50	×	书名	
Author	nvarchar	50	×	作者	
Price	money	8	×	单价	
Publisher	nvarchar	50	×	出版社	
PublishDate	date	3	×	出版日期	
CurrentNum	int	4	×	在馆数目	
Total	int	4	×	馆藏总数	

表 B-2　图书详细表（tb_BookDetail）的结构

列　名	数据类型	长　度	允许空值	描　述	备　注
BookCode	nvarchar	30	×	条形码	主键
BookId	nchar	6	×	图书编号	
Status	nchar	4	×	状态	分为“可借”和“借出”

表 B-3　读者表（tb_Reader）的结构

列　名	数据类型	长　度	允许空值	说　明	备　注
ReaderId	nchar	6	×	借书证号	主键
ReaderName	nchar	10	×	姓名	
Sex	nchar	2	×	性别	
Department	nvarchar	30	×	院系	
Debt	nchar	2	×	是否欠款	分为“是”和“否”
Purview	nchar	4	×	借阅权限	分为“教师”和“学生”

表 B-4　借阅表（tb_Record）的结构

列　名	数据类型	长度	允许空值	描　述	备　注
BookCode	nvarchar	30	×	条形码	主键
ReaderId	nchar	6	×	借书证号	主键
BorrowDate	date	3	×	借书日期	默认值，getdate（）
ShouldBackDate	date	3	×	应还日期	
BackDate	date	3	×	实际还书日期	
WorkerId	nchar	7	×	工作人员编号	

表 B-5　工作人员表（tb_Worker）的结构

列　名	数据类型	长　度	允许空值	描　述	备　注
WorkerId	nchar	7	×	工作人员编号	主键
WorkerName	nchar	10	×	姓名	
WorkerSex	nchar	2	×	性别	
Tel	nchar	13	√	联系电话	
Email	nvarchar	30	√	电子邮件	

3. 数据库查询

（1）从读者表中查询院系名称为“计算机系”的借书证编号、姓名、是否欠款，并保存成 select1. sql 脚本文件。

（2）从图书表中查询清华大学出版社的图书信息，并保存成 select2. sql 脚本文件。

（3）查询自己所借阅过的图书的书名和出版社名称，并保存成 select3. sql 脚本文件。

（4）查询借书证号及统计每个读者借书的次数，并保存成 select4. sql 脚本文件。

（5）使用子查询显示没有还书记录的读者姓名，并保存成 select5. sql 脚本文件。

4. 数据库视图与索引

(1) 使用T_SQL语句在借阅表上创建名为View_BookInfo的视图，用于显示有超期未还的读者编号、姓名和所在院系，并保存成view.sql脚本文件。

(2) 使用T_SQL语句为图书表的作者字段创建非聚集索引Index_Author，并保存成index.sql脚本文件。

5. 存储过程与触发器

(1) 使用T_SQL语句创建一个存储过程proc1，这个存储过程接受借书证号并显示该借书人的姓名、所借书的书籍编号、借书日期、应还日期，并保存成proc1.sql脚本文件。

(2) 使用T_SQL语句创建名为trigger1的触发器，它将检查在借阅表中输入的每一个借书记录请求。如果所借书不在库，则取消该借书记录输入，并提示信息“对不起，所借书目前不在库”，并保存成trigger1.sql脚本文件。

6. 数据库安全管理

(1) 创建一个用户，登录名和用户名为“图书管理员”，采用SQL Server身份验证。该用户在该数据库中具有创建表和视图的权限，并具有查看和修改该数据库所有用户表数据的权限。

(2) 创建一个用户，登录名和用户名为“学生”，采用SQL Server身份验证。该用户在该数据库中只有查看所有用户表的权限。

安全管理部分要求对有代表性的设置过程截图，并存储在名为“safe”的Word文档中。

附录C 数据库课程设计大作业资料

1. 课程设计概要

结合本书设计篇内容的学习，利用课内外时间完成“数据库课程设计”大作业。

(1) 基本任务：数据库需求分析、概念结构设计、逻辑结构设计、数据库实施、数据库应用设计。

(2) 设计选题：选择课题进行设计，课题可从教师提供的课题中选，也可以自己根据企业需求项目确定，但必须经指导教师认可。

(3) 作业评价：数据库课程设计以数据库设计部分为重点进行成绩评定，各部分比例如下。

① 数据库需求分析：10%。

② 基本数据库设计：20%。

③ 数据库建立实施：25%。

④ 数据库应用设计：35%。

⑤ 数据库创新设计：10%。

(4) 作业提交：请于课程结束当天上交所有设计报告、脚本代码、数据库文件、备份文件等相关设计材料。

2. 课程设计内容与要求

① 对实际系统进行需求分析。

② 设计系统数据库逻辑结构，内容至少包含E-R图、关系模式、表结构及表间关系。

③ 创建数据库和表（采用SQL Server 2008），输入初始数据。

④ 数据库安全性策略设计。

⑤ 数据库数据完整性设计。

⑥ 数据库查询。

⑦ 典型功能存储过程设计与应用。

⑧ 成果形式：数据库系统＋课程设计报告（参考给出的样稿）。

3. 课程设计参考课题

(1) 超市管理系统（难度系数为0.6）

主要功能：

① 实现商品设置，包括管理商品种类、包装种类、商品明细。

② 完成进货处理，包括管理进货单、查询进货详单。

③ 实现销售收银，包括管理销售单、查询销售详单。当插入销售详表数据时，触发器修改商品表的商品数量（＝数量－销售数量）。

④ 进行销售统计，实现月销售统计、查询月盈利额、进行库存盘点。

设计要求：

要进行实际调研，系统功能在设计时要参照超市管理的实际流程。

（2）人事工资管理系统（难度系数为0.8）

主要功能：

系统主要功能分为部门信息管理、职工信息管理、出勤信息管理、工资信息管理和奖惩信息管理五大类，具体要求如下：

① 完成部门信息的登记、修改和查阅。

② 完成职工档案的登记、修改和查询。

③ 完成职工出勤的登记、查阅和分析。

④ 完成工资信息的登记、修改和查阅。

⑤ 完成奖惩信息的登记、修改和查阅。

设计要求：

要进行实际调研，系统功能在设计时要参照人事工资管理实际流程。

（3）银行储蓄系统（难度系数为1）

主要功能：

① 实现储户开户登记。

② 办理定期存款账。

③ 办理定期取款手续。

④ 办理活期存款账。

⑤ 办理活期取款手续。

⑥ 实现利息计算。

⑦ 输出明细表。

⑧ 具有数据备份和数据恢复功能。

主要的数据表有定期存款单、活期存款账、存款类别代码表等。

设计要求：

要进行实际调研，系统功能在实现时参照实际的储蓄系统的功能。同时要考虑银行系统数据的安全与保密工作，数据要有加密功能。

（4）设备管理系统（难度系数为0.8）

主要功能：

① 实现设备的输入、删除、修改等基本操作。

② 实现国家标准设备代码的维护。

③ 能够对设备方便地检索。

④ 实现设备折旧计算。

⑤ 能够输出设备分类明细表。

⑥ 具有数据备份和数据恢复功能。

主要数据表有设备明细账表、设备使用单位代码表、国家标准设备分类表等。

设计要求：
具体设备编码参考国家统一编码方法，功能实现也要考虑通用性。

（5）医院药品进销存系统（难度系数为 0.8）
主要功能：
① 新药品的入库。
② 过期药品的出库登记、处理记录。
③ 药品库存检索。
④ 供货商信息检索。
⑤ 药品采购记录管理。
⑥ 药品用药说明信息管理。
⑦ 输出相应的数据报表。
⑧ 具有数据备份和数据恢复功能。
主要的数据表有药品分类代码表、药品库存表、供货商信息表、采购信息表等。
设计要求：
具体项目内容去医院进行调研，药品编码也应参考国家统一编码方法。

（6）英语学习助手（难度系数为 1）
主要功能：
① 实现英语单词的输入、修改、删除等基本操作。
② 实现常用英语单词例句的输入、修改、删除等基本操作。
③ 实现英语单词检索、翻译等。
④ 常用英语单词例句检索。
⑤ 根据难度随机生成一份单词测试题目。
⑥ 能够检索出短文及其翻译对照表。
⑦ 具有数据备份和数据恢复功能。
主要的数据表有英语分级单词表、常用单词例句表、短文分级表等。
设计要求：
系统要考虑实用性，尽量实现英汉互译。英语单词和短语可以考虑加上声音。

（7）大学生就业咨询系统（难度系数为 1）
主要功能：
① 对用人单位的基本信息进行输入、修改、删除等。
② 实现毕业生专业信息的维护。
③ 定时发布用人单位的毕业生需求信息。
④ 方便地实现对人才需求信息的检索。
⑤ 对用人单位的级别能够自动进行变更。
⑥ 能够对历年的毕业需求信息进行统计、分析。
⑦ 具有数据备份和数据恢复功能。

主要数据表有用人单位基本信息表、专业信息表、地区代码表等。

设计要求：

方便毕业生进行就业信息检索，可考虑将就业信息在网上进行发布。

(8) 教务辅助管理系统（难度系数为1）

主要功能：

① 对任课教师基本信息进行管理。

② 对全院开设的课程进行管理。

③ 输入教师基本任课信息。

④ 实现自动排课功能。

⑤ 计算工作量。

⑥ 能够进行各种数据统计。

⑦ 能够输出相应的报表。

⑧ 具有数据备份和数据恢复功能。

主要的数据表有教师基本信息表、课程表、教室资源表等。

设计要求：

软件功能主要考虑实用，具体功能模块一定要先进行调研。

(9) 宾馆客房管理系统（难度系数为1）

主要功能：

① 实现客房数量的基本设置，进行房间价格、入住手续办理等各环节业务流程设置。

② 办理入住手续，填写客人姓名、身份证号、家庭住址、入住客房、入住时间、预住时间、押金（要求≥当天客房费用+200元押金）等基本信息。

③ 客房门卡管理，要求入住时发卡；每天进行一次刷卡登记，必要时需要补交房费，否则不能够正常开锁；退房时交卡结算。

④ 为顾客办理退房手续。

⑤ 实现宾馆入住统计，按日、周、月核算，并生成报表。

⑥ 实现网上预定及处理。

设计要求：

软件功能主要考虑实用，具体功能模块一定要先进行调研。

(10) 学生宿舍管理系统（难度系数为0.8）

主要功能：

① 系统要求用户必须输入正确的用户名和密码才能进入系统。

② 系统应该提供学生住宿情况的基本登记。

③ 系统应提供学生每学期的注册及学生的离校处理。

④ 系统应提供人员来访登记及结束访问的详细登记。

⑤ 系统应提供学生在校期间物品出入宿舍楼的详细情况登记。

⑥ 系统应提供查询功能，以方便用户对学生基本信息的查询（要实现按多种条件的查询）及楼房信息的查询。

⑦ 系统应提供增加、删除、修改用户账户的功能。

⑧ 系统还应具有添加、修改、删除学生及员工基本信息的功能。

⑨ 报表生成，基本上应该能够生成学生基本信息的报表、某宿舍具体住宿情况的报表、某栋宿舍楼的所有员工信息报表、所有学生各年度宿舍交费情况报表，以及学生物品出入的信息打印报表及人员来访信息的报表等功能。

设计要求：

软件功能主要考虑实用，具体功能模块一定要先进行调研。

4. 课程设计报告参考样式（见下图）

Z B T I

浙江工商職業技術學院

ZHEJIANG BUSINESS TECHNOLOGY INSTITUTE

《数据库技术与应用》课程设计报告

课题名称：超市销售管理系统

专　　业：

班　　级：

学　　号：

学生姓名：

校内指导教师：

二O　　年　　月　　日

目 录

1. 需求分析

21 世纪，超市的竞争也进入了一个全新的领域，竞争已不再是规模的竞争，而是技术的竞争、管理的竞争、人才的竞争。当今社会，超市已成为社会不可缺少的一部分，不论大中小城市，都存在各种各样的超市。对于一个稍有规模的超市，都需要一个超市销售管理系统，进行规范化管理。因此超市销售管理系统的开发，显得十分有必要。

根据用户的主要需求，得到系统的主要功能要求如下：

（1）基础信息管理。管理员能有效进行用户信息、商品类别、商品信息等基础资料的维护工作。

（2）销售管理。能够对商品销售进行有效记录和统计。

（3）采购管理。能够利用系统对采购业务进行计算机管理、提高采购的透明度和自动化，提高采购效率。

（4）库存管理。通过本系统能清楚看到超市库存中的产品数量、存放位置等信息，并能在商品减少到临界值时自动发出预警，使得决策、采购和销售等职能部门能根据库存信息做出决策。

（5）报表功能。经理及管理人员可以打印商品入库、出库、库存、采购、销售等报表，随时了解超市的经营情况。

系统的功能模块图如图 1 所示。

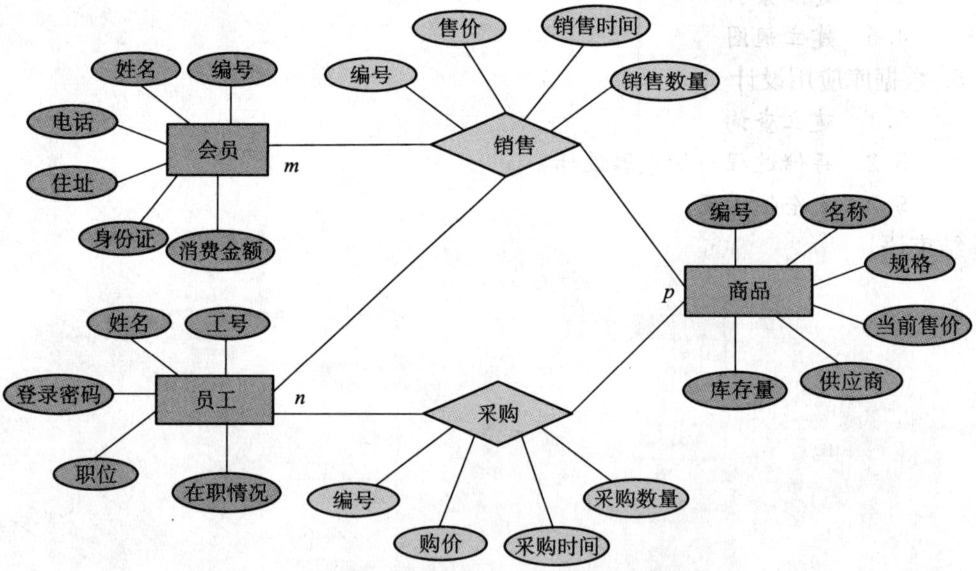

图 1　超市销售管理系统的功能模块图

2. 概念结构设计

超市销售管理系统的 E-R 图如图 2 所示。

3. 逻辑结构设计

逻辑结构设计阶段，根据 E-R 图转换为关系模式的原则，把超市销售管理系统的

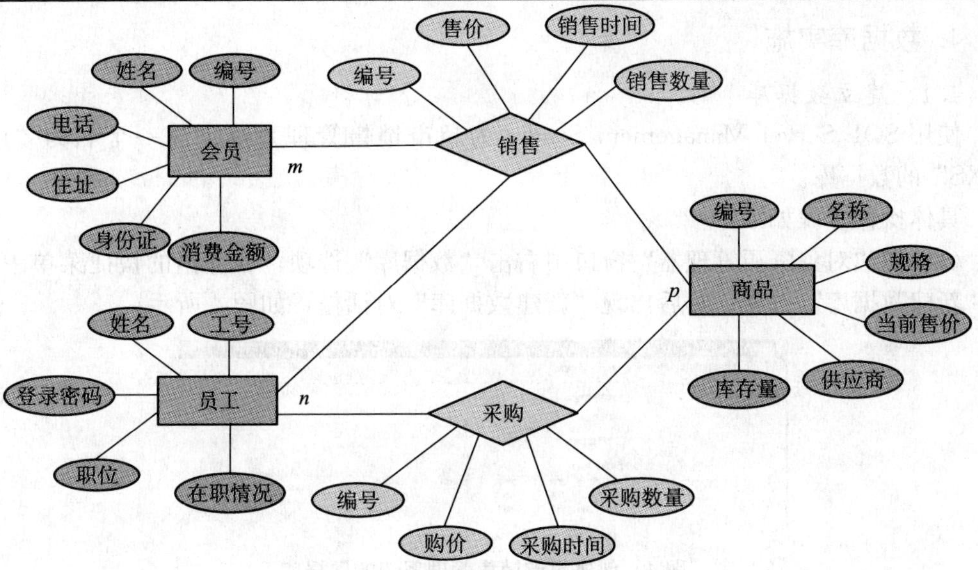

图 2 超市销售管理系统的 E-R 图

E-R图转换为 7 个相应的关系模式，即对应的 7 个表结构，员工信息表如表 1 所示。

表 1 员工信息表

字段名	类型	NULL	其他	备 注
e _ id	varchar（10）		PK	员工号
e _ name	varchar（10）		Index	员工姓名
e _ pwd	varchar（100）	Y	至少为 6 位	登录密码
e _ position	tinyint		默认值为 2	职位（0：管理人员 1：收银员 2：采购人员）
e _ state	bit			在职情况

其他表结构按以上格式逐一列出。

部分表关系如图 3 所示。

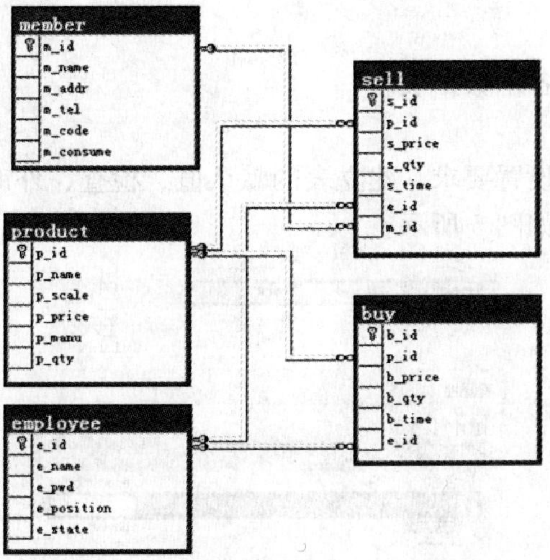

图 3 超市销售管理系统关系图

4. 数据库实施

4.1　建立数据库

使用 SQL Server Management Studio 为超市销售管理系统创建一个名为“DB _ CSXS”的数据库。

具体操作步骤如下。

(1) 在“对象资源管理器”窗口中右击“数据库”选项，在弹出的快捷菜单中，选择“新建数据库”选项，然后出现“新建数据库”对话框，如图 4 所示。

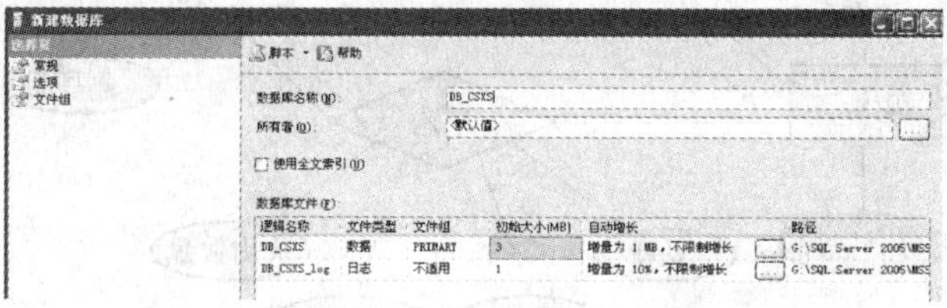

图 4　创建超市销售管理系统的数据库

在“新建数据库”窗口中的“数据库名称”文本框中输入“DB _ CSXS”。单击“确定”按钮，完成 DB _ CSXS 数据库的创建。

4.2　建立数据表

创建员工表，T _ SQL 语句如下：

```
--创建员工表
CREATE TABLE Employee
(eid. VARCHAR (10) PRIMARY KEY,
e_name VARCHAR (10) not null,
e_pwd. VARCHAR(100) not null,
e_position TINYINT not null,
e_state INT
)
```

按照上面格式创建各个数据表。

4.3　完整性实施

按照数据表完整性设置要求，建立表的默认值、检查、外键等约束设置。

员工表完整性设置如图 5 所示。

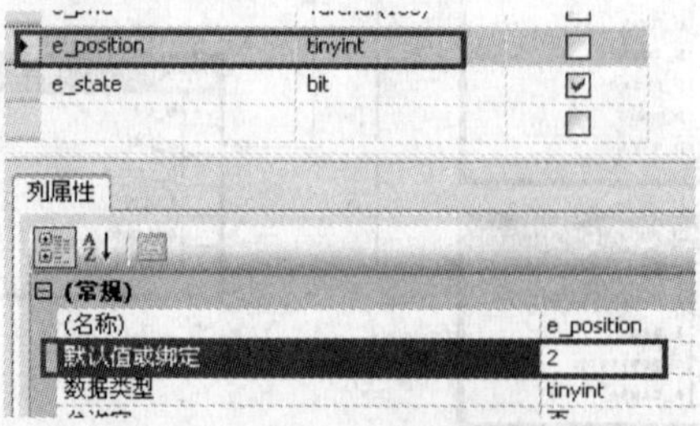

图 5　创建默认值

4.4 添加数据

给各个数据表添加测试数据。

员工表添加的数据如图6所示。

eid	e_name	e_pwd	e_position	e_state
0001	admin	admin001	1	True
0002	ERIC	123456	2	True
0003	TINA	123456	3	True

图6 员工表的数据

按照上面格式完成各个表测试数据的添加。

4.5 建立索引

建立员工表索引，如图7所示。

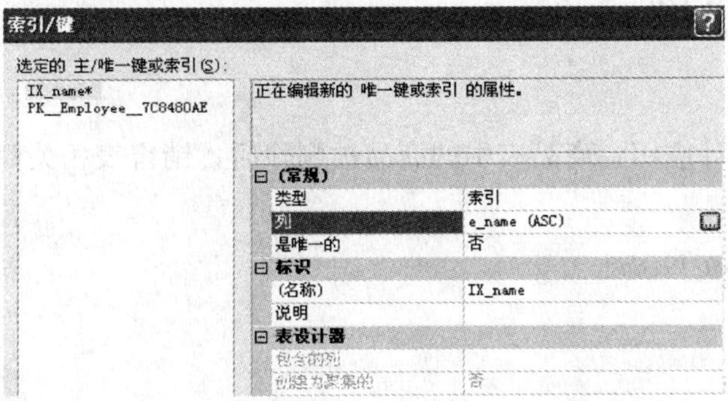

图7 员工表的索引

按照上面格式完成各个表索引的建立。

4.6 建立视图

创建查看管理员信息的视图，如图8所示。

```
--创建查看管理员信息的视图
Create view v_employee
as
select *
from employee
where e_position=1
go
--执行此视图
select * from v_employee
```

结果 消息

	eid	e_name	e_pwd	e_position	e_state
1	0001	admin	admin001	1	1

图8 管理员视图的建立

按照上面格式完成各个表视图的建立。

5. 数据库应用设计

5.1 建立查询

查询员工的基本信息，如图 9 所示。

其他按照以上格式设计各类查询并实现，保留查询结果截图。

结果 | 消息

	工号	姓名	密码
1	0001	admin	admin001
2	0002	ERIC	123456
3	0003	TINA	123456

图 9　员工信息查询结果

5.2 存储过程与触发器设计

（1）存储过程应用：查询采购记录的存储过程。

```
CREATE PROCEDURE [dbo].search_buy_rec
    @id.varchar(8),
    @name varchar(30),
    @time varchar(30)
AS
…
```

（2）触发器设计应用：商品表中的商品被删除后，销售表相关商品的销售记录一同被删除。

```
CREATE TRIGGER Del_Product
ON product
FOR DELETE
AS
DELETE FROM sell WHERE p_id.IN (SELECT p_id.FROM deleted)
```

5.3 安全性设置

创建“系统管理员”、“销售员”两个用户，其中“系统管理员”具有管理 DB_CSXS 数据库的所有权限，“销售员”仅仅有对销售记录表增、删、查、改的权限。

（1）新建登录用户（见图 10）

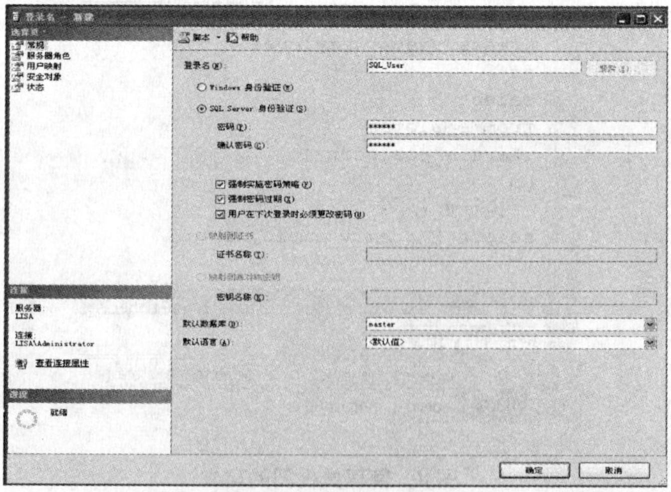

图 10　创建登录用户

（2）新建数据库用户。

（3）分配权限。

展现各个实现步骤及重要截图。

结束语

经过三周的努力，我们终于完成了“超市销售管理系统”的数据库设计，该系统的功能主要涉及数据库的查询、插入、修改、删除等，这就要求我们熟练掌握数据库的建立、操作、维护等技能。在这次设计中，我们深刻体会到了数据库的E-R图、完整性和安全性设计是一个重点和难点，如果设计得不恰当，将会影响系统性能，因此，这方面的知识我们计划下一阶段将深入学习。

通过本次课程设计，我们不仅巩固了旧知识，也学到了新的知识，并且把所学的知识应用到实际操作中，提高了我们的实际动手能力和逻辑思维能力，也让我们对数据库设计的流程有了一定的了解，并且对数据库操作和维护有了初步的经验。相信我们今后会做得更好！

参考文献

[1] 付兵等．数据库基础与应用——Access 2010［M］．北京：科学出版社，2012.
[2] 郭郑州，陈军红等．SQL Server 2008 完全学习手册［M］．北京：清华大学出版社，2011.
[3] 郑阿奇等．SQL Server 数据库教程（2008 版）［M］．北京：人民邮电出版社，2012.
[4] 程有娥等．SQL Server 数据库管理系统项目教程［M］．北京：化学工业出版社，2011.
[5] 萨师煊，王珊等．数据库系统概论［M］．北京：高等教育出版社，2006.
[6] 黄崇本，金华东等．数据库技术与应用［M］．北京：科学出版社，2007.